健康大讲堂

WU ZANG YANG SHENG YAO SHAN YI BEN TONG

五脏养生药膳
一本通

|《健康大讲堂》编委会 主编|

黑龙江科学技术出版社
HEILONGJIANG SCIENCE AND TECHNOLOGY PRESS

图书在版编目（CIP）数据

五脏养生药膳一本通 / 《健康大讲堂》编委会主编
. -- 哈尔滨 ： 黑龙江科学技术出版社， 2013.8（2024.2重印）
（健康大讲堂）
ISBN 978-7-5388-7568-3

Ⅰ．①五… Ⅱ．①健… Ⅲ．①食物养生－食谱 Ⅳ.
①R247.1 ②TS972.161

中国版本图书馆CIP数据核字(2013)第119556号

五 脏 养 生 药 膳 一 本 通
WUZANG YANGSHENG YAOSHAN YIBENTONG

主　　编　《健康大讲堂》编委会
责任编辑　徐　洋
出　　版　黑龙江科学技术出版社
　　　　　地址：哈尔滨市南岗区公安街70-2号　邮编：150007
　　　　　电话：（0451）53642106　传真：（0451）53642143
　　　　　网址：www.lkcbs.cn
发　　行　全国新华书店
印　　刷　三河市天润建兴印务有限公司
开　　本　711 mm×1016 mm　1/16
印　　张　22
字　　数　350千字
版　　次　2013年8月第1版
印　　次　2013年8月第1次印刷　2024年2月第2次印刷
书　　号　ISBN 978-7-5388-7568-3
定　　价　88.00元

不论是体质养生、饮食养生，还是四季养生，其具体方法最终还是落在对五脏的养护上。人体是一个统一的整体，各部位分工合作，唯有协调配合才能保证身体健康无病。要想百病不生，就必须要舒通气血；要想气血通畅，就必须让五脏健康运作；要想五脏协调配合，就必须清除掉体内的毒素，养护好我们的"五脏神"。通气血、补五脏，才能促发生命机体活力、祛除百病、延年益寿。

俗话说，治病不如防病，与其把金钱和时间花费在求医吃药上，不如花在平日的补养上，有个好身体，"百病不生"，这才是养生的最终目的。五脏——心、肝、脾、肺、肾是人体生命的核心。其中，心主血脉，肺主气，肝主生发，脾主运化，肾主藏精，缺一不可，都是人体的重要脏器。五脏之中无论哪一脏器受损，生命都会受到威胁，可见保养五脏是何等重要。那么，我们该如何从日常生活的方方面面来保护自己，使五脏安心，让自己的生命活得更精彩呢？

药膳养生，就是人们养护五脏、延年益寿的一条最有效的途径，正确合理的食疗与药膳可以使人健康和长寿。人皆"厌于药，喜于食"，而药膳"寓医于食，药食同源"，既能让人们享受到食物的美味，又能起到药用疗效，一举两得，何乐而不为呢？养护五脏，各脏器亦有其不同的食疗方。如养心可多吃人参、红枣、龙眼肉、酸枣仁、猪心等益气安神、补养气血的药材和食材；养肝可多吃枸杞、菊花、香附、牡蛎、猪肝等疏肝理气、下火明目的药材和食材；养脾可多吃黄芪、山药、党参、山楂、猪肚等补气健脾、生津养血的药材和食材；养肺可多吃川贝、百合、白果、玉竹、猪肺等养阴润肺、化痰止咳的药材和食材；养肾可多吃熟地、杜仲、芡实、虫草、猪腰等补肾助阳、补血滋阴的药材和食材。

本书详细介绍了五脏与六腑、五行、五色、四性、五味之间的关系以及九种体质的特点，列举了每种体质首选的药材与食材，并给出相应的养生药膳供人们选择。人们在选择药膳时，还要清楚其原料之间的搭配宜忌、使用原则和一些必要的药膳常识。本书独到之处在于根据心、肝、脾、肺、肾的特性和重要性分别介绍了各脏器的日常保养方法以及一些需要提防的伤脏元素，并列举了各脏器所对应的养护药膳，让人们真正体验到药膳"功效在饱腹之后，收益在享受之中"的神奇。

《健康大讲堂》编委会

第一章

解读神奇"五脏六腑"，揭开脏腑养生的神秘面纱

目录

第二章
药膳调养心脏，保护好人体的"君主之官"

第三章
药膳护理肝脏，拥护"智勇双全的大将军"

目录
Contents

第四章

药膳调养脾胃，爱护人体内的"粮食局长"

第五章

药膳润肺益气，养好人体内的"相傅之官"

目录
Contents

第六章

药膳温补肾脏，养护人体的"作强之官"

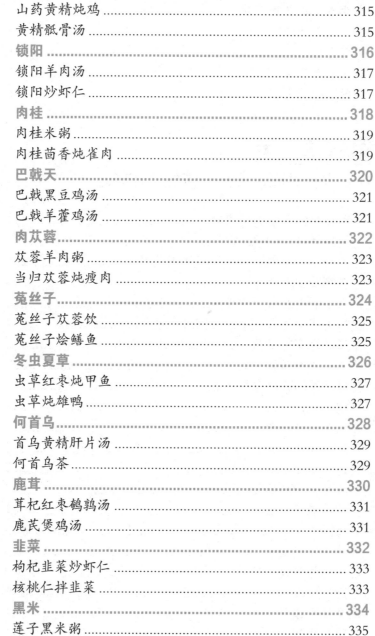

第一章

解读神奇"五脏六腑",揭开脏腑养生的神秘面纱

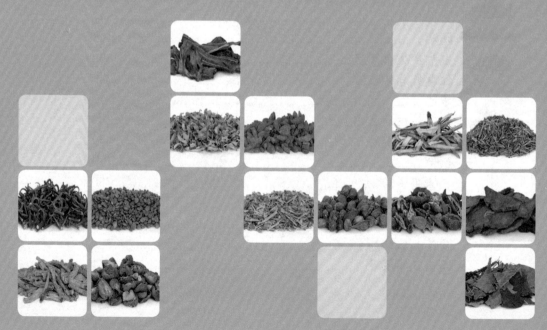

　　"五脏六腑"是中国人用了几千年的一个名词，释义就是指人体内的主要器官。《素问·五藏别论》中有云："所谓五藏者，藏精气而不写（泻）也，故满而不能实；六腑者，传化物而不藏，故实而不能满也。"这句话从现代的解释来看，"脏"即指人体内实心的有结构的器官，包括心、肝、脾、肺、肾，是为"五脏"；"腑"即指人体内空心的器官，包括胆、胃、大肠、小肠、膀胱、三焦，受五脏浊气，名传化之府，故为"六腑"。这里我们通过解读这些神奇的"五脏六腑"，养五脏，调六腑，开启智慧养生的大门。

五脏与六腑

※《黄帝内经》中将五脏六腑都称为"官"，是说人体五脏六腑都各有职能，并根据这些不同的生理功能特点，各封以"官"位。而按照生理功能特点，脏腑分为五脏、六腑和奇恒之腑；以五脏为中心，一脏一腑，一阴一阳为表里，由经络相互络属。五脏具有制造并储存气、血、津液的功能，六腑则具有进行消化吸收的功能。五脏与六腑不仅各有功能，同时也和对应的脏腑互相协力运作。

▶ 人的五脏六腑

五脏具有制造并储存气、血、津液的功能，六腑则具有进行消化吸收的功能。我们摄取的饮食，分为对身体而言必要的营养（水谷精华）和不必要的成分（糟粕）。而五脏则负责将水谷精华制成气、血、津液，并将之储存，而六腑则负责将糟粕转化成粪便与尿排泄出去。

五脏与六腑不仅各有功能，同时也和对应的脏腑互相协力运作。相对应的脏腑有肝与胆、心与小肠、脾与胃、肺与大肠、肾与膀胱。六腑中的三焦是元气等气与津液的通路，同时也是气化作用进行的部位。互相对应的脏腑间靠经脉联结，以脏为主，腑为从，腑的消化吸收作用由脏统筹。另外在性质方面，脏属阴，腑属阳。这是因为出于脏的经脉通过身体属阴的部分（腹部），而出于腑的经脉通过身体属阳部分（背部）的缘故，因此脏属里而腑属表。

脏和腑除了在性质上有很大的差异外，其经络的位置也有很大的不同。所有脏的经络都在手臂和腿部的内侧以及身体的内侧。腑的经络则在手臂和腿的外侧以及身体的背面。当人体面临威胁时，会本能地曲起身躯，所有脏的经络都在身体的内侧，受到了非常好的保护，只有腑的经络暴露在外。相比之下，脏的重要性远比腑重要。疾病初期多由腑产生异常，当时间拖长之后病邪侵入体内，则对应的脏器便会失调。不过也有脏器发生异常而使对应的腑发生疾病的状况，这就是因为彼此的功能相互影响的关系。如果人的身体真的是造物主所设计，这样的安排是非常合理和高明的。《内经》的这种"脏"和"腑"的分类方法，具备了极高的观察力和智慧。

▶ 脏与腑之间的关系

脏腑是内脏的总称，脏与腑之间，就其主要关系而言，是五脏配六腑的关系。脏属阴，腑属阳；阴主里，阳主表。这样一脏一腑，一阴一阳，一表一里相互配合，形成了脏腑配合成五对：心合小肠、肺合大肠、脾合胃、肝合胆、肾合膀胱。每一对脏腑之间，在结构上，主要有经脉相互络属；在生理上，相互为用，相互协调；在病理上，又可相互影响。

（1）心与小肠

在结构上，心的经脉属心而络小肠，小肠的经脉属小肠而络心，两者通过经脉的相互络属而构成了表里关系。再就两者的生理功能来说，心属火、主血，心火温煦、心血滋养，则小肠功能正常；小肠化物、泌别清浊，吸收精微，可以化生心血。由于有小肠吸收水谷精微的功能，可概括在脾主运化的功能之中，因而心与小肠的关系，是属心与脾的关系之一。

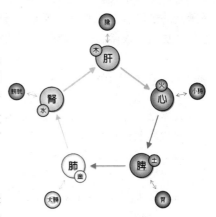

*心与小肠、肺与大肠、脾与胃、肝与胆、肾与膀胱

（2）肺与大肠

肺与大肠通过经脉相互络属而构成表里关系。在生理功能上，主要体现在肺气肃降与大肠传导之间的相互依存关系。由于"肃降"与"传导"能影响脏腑气机，故肺气肃降下行，布散津液，则能促进大肠的传导；大肠传导糟粕下行，亦有利于肺气的肃降。从而影响呼吸运动和排便功能。

（3）脾与胃

脾与胃通过经脉相互络属而构成表里关系。在生理功能上，主要体现在三个方面。

①脾胃运纳协调：脾主运化，胃主受纳、腐熟。胃的"纳"是为脾的"运"作准备，而脾的"运"是适应胃继续"纳"的需要。如果没有胃的受纳、腐熟，则脾五谷可运、无食可化；反之，没有脾的运化，则胃就不能受纳。因此，胃和则脾健，脾健则胃和。脾胃运纳结合，相互协调，才能完成纳食、消化、吸收与转输等一系列生理功能。

②脾胃升降相辅：脾气主升，胃气主降。脾气上升，运化正常，水谷精微得以输布，则胃才能维持受纳、腐熟和通降；胃气下降，水谷得以下行，脾才能正常运化和升清。因此，脾胃之气，一升一降，升降相辅，才能保证，"运、纳"功能的正常进行。

③脾胃燥湿相济：脾为脏、属阴，喜燥而恶湿；胃为腑、属阳，喜润而恶燥。脾胃喜恶不同，燥湿之性相反，但其间又是相互制约、相互为用的。胃易燥，得脾阴以制之，使胃不至于过燥；脾易湿，得胃阳以制之，使脾不至于过湿。因此，脾胃之间燥湿相济，是保证脾胃运纳、升降协调的必要条件。

（4）肝与胆

肝与胆通过经脉相互络属而构成表里关系。在生理功能上，主要体现在同主疏泄方面。肝胆同主疏泄。而肝之疏泄，分泌胆汁，调畅胆腑气机，促进胆囊排泄胆汁；胆汁疏泄，胆汁排泄通畅，有利于肝发挥疏泄作用。因此，肝胆相互依存，相互协同，则胆汁的分泌、贮存、排泄正常，有利于饮食物的消化吸收。

（5）肾与膀胱

肾与膀胱通过经脉相互络属而构成表里关系。在生理功能上，主要体现在同主小便方面。水液经肾的气化作用，浊者下降于膀胱而成为尿，由膀胱贮存和排泄；而膀胱的贮尿和排尿功能，又依赖于肾的固摄与气化作用，使其开合有度。因此，肾与膀胱相互依存，相互协同，共同完成小便的生成、贮存和排泄。

▶ 五脏之间的关系

人体是一个有机的整体，脏与脏，脏与腑，腑与腑之间密切联系，它们不仅在生理功能上相互制约，相互依存，相互为用，而且以经络为联系通道，相互传递各种信息，在气血津液环周于全身的情况下，形成一个非常协调和统一的整体。五脏的共同特点是能贮藏人体生命活动所必需的各种精微物质，如精、气、血、津液等，相互之间，它们又有着以下关系。

（1）心与肺

心与肺的关系，主要是心主血与肺主气之间的相互依存、相互为用的关系。心主血，推动血液运行，以维持肺的呼吸功能；肺主气，司呼吸，朝百脉，能促进、辅助心血运行。另外，心肺居于胸中，宗气亦积于胸中，还有贯心脉和司呼吸的功能。因此，宗气又加强了心与肺之间的联结作用。

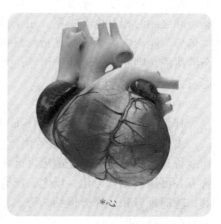

*心

（2）心与脾

心与脾的关系，主要体现在两个方面。一为心主血与脾主运化之间的依存关系：心主血，心血供养脾，以维持脾的运行；脾主运化，为气血生化之源，保证心血充盈。二为血液运行方面的协同关系：心主血，推动血液运行不息；脾统血，使血液在脉中运行。心脾协同，血液运行正常。

（3）心与肝

心与肝的关系，主要体现在两个方面，一是在血液运行方面：既有依存关系，又有协同关系。心主血，肝藏血。心血充盈，心气旺盛，则血行正常，而肝才有血可藏；肝藏血充足，并能调节血流，则有利于心推动血行。二是在精神情志方面：既有依存关系，又有协同关系。心主神志，肝主疏泄。心神正常，则有利于肝的疏泄；肝主疏泄正常，调节情志活动，则有利于心主神志。两者相互依存，相互协同，以维持正常的精神情志活动。

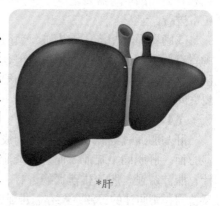

*肝

（4）心与肾

心与肾的关系，主要为"心肾相交"关系。心肾相交，为"水火既济"。心属火，位于上焦；肾属水，位于下焦。心火下降于肾，温煦肾阳，使肾水不寒；肾水上济于心，资助心阴，制约心火，使之不亢。从而使心肾的生理功能协调平衡。心肾相交，亦为心肾阴阳互补。心阴与心阳、肾阴与肾阳之间互根互用，使每个脏腑的阴阳保持协调平衡，而心与肾之间的相关两脏腑的阴阳，也存在着互根互用关系，从而使心肾阴阳保持着协调平衡。

（5）肺与脾

肺与脾的关系，主要体现在宗气的生成和水液代谢两个方面。一是宗气的生成：依赖肺司呼吸，吸入自然之清气；脾主运化，吸收水谷之精气。清气与精气是生成宗气的主要物质，只有在肺脾协同作用下，才能保证宗气正常生成。二是水液的代谢：就肺脾的作用而言，需要肺的宣发和肃降作用，以通调水道，使水液正常的输布与排泄。还需要脾的运化水液作用，使水液正常的生成与输布。肺脾两脏，既相互协同，又相互为用，以保证水液的代谢正常。

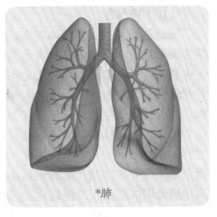

*肺

（6）肺与肝

肺与肝的关系，主要体现在气机调节方面的依存与协同关系。肺气以肃降为顺，肝气以升发为调。肺与肝，一升一降，对全身气机的调节起着重要作用。

（7）肺与肾

肺与肾的关系，主要体现在两个方面。一是在水液代谢方面的依存与协同关系：肺主通调水道，为水之上源，肾为主水之脏，肺肾协同，保证人体水液的正常输布和排泄。二是在呼吸运动方面的依存与协同关系：肺主气，司呼吸，肾主纳气，维持呼吸深度，肺肾配合，共同完成呼吸功能。另一方面，肺在司呼吸中，肃降清气，有利于肾之纳气，而肾气充足，摄纳有权，也有利于肺气肃降。

（8）肝与脾

肝与脾的关系，主要体现在两个方面。一是在消化功能方面的依存关系：肝主疏泄，调畅气机，分泌胆汁，有助于脾的运行功能；脾气健旺，运化功能正常，则有利于肝之疏泄。二是在血液运行方面的协同关系：肝主藏血，贮藏血液并调节血流量；脾主统血，使血液在脉管中运行，不逸出于脉外。肝脾协同，保证血液的正常运行。

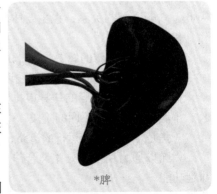

*脾

（9）肝与肾

肝与肾的关系极为密切，有"肝肾同源"、"乙癸同源"之说。其主要体现在三个方面，一是肝肾精血相互化生：肝藏血，肾藏精，精与血之间存在着相互资生和转化的关系。肾精的充盛有赖于肝血的资生，肝血的化生亦有赖于肾精的作用。所以说精能生血，血能生精，二是肝肾阴阳相互资生、相互制约：肝肾阴阳，息息相通，相互资生，相互制约，维持肝肾阴阳的充盛与平衡；三是疏泄与封藏相互制约、相互为用：肝主疏泄，肾主封藏。肝气疏泄可使肾之封藏开合有度，肾之封藏则可制约肝之疏泄太过。两者相互制约，相互为用，既相反又相成，从而使女子月经来潮和男子泄精的生理功能保持正常。

（10）脾与肾

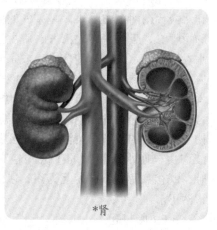

*肾

脾与肾的关系，主要体现在三个方面。一是先天和后天之间的关系：肾藏精源于先天，主生长、发育与生殖，为先天之本；脾运化水谷精微，化生气血津液，充养人体，为后天之本。两者相互资生，相互促进，为人体生命活动之根本。二是体现在脾的运化与肾精、肾阳之间的相互依存关系：脾主运化，吸收水谷精微，不断充养，肾精；而脾的运化功能，又必须得到肾阳的温煦，才能健运。三是体现在水液代谢方面：脾运化水液，关系到人体水液的生成与输布，又须有肾阳的温煦；肾主水，主持全身水液代谢平衡，又须赖脾气的制约。脾肾相互协同，相互为用，以保证人体水液代谢正常。

▶ 六腑之间的关系 ....●

六府者，传化物而不藏，故实而不能满也。所以然者，水谷入口，则胃实而肠虚，食下则肠实而胃虚。

— 《素问·五藏别论》

六腑以"传化物"为其生理特点，其主要表现在消化、吸收、排泄三个方面。因此，六腑之间的关系，也主要体现在对饮食的消化、吸收和排泄过程中的相互协作、相互为用的关系。

消化方面：由胃的腐熟，胆汁的参与，小肠的化物作用，而共同完成的。

吸收方面：由小肠的泌别清浊以吸收精微，大肠的传导以吸收水分来完成的。

排泄方面：由大肠的传导以排大便，膀胱的气化以排小便来完成的。消化、吸收、排泄虽然是三个不同的阶段，但又是相互依赖、相互为用的。

三焦是水谷和水液运行的道路，参与了消化、吸收、排泄的整个过程。

六腑以通为用，既分工又合作，相互协同，相互为用，共同完成消化、吸收和排泄功能。

❀ 五脏与"五行"

※ 五行即金、木、水、火、土，分别代表五种属性，是抽象概念。在中医学里，也可用五行描述人体五脏系统的功能和关系。五行之间存在着相生相克的关系，五脏亦同，五脏之间也有一定的"生"与"克"的关系，而"生"与"克"还可以延伸到"四季"，要调养五脏，还可从"四季养生"的角度出发。

▶ 五行与人体五脏的对应关系

中医学里能用五行描述人体五脏系统（心肝脾肺肾）的功能和关系，但这里的五脏也是一个功能概念，即藏象，并不限于具体的解剖上的五脏。藏象就是指人体的脏腑、经络、气血津液等的生理构成和生理功能，以及它们在运动变化中显露于外的生理病理现象。藏象学说的特点是以五脏为中心，配合六腑，联系五体、五官、九窍等，联结成为一个"五脏系统"的整体。

*肺为金

中医在使用"五行"来说明藏象五脏功能时用的是比喻的方法。因为藏象系统是无形的，我们不能像描述一件器物一样向大家讲述它的形状、特点、功能。于是使用了比喻的方法，取大家熟悉的五种事物为比喻对象，借此向大家说明被比喻对象的形状、功能、特点。古人找到了金、木、水、火、土五种元素，借以比喻藏象五脏。

（1）肺为金，象征清洁、清肃、收敛

一块金属禀性庄重，外表冰冷，有肃降的特性。金属坚硬沉重，说明它分子结构很紧密，所以有收敛的特性。脏象五脏中的肺有清肃之性，以降为顺，故肺属金。

*肝为木

（2）肝为木，象征生长、生法、柔和、条达舒畅

一棵大树枝叶繁茂，树干枝横交叉，有的笔直，有的弯曲，有的向上生长，有的向外生长。脏象五脏中的肝，禀性喜条达疏通，不喜欢被抑制，表现出疏通开泄的功能特点，故肝为木。

（3）肾为水，象征寒凉、滋润、向下运行

一条溪流顺势而下，滋养着周围土地上的万物。

*肾为水

水性冰冷，故水为寒。投一块石子没入水中，再也看不见了。脏象五脏中的肾脏，就如同长江上的三峡水利工程枢纽，藏精、主水濡润的作用，故肾属。

（4）火为心，象征温热、升腾、明亮

一堆篝火很温暖，火焰永远是向上升跨，上面烧壶水，水汽蒸腾四溢，篝火的周围有某种热烈的气氛。脏象五脏中，心为阳，阳为热，温暖着全身各部位，它推行血液循行全身，故心为火。

*火为心

（5）脾为土，象征生化、承载、受纳

一方黄土禀性敦厚、朴实无华，它默默承载着万物，生化出各种食物供养着包括人在内的一切生物，可以说天下万物依土以存、赖土以活。脏象五脏中脾的作用是运化水谷并提取营养物质，供养全身，它是气、血生化之源，故脾为土。

这里以表格形式展示出五行与人体器官的相互关系。

*脾为土

五行与人体器官关系表

五行属性	五脏	特征
金	肺	肺主声，肺气宜清，如金属般铿锵有声
木	肝	肝的特性是怕郁结，要像树木般得到舒展
水	肾	生命的本源来自水，而肾属先天的本源
火	心	心推动气血，温暖整个人
土	脾	脾主消化吸收，滋润身体，如大地孕育万物

▶ 五行的"生克"关系

相生和相克一对相反意义的概念，相生是指这一事物对另一事物有促进、助长和资生的作用。相克是指这一事物对另一事物的生长和功能具有抑制和制约的作用。相生和相克是自然界普遍存在的正常现象。无生则发育无由，无制则亢而为害。两者都很重要，不能总是认为相生即好，相克即坏。相生相克，是不可分割的两个方面。没有生就没有事物的发生和成长；没有克，就不能保持事物发展变化的平衡与协调。

五行相生：金生水，因为地球上最原始的水就是从地球内部转化而来的；水生木，因为水灌溉树木，树木便能欣欣向荣；木生火，因为火以木料作燃料的材料，木烧尽，则火会自动熄灭；火生土，因为火燃烧物体后，物体化为灰烬，而灰烬便是土；土生金，因为金蕴藏于泥土石块之中，经冶炼后才提取金属。

五行相克：金克木，因为金属铸造的割切工具可锯毁树木；木克土，因为树根吸收土中

*实线表示相生；虚线表示相克

的营养以补已用，土壤如果得不到补充，自然削弱；土克水，因为土能防水；水克火，因为火遇水便熄灭；火克金，因为烈火能溶解金属。

▶ 五行与五脏的"生克"关系

中医五行配五脏的学说，将看似毫不相干的五脏统一在一个体系中，并从生克制化关系中体现相互之间的联系。如肝的健康，不但与心有关，且与脾肺都有关系。同时，五脏再配以五方、五色、五气，又将脏象五脏与外在自然联系到一起，体现人与自然的相互关系。

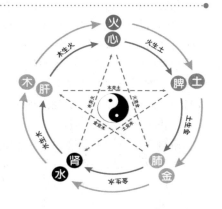

（1）五行相生，说明五脏相互滋生

木生火，即肝脏血以济心；

火生土，即心主阳可以温脾；

土生金，即脾运化水谷精微可以益肺；

金生水，即肺气清肃则津气下行以资肾；

水生木，即肾脏精以滋养肝的阴血等。

（2）五行相克，说明五脏相互制约

木克土，即肝木的条达，可以疏泄脾气的壅滞；

土克水，即脾的运化，可以防止肾水的泛滥；

水克火，即肾阴的上济，可以制约心阳亢烈；

火克金，即心火的阳热，可以制约肺金的清肃太过；

金克木，即肺金的清肃下降，可抑制肝阳的上亢等。

*五脏相生的次序为：心生脾，脾生肺，肺生肾，肾生肝，肝生心。五脏相克的次序为：肝克脾，脾克肾，肾克心，心克肺，肺克肝

▶ 五行与五脏的"传变"

根据五行学，藏象五脏在生理上的相互联系，决定了它们在病理上也存在相互影响的关系。一脏的病变可以传至其他脏，其他脏的病变也可以传到此脏，中医将

此称为"传变"，其依据就是五行的生、克、乘、侮关系。

（1）相生关系的传变

五脏相生的次序为：肝生心，心生脾，脾生肺，肺生肾，肾生肝。

"母病及子"是指疾病顺着相生次序传变，即母脏先病后按母子相生关系传到子脏。如肾属水、肝属木，水能生木，所以肾为母脏、肝为子脏。当肾脏病后它可以传给肝脏，这就是母及子。按照五行的相生关系，肝病传心，心病传脾，脾病传肺，肺病传肾。临床上常见的"水不涵木"病症就是由于肾阴不足，不能滋养肝阴，引起肝肾阴虚，阴虚则不能制阳，导致肝阳上亢。

"子病及母"是指疾病逆着相生次序的传变，即子脏先病，然后按母子相生关系反过来传给母脏。如肝属木，心属火，木能生火，故肝为母、心为子。逆相生的传变有两类：一类"子病犯母"，即子实引起的母实病症；一类是"子盗母气"，即子虚引起的母虚病症。

（2）相克关系的传变

五脏相克的次序为：肝克脾，脾克肾，肾克心，心克肺，肺克肝。在五行中，相克有两种情况，一是"相乘"，二是"相侮"。五脏疾病按相克来推算的话，也有这两种情况，即顺着或逆着相克关系在传变。

相乘就是相克太过引起的疾病，它顺着相克次序传变。以肝和脾的关系为例，肝属木，脾属土，木能克土。有两种情况可以导致肝脾相乘，一是肝气太旺，比正常的脾气高出许多，于是就出现了相克"太过"现象；一是肝气并不旺，但由于脾太虚，肝气乘机大损脾脏。

相侮就是所谓的反克，指疾病逆着相克次序传变。以肺和肝为例，肺属金，肝属木，金克木。但如果肝气太过，或者肺气太虚，都会引起反克，即肝克肺，临床上称为"木侮金"或"木火刑金"。

相乘或相侮都是相克的异常表现。《素问·六节藏象论》曰："……太过，则薄所不胜，而乘所胜也……不及，则所胜妄行，而所生受病，所不胜薄之也。"这段文字介绍了相乘、相侮形成的原因。但五脏相生相克仅仅是大原则，不能死搬硬套，中医在这个大原则下更讲究辨证治疗。

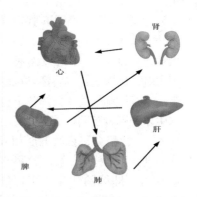

*肝克脾，脾克肾，肾克心，心克肺，肺克肝

▶ 五脏与四季养生 ·······················•

《黄帝内经·素问·上古天真论》将养生调摄的方法归纳为"法于阴阳，和于术数，饮食有节，起居有常"，也就是说，养生应做到适宜周围环境，避免外邪侵袭；锻炼身体，强壮体魄；节制饮食，注意起居；保养精神，保持精气充足。由此

可见，养生贵在养神，要调养五脏也需顺应季节。中医认为，春养肝、夏养心、秋养肺、冬养肾，而脾则对应的四季，属于四季都能调养的范畴。

（1）春养肝

春属木，其气温，通于肝，风邪当令，为四季之首。春天万物复苏、万象更新，人体生理功能新陈代谢也是最活跃的时期。这个时期由于风邪当令，人体易为风邪所伤，人体的抗病能力比较低，如果维生素、膳食纤维等摄入不足，不少人还会出现口舌生疮、牙龈肿痛、大便秘结等内热上火症状。

根据春温阳气生发、肠胃积滞较重、肝阳易亢以及春季瘟疫易于流行的特点，应逐步调整食物结构，减少高脂肪膳食，增加植物性宝物，注意摄入水果和蔬菜。饮食应以辛温、甘甜、清淡为主，可使人体抗拒风寒、风湿之邪的侵袭，健脾益气，减少患病。

春季养生，尤其要注重肝脏的保养。中医认为，肝脏有藏血之功，《素问·五脏生成》云："故人卧血归于肝，肝受血而能视，足受血而能步。"若肝血不足，易使两目干涩、视物昏花、肌肉拘挛。因此养肝补血，是春季养生的重中之重。

春季药膳养肝，常用的原料有：枸杞、猪肝、带鱼、桑葚、女贞子、菠菜、葡萄等。

枸杞　　　　女贞子　　　　桑葚　　　　猪肝　　　　葡萄

（2）夏养心

夏属火，其气热，通于心，暑邪当令。这一时期，天气炎热，耗气伤津，体弱者易为暑邪所伤而致中暑；人体脾胃功能此时也趋于减弱，食欲普遍降低，若饮食不节，贪凉饮冷，易致脾阳损伤，会出现腹痛、腹泻、食物中毒等脾胃及肠道疾病；又夏季湿邪当令，最易侵犯脾胃，令人患暑湿病症；夏季人体代谢旺盛，营养消耗过多，随汗还会丢失大量的水分、无机盐、水溶性维生素等。

古人认为心在五季中和夏季的关系最为密切。夏季三月（阴历四、五、六月，阳历五、六、七月），是万物繁荣秀丽的季节，天气下降，地气上腾，天地之气上下交合，植物开花结果，人们要晚睡早起，多去户外活动，使体内阳气能够向外宣通开发，这就是适应夏季保护长养之气的道理。

夏季养生宜选清暑利湿，益气生津，清淡平和的食物；避免难以消化的食物，勿过饱过饥；不宜过多食用生冷及冰镇的饮料及食物，以免损伤脾阳；不宜热性食

麦冬　　　　金银花　　　　鲫鱼　　　　薏米　　　　绿豆

物，以免助热生火；同时更应注意饮食卫生。夏季心阳最为旺盛，而夏热却会耗伤心阴，故夏季应注意滋养心阴。夏季药膳滋养心阴，常用的原料有：麦冬、金银花、绿豆、薏米、鲫鱼等。

（3）秋养肺

秋属金，其气燥，通于肺，燥邪当令。秋季的主气是"燥"，燥邪为病的主要病理特点是：一是燥易伤肺，因肺喜清肃濡润，主呼吸而与大气相通，外合毛皮，故外界燥邪极易伤肺和肺所主之地。二是燥胜则干，在人体，燥邪耗伤津液，也会出现一派干涸之象，如鼻干、喉干、咽干、口干、舌干、皮肤干燥皱裂，大便干燥、艰涩等。故无论外燥、内燥，一旦发病，均可出现上述津枯液干之象。

秋季饮食养生一般以滋润平补为中心，以健脾、补肝、清肺为主要内容，以清润甘酸为大法，寒凉调配为要。秋季各种水果及蔬菜大量上市，应注意不要过量服用，否则会损伤脾胃的阳气。同时，秋季气候凉爽，五脏归肺，适宜平补，宜津润燥，滋阴润肺。不宜过量食用炸、熏、烤、煎煮等食物。秋季药膳清肺润燥，常用的药材、食材有：天冬、桔梗、银耳、菊花、梨等。

| 天冬 | 桔梗 | 菊花 | 银耳 | 梨 |

（4）冬养肾

冬属水，其气寒，通于肾，寒邪当令，易伤阳气。中医认为，"肾元蜇藏"，即肾为封藏之本。而肾主藏精，肾精秘藏，则使人精神健康，如若肾精外泄，则容易被邪气侵入而致疾病。且古语云："冬不藏精，春必病温"，冬季没有做好"藏养生"，到春天会因肾虚而影响机体的免疫力，使人容易生病。这一时期，人体阳气偏虚，阴寒偏盛，阴精内藏，脾胃功能较为强健，故冬季饮食养生宜温补助阳，补肾益精。

这个时候，人体的生理功能趋于潜藏沉静之态，饮食养生应突出两个方面，一是注意通过膳食摄入高热能食物，提高耐寒能力；二是预防维生素缺乏症，因冬季新鲜水果、蔬菜较少，应注意适当进补。冬季药膳养肾藏精，常用的药材、食材有：熟地黄、神曲、黑豆、香菜、白萝卜等。

| 熟地黄 | 神曲 | 黑豆 | 香菜 | 白萝卜 |

五脏与"五色"

※在中医养生理论中，用青、赤、黄、白、黑五色来代表五行中的木、火、土、金、水，而五行有对应的五脏，自然，五脏也有了相应的"色彩"。根据五行学说，把自然界的五色，即绿、红、黄、白、黑分别对应不同的脏腑，这些颜色各有不同的作用，不同颜色的食物，其养生保健的功效是不尽相同的。

▶ 五色调五脏——红色养心

红色食品是指外表呈红色的果蔬和"红肉"类。红色果蔬包括红辣椒、西红柿、红枣、山楂、草莓、苹果等，红色果蔬含有糖和多种维生素，尤其富含维生素C。"红肉"指牛肉、猪肉、羊肉及其制品。现代医学发现，红色食物中富含番茄红素、胡萝卜素、氨基酸及铁、锌、钙等矿物质，能提高人体免疫力，有抗自由基、抑制癌细胞的作用。

按照中医五行学说，红色为火，为阳，故红色食物进入人体后可入心、入血，大多具有益气补血和促进血液、淋巴液生成的作用。研究表明，红色食物一般具有极强的抗氧化性，它们富含番茄红素、丹宁酸等，可以保护细胞，具有抗炎作用。如辣椒等可促进血液循环，缓解疲劳，驱除寒意，给人以兴奋感；红色药材如枸杞对老年人头晕耳鸣、精神恍惚、心悸、健忘、失眠、视力减退、贫血、须发早白、消渴等多有裨益。此外，红色食物还能为人体提供丰富的优质蛋白质和许多无机盐、维生素以及微量元素，能大大增强人的心脏和气血功能。因此，经常食用一些红色果蔬，对增强心脑血管活力、提高淋巴免疫功能有益处。

代表药材和食材：红枣、枸杞、牛肉、猪肉、羊肉、红豆、草莓、西瓜等。

| 红枣 | 红豆 | 枸杞 | 猪肉 | 牛肉 | 羊肉 | 西瓜 | 草莓 |

▶ 五色调五脏——绿色护肝

现代医学发现，绿色食物中富含膳食纤维，可以清理肠胃，保持肠道正常菌群繁殖，改善消化系统，促进胃肠蠕动，保持大便通畅，有效减少直肠癌的发生。绿色药材和食物是人体的"清道夫"，其所含的各种维生素和矿物质，能帮助体内毒素的排出，更好的保护肝脏，还可明目，对老年人眼干、眼痛，视力减退等症状，有很好的食疗功效，如桑叶、菠菜。

中医认为，绿色（含青色和蓝色）入肝，多食绿色食品具有舒肝强肝的功能，是良好的人体"排毒剂"。另外，五行中青绿克黄（木克土，肝制脾），所以绿色食物还能起到调节脾胃消化吸收功能的作用。绿色蔬菜中含有丰富的叶酸成分，而叶酸已被证实是人体新陈代谢过程中最为重要的维生素之一，可有效地消除血液中过多的同型半胱氨酸，从而保护心脏的健康。绿色食物还是钙元素的最佳来源，对于一些正处在生长发育期或患有骨质疏松症的朋友，常食绿色蔬菜无疑是补钙佳品。

代表药材和食材：桑叶、枸杞叶、夏枯草、菠菜、苦瓜、绿豆、芹菜、油菜等。

桑叶　　夏枯草　　绿豆　　枸杞叶　　油菜　　苦瓜　　芹菜　　菠菜

▶ 五色调五脏——黄色健脾

现代医学发现，黄色食物中富含维生素C，可以抗氧化、提高人体免疫力，同时也可延缓皮肤衰老、维护皮肤健康。黄色蔬果中的维生素D可促进钙、磷的吸收，有效预防老年人骨质疏松症。黄色药材如黄芪是民间常用的补气食物，气虚体质的老年人适宜食用。

五行中黄色为土，因此，黄色食物摄入后，其营养物质主要集中在中医所说的 中土（脾胃）区域。以黄色为基础的食物如南瓜、玉米、花生、大豆、土豆、杏等，可提供优质蛋白、脂肪、维生素和微量元素等，常食对脾胃大有裨益。此外，在黄色食物中，维生素A、维生素D的含量均比较丰富。维生素A能保护肠道、呼吸道黏膜，可以减少胃炎、胃溃疡等疾患发生；维生素D有促进钙、磷元素吸收的作用，进而起到壮骨强筋之功，青年战友不妨多食用。

代表药材和食材：黄芪、玉米、黄豆、柠檬、木瓜、柑橘、香蕉、蛋黄等。

黄芪　　黄豆　　蛋黄　　柠檬　　柑橘　　香蕉　　木瓜　　玉米

▶ 五色调五脏——白色润肺

现代医学发现，白色食物中的米、面富含碳水化合物，是人体维持正常生命活动不可或缺的能量之源。白色蔬果富含膳食纤维，能够滋润肺部，提高免疫力；白肉富含优质蛋白；豆腐、牛奶富含钙质；白果有滋养、固肾、补肺之功，适宜肺虚咳嗽和老人肺气虚弱体质的哮喘；百合有补肺润肺的功效，肺虚干咳久咳，或痰中带血的老年人，非常适宜食用。

白色在五行中属金，入肺，偏重于益气行气。据科学分析，大多数白色食物，如牛奶、大米、面粉和鸡鱼类等，蛋白质成分都比较丰富，经常食用既能消除身体的疲劳，又可促进疾病的康复。此外，白色食物还是属于一种安全性相对较高的营养食物。因为它的脂肪含量要较红色食物肉类低得多，十分符合科学的饮食方式。特别是高血压、心脏病、高血脂、脂肪肝等患者，食用白色食物会更好。

代表药材和食材：百合、白果、银耳、杏仁、莲子、白萝卜、豆腐、牛奶等。

| 百合 | 杏仁 | 白果 | 莲子 | 银耳 | 豆腐 | 牛奶 | 白萝卜 |

▶ 五色调五脏——黑色固肾

现代医学发现，黑色食品含有多种氨基酸及丰富的微量元素、维生素和亚油酸等营养素，可以养血补肾，有效改善虚弱体质，同时还能提高机体的自愈能力。而其富含的黑色素类物质可清除体内自由基，富含的抗氧化成分能促进血液循环、延缓衰老，对老年人有很好的保健作用。

五行中黑色主水，入肾，因此，常食黑色食物更益补肾。研究发现，黑米、黑芝麻、黑豆、黑木耳、海带、紫菜等的营养保健和药用价值都很高，它们可明显减少动脉硬化、冠心病、脑中风等疾病的发生率，对流感、气管炎、咳嗽、慢性肝炎、肾病、贫血、脱发、早白头等均有很好的疗效。

代表药材和食材：何首乌、黑枣、木耳、黑芝麻、黑豆、黑米、紫菜、乌鸡等。

| 何首乌 | 黑枣 | 黑芝麻 | 黑豆 | 黑米 | 木耳 | 紫菜 | 乌鸡 |

五脏与"五味"

※五脏调理的目的是养生，使用药膳养生可按药材和食材的性、味、功效进行选择、调配、组合。中医将药材和食材分成四性、五味，"四性"即寒、热、温、凉四种不同的性质，也是指人体食用后的身体反应。如食后能减轻体内热毒的食物属寒凉之性，吃完之后能减轻或消除寒证的食物属温热性。

▶ 中药材的"四性"

四性又称为"四气"，即温、热、寒、凉。温性和热性中药材一般都具有温里散寒的特性，适用于寒性病症。寒性和凉性药材多具有清热、泻火、解毒的作用，适用于热性病症。"四性"外，还有性质平和的"平性"。

温热性质的中药包含了"温"和"热"两性，从属性上来讲，都是阳性的。温热性质的药材有抵御寒冷、温中补虚、暖胃的功效，可以消除或减轻寒证，适合体质偏寒，如怕冷、手脚冰冷、喜欢热饮的人食用。典型中药材有黄芪、五味子、当归、何首乌、大枣、桂圆肉、鸡血藤、鹿茸、杜仲、肉苁蓉、淫羊藿、锁阳、肉桂、补骨脂等。

寒凉性质的中药包含了"寒"和"凉"两性，从属性上来讲，都是阴性的。寒凉性质的药材和食物均有清热、泻火、解暑、解毒的功效，能解除或减轻热证，适合体质偏热，如易口渴、喜冷饮、怕热、小便黄、易便秘的人，或一般人在夏季食用。如金银花可治热毒疔疮；夏季食用西瓜可解口渴、利尿等。寒与凉只在程度上有差异，凉次于寒。典型中药材有金银花、石膏、知母、黄连、黄芩、栀子、菊花、桑叶、板蓝根、蒲公英、鱼腥草、淡竹叶、马齿苋、葛根等。

平性的药食材介于寒凉和温热性药食材之间，具有开胃健脾、强壮补虚的功效并容易消化。各种体质的人都适合食用。典型中药材有党参、太子参、灵芝、蜂蜜、莲子、甘草、白芍、银耳、黑芝麻、玉竹、郁金、茯苓、桑寄生、麦芽、乌梅等。

▶ 中药材的"五味"

"五味"的本义是指药物和食物的真实滋味。辛、甘、酸、苦、咸是五种最基本的滋味。此外，还有淡味、涩味。由于长期以来将涩附于酸，淡附于甘，以合五行配属关系，故习称"五味"。

"酸"能收敛固涩、帮助消化、改善腹泻。多食易伤筋骨；感冒者勿食。典型中药材有乌梅、五倍子、五味子、山楂、山茱萸等。

"苦"能清热泻火、降火气、解毒、除烦、通泄大便，还能治疗咳喘、呕恶等。多食易致消化不良、便秘、干咳等；体热者不宜多食。典型中药材有黄连、白果、杏仁、大黄、枇杷叶、黄芩、厚朴、白芍、青果等。

"甘"能滋补、和中、缓急。多食易发胖、伤齿；上腹胀闷、糖尿病患者应少食。典型中药材有人参、甘草、红枣、黄芪、山药、薏米、熟地等。

"辛"发散风寒、行气活血，治疗风寒表征，如感冒发热、头痛身重。辛散热燥，食用过多易耗费体力，损伤津液，从而导致便秘、火气过大、痔疮等；阴虚火旺者忌用。典型中药材有薄荷、木香、川芎、茴香、紫苏、白芷、花椒、肉桂等。

"咸"泻下通便、软坚散结、消肿，用于大便干结，还可消除肿瘤、结核等。多食易致血压升高、血液凝滞；心脏血管疾病、中风患者忌食。典型中药材有芒硝、鳖甲、牡蛎、龙骨、草决明、玉米须等。

▶ 食物的"四性"

不管是食物还是药材，其"四性"皆为"寒""热""温""凉"四种。凉性和寒性，温性和热性，在作用上有一定同性，只是在作用大小方面稍有差别。此外，有些食物其食性平和，称为平性。能减轻或消除热证的食物，属寒凉性；能减轻和消除寒证的食物属温热性。

食物四性对应特征表

四性	特征
温热	◎多具有温补散寒、壮阳暖胃的作用
	◎适宜寒证或阳证不足之人服食
	◎常见的温热食物有：生姜、葱白、大蒜、姜、韭菜、南瓜、羊肉、狗肉、荔枝、龙眼、栗子、大枣、核桃仁、鳝鱼、鲢鱼、虾、海参等
寒凉	◎具有清热泻火、滋阴生津的功效
	◎适宜热证或阳气旺盛者食用
	◎常见的寒凉食物有：西瓜、木瓜、梨、甘蔗、荸荠、菱角、绿豆、莲藕、芹菜、冬瓜、黄瓜、苦瓜、丝瓜、白萝卜、海带、鸭肉等
平性	◎大多具有营养保健作用
	◎适宜日常营养保健或者大病初愈后的营养补充
	◎常见的平性食物有：大米、玉米、红薯、芝麻、莲子、花生、黄豆、扁豆、猪肉、鸡蛋、牛奶、胡萝卜、白菜等

▶ 食物的"五味"

"五味"与"四气"一样，也具有阴阳五行的属性。《黄帝内经》中说："辛甘淡属阳，酸苦咸属阴。"《素问·藏气法时论》指出："辛散、酸收、甘缓、苦坚、咸软。"这是对五味作用的最早概括。中药学重要著作《本草备要》说："凡酸者能涩能收，苦者能泻能燥能坚，甘者能补能缓，辛者能散能横行，咸者能下能软坚。"食物的五味也和药物一样，分别有收、降、补、散、软的药理效用。

食物五味对应特征表

五味	特征
酸	◎酸味食物有收敛、固涩的作用，可用于治疗虚汗、泄泻、小便频多、滑精、咳嗽经久不止及各种出血病
	◎但酸味容易敛邪，如感冒出汗、咳嗽初起、急性肠火泄泻，均当慎食
	◎常见的酸性食物有醋、番茄、橄榄、山楂等
苦	◎苦味食物有清热、泻火、燥湿、解毒的作用，可用于治疗热证、湿证
	◎但过量食用易引起腹泻，所以脾胃虚弱者宜审慎食用
	◎常见的苦味食物有苦瓜、茶叶、百合、白果、猪肝等
辛	◎辛即辣味，辛味食物有发散、行气、活血等作用，可用于治疗感冒表证及寒凝疼痛病症
	◎但过多食用易辣的食物伤津液，积热上火
	◎常用的辛味食物有姜、葱、辣椒、芹菜、豆豉、韭菜、酒等
甘	◎甘即甜，甘味食物有补益、和中、缓和拘急的作用，可用于治疗虚证
	◎但过量食用会导致气滞、血压升高
	◎这类食物甚多，常见的有红糖、白糖、胡萝卜、玉米、牛奶、猪肉、牛肉、苹果、燕窝等
咸	◎咸味食物有软坚、散结、泻下、补益阴血的作用，可用于治疗瘰疬、痰核、痞块、热结便秘、血亏虚等病症
	◎但过量食用会导致血行不畅
	◎盐、猪心、猪腰、紫菜、海带等都属于咸性食物

辛：能散、能行，即具有发散、行气、活血的作用。多用来治疗表证及气血阻滞之证。《黄帝内经》中说："辛以润之"。意思是说，辛味药还有润养的作用。

甘：能补、能缓、能和，即具有补益、和中、缓急止痛、调和药性的作用。多用来治疗虚证，身体诸痛调和药性和中毒解救。

酸：能收、能涩，即具有收敛、固涩的作用。多用于治疗虚汗、泄泻、肺虚久咳、遗精滑精、遗尿尿频、崩漏带下等证。

苦：能泄、能燥、能坚。"能泄"的含义有三：一指苦能通泄；二指苦能降泄；三指苦能清泄。"能燥"指苦燥。"能坚"的含义有二：一指苦能坚阴，即泻火存阴，二指坚厚肠胃。有泻火解毒和化湿的作用，多用治热证、火证、喘咳、Ⅱ区恶、便秘、湿证、阴虚火旺等证。

咸：能软、能下，即具有软坚散结、泻下通便的作用。多用来治疗大便秘结、瘰疬痰核、瘿瘤、癥瘕痞块等证。

《黄帝内经》就已明确指出："谨和五味，骨正筋柔，气血以流，腠理以密。如是则骨气以精，谨道如法，长有天命。"说明五味调和得当是身体健康、延年益寿的重要条件。大家在日常饮食中都离不开五味——酸、甜、苦、辣、咸。

▶ 五味调五脏

（1）"酸"入肝——收敛固涩

酸味入肝。适当吃酸食可促进食欲，有健脾开胃的功效，并可增强肝脏功能，提高钙、磷元素的吸收。此外，酸味食品可促进血液循环，调节新陈代谢，防止动脉硬化、高血压病的发生，还能治疗食积、消化不良、腹泻等疾病。酸味在烹调中能提味增鲜，并有爽口、解腻、去腥、助消化及消毒的作用。注意，酸味的东西也不能吃太多，易导致肝气过盛，进而克伤脾胃之气。

酸味药材和食物对应于肝脏，大体都有收敛固涩的作用，可以增强肝脏的功能，常用于盗汗自汗、泄泻、遗尿、遗精等虚症，如五味子，可止汗止泻、缩尿固精。食用酸味还可开胃健脾、增进食欲、消食化积，如山楂。酸性食物还能杀死肠道致病菌，但不能食用过多，否则会引起消化功能紊乱，引起胃痛等症状。

代表药材：五味子、浮小麦、吴茱萸、马齿苋、佛手、石榴皮等。

代表食材：山楂、乌梅、荔枝、葡萄、橄榄、枇杷等。

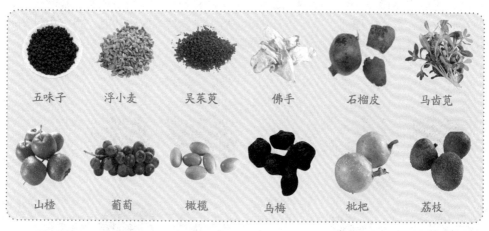

| 五味子 | 浮小麦 | 吴茱萸 | 佛手 | 石榴皮 | 马齿苋 |
| 山楂 | 葡萄 | 橄榄 | 乌梅 | 枇杷 | 荔枝 |

（2）"苦"入心——泻火润燥

苦味入心。苦味食品可燥湿、清热解毒、泻火通便、利尿。苦味食品还有很强的抗癌作用。营养学家认为，苦味食品含有的某种氨基酸，可促进胃酸分泌，增加食欲。此外，苦味在食品安全中含有的茶碱和咖啡因，食用后能醒脑，消除大脑疲劳，恢复精力。苦味食品中的生物碱还有消炎退热、促进血液循环等药理作用。值得注意的是，苦味的东西吃太多，会导致脾气不得濡润，进而使胃部胀满。

苦味药材和食材有清热、泻火、除燥湿和利尿的作用，与心对应，可增强心的功能，多用于治疗热证、湿症等病症，但食用过量，也会导致消化不良。

代表药材：绞股蓝、白芍、骨碎补、槐米、决明子、柴胡等。

代表食材：苦瓜、茶叶、青果、栀子、苦笋等。

柴胡　　骨碎补　　白芍　　决明子　　槐米　　绞股蓝

苦瓜　　茶叶　　青果　　栀子　　苦笋

（3）"甘"入脾——补虚扶正

甘味入脾。中医认为，甜味入脾，有补养气血、健脾、补虚扶正的作用。在饮食中，甜味可以起到去苦、去腥、矫味的作用。值得注意的是，甜味的东西吃太多，便导致心气烦闷、气逆作喘、颜面发黑，进而使肾气不能平衡。

甘味药材和食材有补益、和中、缓急的作用，可以补充气血、缓解肌肉紧张和疲劳，也能中和毒性，有解毒的作用。多用于滋补强壮、缓和因风寒引起的痉挛、抽搐、疼痛，适用于虚证、痛症。甘味对应脾，可以增强脾的功能。但食用过多会引起血糖升高，胆固醇增加，导致糖尿病等。

代表药材：丹参、锁阳、沙参、黄精、百合、地黄等。

代表食材：莲藕、茄子、萝卜、丝瓜、牛肉、羊肉等。

丹参　　锁阳　　沙参　　地黄　　黄精　　百合

莲藕　　茄子　　白萝卜　　羊肉　　牛肉　　丝瓜

（4）"辛"入肺——发散行气

辛入肺，可发散、行气、活血，能刺激胃肠蠕动、增加消化液的分泌。辛味食品中的辣椒素能刺激体内生热系统，加快新陈代谢，具有减肥作用。辣味食品能促进血液循环，增加血管弹性，减低血管硬化的概率，有助于预防心血管疾患。且辣味的东西吃太多，便导致筋脉败坏而发生松弛，也会让精神受到损害。同时，肝病禁辛，宜食甘；辛走气，辛伤皮毛，气病不宜多食辛，多食令人辣心。

　　辛味药材和食材有宣发、发散、行血气、通血脉的作用，可以促进肠胃蠕动、促进血液循环，适用于表症、气血阻滞或风寒湿邪等病症。但过量会使肺气过盛，痔疮、便秘的老年人要少吃。

　　代表药材：红花、川芎、紫苏、藿香、益智仁、肉桂等。

　　代表食材：葱、大蒜、洋葱、辣椒、花椒、韭菜等。

| 红花 | 川芎 | 紫苏叶 | 藿香 | 益智仁 | 肉桂 |
| 韭菜 | 花椒 | 洋葱 | 大蒜 | 辣椒 | 葱 |

（5）"咸"入肾——软坚润下

　　咸味入肾，能软坚润下，有调节人体细胞和血液渗透压平衡的作用，在呕吐、腹泻及大汗后，补充适量淡盐水，可防止体内电解质的失衡。由氯化钠等成分组成的食盐、酱油是常用的咸味剂。盐能杀菌、防腐，能维持人体的新陈代谢。值得注意的是，咸味的东西吃太多，便导致骨骼损伤、肌肉萎缩、心气抑郁。同时，心病禁咸，宜食酸；咸走血，过咸伤血，血病不宜多食咸，多食令人渴。

　　咸味药材和食材有通便补肾、补益阴血、软化体内酸性肿块的作用，常用于治疗热结便秘等症。当发生呕吐、腹泻不止时，适当补充些淡盐水可有效防止发生虚脱。但心脏病、肾脏病、高血压的老年人不能多吃。

　　代表药材：蛤蚧、鹿茸、龟甲、何首乌等。

　　代表食材：海带、海藻、紫菜、海参、蛤蜊、盐、猪肉、羊肉等。

| 蛤蚧 | 鹿茸 | 龟甲 | 海藻 | 何首乌 | 紫菜 |
| 海带 | 海参 | 盐 | 蛤蜊 | 猪肉 | 羊肉 |

养生药膳常识概要

※五脏养生当然离不开药膳的调理，药膳是药物与食物巧妙结合而配制的食品，它兼具药品与食品的作用，取药物之性，用食物之味，两者相辅相成。要了解药膳的相关常识，不仅要掌纹药膳的"四性五味"、药膳的养生作用、烹饪工艺，药膳的选择需遵循的原则，同时，还要注意药膳和食材的配伍和使用禁忌等。

▶ 药膳的"四性五味"

药膳是用药物与食物烹制而成的，因此，药膳也具有"四性五味"的特点。不同的药膳具有寒、热、温、凉四种不同性质，得了热病的人应选用寒性药膳，如夏天受到温热疫毒，则可选用绿豆汤、蒲公英清凉茶等药膳来调理；得了寒病的人应选用热性药膳，如冬季出现寒证的病人，可选用狗肉萝卜汤、人参红枣粥等药膳来调理。

药膳也具有"五味"，即酸、苦、甘、辛、咸。辛味具有发散、行气血的作用，表证和气滞血瘀等病症可选用葱白粥、萝卜汤等药膳来调理；甘味能泻能燥，具有补益、和中、缓急的作用，脾胃气虚、肾阳不足等病症可选用红枣饮、糯米红糖粥等药膳来调理；酸味具有收敛、固涩作用，气虚、阳虚不摄而致的多汗症、泄泻不止、尿频、遗精等症，可选用五味子茶、乌梅粥等药膳来调理；苦味具有泄、燥、坚的作用，热证、湿证、气逆等病，可选用凉拌苦瓜、苦瓜粥等药膳来调理；咸味具有软坚、散结、泻下等作用，热结等病可选用猪肾汤、黄芪炖乳鸽、童子鸡等药膳来调理。

▶ 药膳的选用原则

药膳具有保健养生、防病治病等多方面的作用，在选用时应遵循一定的原则。药物是祛病救疾的，见效快，重在治病；药膳多以养生防病为目的，见效慢，重在"养"与"防"。因此，药膳在保健、养生、康复中有很重要的地位，但不能代替药物治病。

（1）因证用膳

中医讲辨证施治，药膳也应在辩证的基础上选料配伍，如血虚的病人多选补血的食物红枣、花生等，阴虚的病人多使用枸杞、百合、麦冬等。只有因证用料，才能最大程度发挥药膳的保健作用。

（2）因时用膳

中医认为，人与日月相应，人的脏腑气血的运行和自然界的气候变化密切相关。"用寒远寒，用热远热"，意思就是说在采用性质寒凉的药物时，应避开寒冷的冬天，而采用性质温热的药物时，应避开炎热的夏天。这一观点同样适用于药膳。

（3）因人用膳

人的体质不同，用药膳时也应有所差异。小儿体质娇嫩，选用原料不宜大寒大热；老人多肝肾不足，用药不宜温燥；孕妇恐动胎气，不宜用活血滑利之品。这些都是在药膳选用过程中应注意的。

（4）因地而异

不同的地区，气候条件、生活习惯均有一定差异，人体生理活动和病理变化也会不同。有的地方气候潮湿，此地的人们饮食多温燥辛辣；有的地方天气寒冷，此地的人们饮食多热而滋腻。在制作药膳时也应遵循同样的道理。

▶药膳烹调知识与工艺

药膳与药材、食材一样，具有"四性五味"的特点，所以在制作药膳时，在考虑其功效的前提下，也要兼顾味道的可口。

（1）烹饪药膳的要求

①药膳制作人员除了要精于烹调技术外，还必须懂得中医、中药的知识，只有这样，才能制作出美味可口、功效显著的药膳。

②药膳的烹调制作必须建立在药膳调药师和药膳炮制师配制合格的药食基础上，按照既定的制作工艺进行烹调制作，保证药膳制成之后，质量达到要求，色香味俱全。

③药膳烹调过程中的清洁卫生很重要，因为药膳是为民众的健康长寿服务的，清洁卫生工作的好坏直接关系到药膳的质量和功效。

④药膳的烹调制作，提倡节约的原则。在药膳的烹调制作中，取材用料十分严格。动物的头、爪、蹄、膀和内脏，植物的根、茎、叶、花和果实，在药膳中的运用都是泾渭分明的。在取用了主要部分后，剩余较多的副产物，如鸡内金、鳖甲、龟板、蛇鞭等，不要随意扔掉，可清理干净留待下次使用，这样就相应地降低了药膳的成本。

⑤药膳的烹调制作，应时刻牢记"辨证施膳"的原则。由于每个人的身体状况、所在的地区各不相同，所以药膳烹调师应严格按照医生的处方抓药，然后让药物炮制师对药物进行炮制，最后才能进行药膳烹调。

⑥对于名贵药物如人参、西洋参、虫草、

燕窝、雪蛤等可与食物共烹，让食客能见着药物；对一些坚硬价廉药物可单独煮后滤渣提取药液与食物共烹。

⑦药膳烹调师在制作药膳前，要对药膳的制作有完整的设想，计划周密。是让全鸡、全鸭入膳，还是将食材切成块、丁入膳；是炒还是炖，都要先考虑好，然后按计划制作。

⑧药膳装盘上桌时要讲究造型美观。盛装药膳的餐具要适当，一般来说，条、丝用条盘，丁、块用圆盘，再配以适当的雕刻花朵和说明药膳功效的药物，一款精美的药膳就可以上桌了。

（2）药膳七大烹饪法

炖：炖的特点是以喝汤为主，原料烂熟易入味，质地软烂，滋味鲜浓。其做法是先将食材放入沸水锅里氽去血污和腥膻味，然后放入炖锅内（选用砂锅、陶器锅为佳）；药物用纱布包好，用清水浸泡几分钟后放入锅内，再加入适量清水，大火烧沸后撇去浮沫，再改小火炖至熟烂。炖的时间一般在2~3小时。

焖：焖的特点是食材酥烂、汁浓、味厚，以柔软酥嫩的口感为主要特色。其做法是将食材冲洗干净，切成小块，锅内放油烧至六七成热，加入食材炒至变色，再加入药物和适量清水，盖紧锅盖，用小火焖熟即成。

煨：煨的特点是加热时间长，食材酥软，口味肥厚，无需勾芡。在做法上，煨分两种，第一种是将炮制后的药物和食物置于容器中，加入适量清水慢慢地将其煨至软烂；第二种是将所要烹制的药物和食材经过一定的方法处理后，再用阔菜叶或湿草纸包裹好，埋入刚烧完的草木灰中，用余热将其煨熟。

蒸：蒸的特点是营养成分不受损失，菜肴形状完整，质地细嫩，口感软滑。其做法是，将原料和调料拌好，装入容器，置于蒸笼内，用蒸气蒸熟。"蒸"又可细分为以下五种：

①粉蒸，药食拌好调料后，再用包米粉上蒸笼，如粉蒸丁香牛肉。

②包蒸，药食拌好调料后，用菜叶或荷叶包好再上笼蒸制的方法，如荷叶凤脯。

③封蒸，药食拌好调料后，装在容器中，用湿棉纸封闭好，然后再上笼蒸制的方法。

④扣蒸，把药食整齐不乱地排放在合适的特制容器内，上笼蒸制的方法。

⑤清蒸，把药食放在特制的容器中，加入调料和少许白汤，然后上笼蒸制的方法。

煮：煮的特点是适于体小、质软一类的食

材，属于半汤菜，其口味鲜香，滋味浓厚。其做法是将药物与食物洗净后放在锅内，加入适量清水或汤汁，先用大火上烧沸，再用小火煮至熟。

熬：熬的特点是汤汁浓稠、食材质软。其做法是将药物与食物用水泡发后，去其杂质，冲洗干净，切碎或撕成小块，放入已注入清水的锅内，用大火烧沸，撇去浮沫，再用小火烧至汁稠、味浓即可。

炒：炒的特点是加热时间短，味道、口感均较好。其做法是先用大火将炒锅烧热，再下油，然后下原料炒熟。炒又可细分为以下四种：

①生炒，原料不上浆，先将食物和药物放入热油锅中炒至五六成熟，再加入辅料一起炒至八成熟，加入调味品，迅速颠翻，断生即成。

②熟炒，将加工成半生不熟或全熟后的食物切成片，放入热油煸炒，依次加入药物、辅料、调味品和汤汁，翻炒均匀即成。

③滑炒，将原料加工成丝、丁、片、条，用盐、淀粉、鸡蛋清上浆后，放入热油锅里迅速滑散翻炒，加入辅料，用大火炒熟。

④干炒，将原料洗净切好之后，先用调味料腌渍（不用上浆），再放入八成热的油锅中翻炒，待水气炒干，原料变微黄时，加入调料同炒，炒至汁干即成。

▶ 药膳中药材的使用宜忌

药膳中药材的使用有一定的讲究，每味中药材都具有独特的性能，药材具有其不同的"性""味""归经"，在药膳中使用这些药材时，还需注意相应的配位和用药禁忌。

（1）中药材的七种配伍

"配伍"是指按病情需要和药性的特点，有选择的将两味以上的药物配合使用。历代医家将中药材的配伍关系概括为七种，称为"七情"。

单行：用单味药治病。如清金散，单用黄芩治轻度肺热咳血；独参汤，单用人参补气救脱。

相使：将性能功效有共性的药配伍，一药为主，一药为辅，辅药能增强主药的疗效。如黄芪与茯苓配伍，茯苓能助黄芪补气利水。

相须：将药性功效相似的药物配伍，可增强疗效。如桑叶和菊花配伍，可增强清肝明目的功效。

相畏：即一种药物的毒性作用能被另一种药物减轻或消除。如附子配伍干姜，附子的毒性能被干姜减轻或消除，所以说附子畏干姜。

相杀：即一种药物能减轻或消除另一种药物的毒性或副作用。如干姜能减轻或消除附子的毒副作用，因此说干姜杀附子之毒。由此而知，相杀、相畏实际上是同一配伍关系的两种说法。

相恶：即两药物合用，一种药物能降低甚至去除另一种药物的某些功效。如莱菔子能降低人参的补气功效，所以说人参恶莱菔子。

相反：即两种药物合用，能产生或增加其原有的毒副作用。如配伍禁忌中的"十八反"、"十九畏"中的药物。

家庭药膳配伍，可取单行、相须、相使、相畏，相恶、相反的配伍一般禁用于家庭药膳中。

（2）中药材用药之忌

配伍禁忌：目前，中医学界共同认可的配伍禁忌为"十八反"和"十九畏"。"十八反"即甘草反甘遂、大戟、海藻、芫花，乌头反贝母、瓜蒌、半夏、白蔹、白及，藜芦反人参、沙参、丹参、玄参、苦参、细辛、芍药。"十九畏"即硫黄畏朴硝，水银畏密陀僧，狼毒畏弥陀僧，巴豆畏牵牛，丁香畏郁金，川乌、草乌畏犀角，牙硝畏三棱，官桂畏石脂，人参畏五灵脂。

妊娠用药禁忌：妊娠禁忌药物是指妇女在妊娠期，除了要中断妊娠或引产外，禁用或须慎用的药物。根据临床实践，将妊娠禁忌药物分为"禁用药"和"慎用药"两大类。禁用的药物多属剧毒药或药性峻猛的药，以及堕胎作用较强的药；慎用药主要是大辛大热药、破血活血药、破气行气药、攻下滑利药以及温里药中的部分药。

禁用药：水银、砒霜、雄黄、轻粉、甘遂、大戟、芫花、牵牛子、商陆、马钱子、蟾蜍、川乌、草乌、藜芦、胆矾、瓜蒂、巴豆、麝香、干漆、水蛭、三棱、莪术、斑蝥。

慎用药：桃仁、红花、牛膝、川芎、姜黄、大黄、番泻叶、牡丹皮、枳实、芦荟、附子肉桂、芒硝等。

服药食忌：服药食忌是指服药期间对某些食物的禁忌，即通常说的忌口。忌口的目的是避免疗效降低或发生不良反应，影响身体健康及病情的恢复。一般而言，服用中药时应忌食生冷、辛辣、油腻、有刺激性的食物。但不同的病情有不同的禁忌，如热性病应忌食辛辣、油腻、煎炸及热性食物，寒性病忌食生冷，肝阳上亢、头晕目眩、烦躁易怒者应忌食辣椒、胡椒、酒、大蒜、羊肉、狗肉等大热助阳之品，脾胃虚弱、易腹胀、易泄泻者应忌食黏腻、坚硬、不易消化之品，疮疡、皮肤病者应忌食鱼、虾、蟹等易引发过敏及辛辣刺激性食物。

▶ 药膳中食材的使用禁忌

食物对疾病有食疗作用，但如运用不当，也可以引发病或加重病情。因此，在使用药膳食疗的过程中一定要掌握一些食材的使用禁忌知识。

（1）不适合某些人吃的食物

白萝卜：身体虚弱的人不宜吃。

茶：空腹时不要喝，失眠、身体偏瘦的人要尽量少喝。

姜：孕妇不可多吃。

胡椒：咳嗽、吐血、喉干、口臭、齿浮、流鼻血、痔漏的人不适合吃。

麦芽：孕妇不适合吃。

薏米：孕妇不适合吃。

杏仁：小孩吃得太多会产生疮痈膈热，孕妇也不可多吃。

西瓜：胃弱的人不适合吃。

桃子：产后腹痛、经闭、便秘的人忌食。

绿豆：脾胃虚寒的人不宜食。

枇杷：脾胃寒的人不宜食。

香蕉：胃溃疡的人不能吃。

（2）不宜搭配在一起食用的食物

牛奶和菠菜一起吃会中毒。

柿子和螃蟹一起吃会腹泻。

羊肉和豆酱一起吃会引发痼疾。

羊肉和奶酪一起吃会伤五脏。

葱和鲤鱼一起吃容易引发旧病。

李子和白蜜一起吃会破坏五脏的机能。

芥菜和兔肉一起吃会引发疾病。

薤和牛肉做羹一起吃会引发疾病。

猪肉不可和田螺一起吃，否则会使人眉毛脱落。

蜂蜜与葱、蒜、豆花、鲜鱼、酒一起吃会导致腹泻或中毒。

▶ 药膳中药材与食材的配伍禁忌

中药材与食物配伍禁忌是古人在日常生活中总结出来的经验，值得我们重视。在烹调药膳时，应特别注意中药与食物的配伍禁忌。

猪肉：不能和乌梅、桔梗、黄连、苍术、荞麦、鸽肉、黄豆、鲫鱼同食。猪肉与苍术同食，令人动风；猪肉与荞麦同食，令人毛发落、患风病；猪肉与鸽肉、鲫鱼、黄豆同食，令人滞气。

猪心：不能与吴茱萸同食。

鸭蛋：不能李子、桑葚同食。

狗肉：不能与商陆、杏仁同食。

鲤鱼：不能与朱砂、狗肉同食。

鳝鱼：不能与狗肉、狗血同食。

龟肉：不能与酒、果、苋菜同食。

雀肉：不能与白术、李子、猪肝同食。

猪血：不能与地黄、何首乌、黄豆同食。

鲫鱼：不能与厚朴、麦门冬、芥菜、猪肝同食。

羊肉：不能与半夏、菖蒲、铜、丹砂、醋同食。

鳖肉：不能与猪肉、兔肉、鸭肉、苋菜、鸡蛋同食。

猪肝：不能与荞麦、豆酱、鲤鱼肠子、鱼肉同食。猪肝与荞麦、豆酱同食，令人发痼疾；猪肝与鲤鱼肠同食，令人伤神；猪肝与鱼肉同食，令人生痈疽。

▶ 药膳原材料的保存和使用

药膳之所以能发挥疗效，是因为药膳中的药材与食材新鲜、不被污染，营养成分不被破坏。因此，我们要对药膳原料进行正确的保存，避免其腐烂、发霉、虫蛀、受潮等。此外，正确使用药膳原料对于药膳的疗效发挥也有非常重要的影响。

（1）药膳原料的保存

药膳原料的保存得当与否对药膳疗效的发挥有极大的影响，如果药膳材料保存不当，其发挥疗效的成分就会大大减少，从而失去其价值。

药膳材料一般都应放置在阴凉、干燥、通风处为佳。有些易腐烂、变质的食材像蛋类、蔬菜类可置于冰箱内保存。

需要长时间保存的药材，最好放在密封容器内或袋子里，或者冷藏；药材都有一定的保质期，任何药材都不宜放太长时间。虫蛀或发霉的药材，不可再继续食用；如果买回来的药材上有残留物，可以在食用前用清水浸泡半小时，再用清水冲洗之后，才可入锅；药材受潮后，要放在太阳下，将水分晒干，或用干炒的方法将多余水分去除。

（2）药膳原料的使用窍门

药膳的制作除了要遵循相关医学理论，要符合食材、药材的宜忌搭配之外，还有一定的窍门，这样可以让药膳吃起来更像美食。

适当添加一些甘味的药材：具有甘味的药材既有不错的药性，又可以增加菜肴的甜味，如汤里加一些枸杞，不仅能起到滋补肝肾、益精明目的作用，还能让汤更加香甜美味。

　　用调味料降低药味：人们日常生活中所用的糖、酒、油、盐、酱、醋等均属药膳的配料，利用这些调味料可以有效降低药味。如果是炒菜，还可以加入一些味道稍重的调味料。

　　将药材熬汁使用：这样可以使药性变得温和，又不失药效，还可以降低药味，可谓"一举三得"。

　　药材分量要适中：切忌做药膳时用的药材分量与熬药相同，这样会使药膳药味过重，影响菜品的味道。

　　药材装入布袋使用：这样可以防止药材附着在食物上，不仅减少了苦味，还维持了菜肴的外观和颜色。

▶ 科学煎煮，功效更大

　　煎煮中药应注意火候与煎煮时间。煎一般药宜先用大火后用小火。煎解表药及其他芳香性药物，应先用大火迅速煮沸，再改用小火煎10～15分钟即可。有效成分不易煎出的矿物类、骨角类、贝壳类、甲壳类药及补益药，宜用小火久煎，以使有效成分更充分地溶出。中药材的煎煮方法很重要，一般药物可以同时煎，但部分药物需作特殊处理。同一药物因煎煮时间不同，其性能与临床应用也存在差异。所以，煎制中药汤剂时应特别注意以下几点。

　　（1）先煎

　　如制川乌、制附片等药材，应先煎半小时后再放入其他药同煎。生用时煎煮时间应加长，以确保用药安全。川乌、附子等药材，无论生用还是制用，因久煎可以降低其毒性、烈性，所以都应先煎。磁石、牡蛎等矿物、贝壳类药材，因其有效成分不易煎出，也应先煎30分钟左右再放入其他药材同煎。

　　（2）后下

　　如薄荷、白豆蔻、大黄、番泻叶等药材，因其有效成分煎煮时容易挥散或分解破坏而不耐长时间煎煮者，煎煮时宜后下，待其他药材煎煮将成时投入，煎沸几分钟即可。

　　（3）包煎

　　如车前子、葶苈子等较细的药材，含淀粉、黏液质较多的药材，辛夷、旋覆花等有毛的药材，这几类药材煎煮时宜用纱布包裹入煎。

　　（4）另煎

　　如人参、西洋参等贵重药材宜另煎，以免煎出的有效成分被其他药渣吸附，造成浪费。

　　（5）烊化

　　如阿胶、鹿角胶、龟胶等胶类药，容易熬焦，宜另行烊化，再与其他药汁兑服。

　　（6）冲服

　　如芒硝等入水即化的药材及竹沥等汁液性药材，宜用煎好的其他药液或开水冲服。

辨清体质，因人施膳

※"药食相配，药借食力，食助药威"，使用药膳养生，具有很好的养生功效。药膳养生也需根据个人的体质不同，从而选择适合自己的药膳。所谓体质，是指在人的生命过程中，在先天禀赋和后天获得的基础上，逐渐形成的在形态结构、生理功能、物质代谢和性格心理方面，综合的、固有的一些特质。

▶ 体质决定健康

体质的变化决定健康的变化。每个人的体质都具有相对的稳定性，但是也具有一定范围的动态可变性、可调性，才使体质养生具有很好的食用价值，通过调养，使体质向好的方面转化。体质养生就是顺应体质的稳定性，优化体质的特点，改善体质不好的变化和明显的偏颇。

体质决定了我们的健康，决定了我们对于某些疾病的易感性，也决定了得病之后的反应形式以及治疗效果和预后转归，所以体质对我们每个人来说都非常重要。

▶ 养生还需分体质

一个人爱不爱生病、身体状况如何，是由体质决定的。体质分先天和后天，先天的体质是父母赋予我们的，我们无法改变，但后天体质却是由我们自己掌握的。因此，我们要注重后天的体质养生。但并不是所有的人都适用于同一种养生方法，养生还需分体质。

人的形体有胖瘦、体质有强弱、脏腑有偏寒偏热的不同。所受的病邪，也都根据每人的体质、脏腑之寒热而各不相同。或称为虚证，或成为实证，或成为寒证，或成为热证。就好比水与火，水多了火就会灭，火盛了则水就会干涸，事物总是根据充盛一方的转化而变化。也就是说，不同的体质偏爱不同的疾病。

养生要因人而异，有的放矢，体现个人差异，绝不能所有的人都按照相同的方法养生保健。

九种体质自我检测

※药膳是指在中华医药理论和饮食文化的指导下，将药物和食物搭配，通过烹调加工制作而成的，形、色、香、味俱佳的医疗保健食品。要通过食用药膳来养生，首先要辨清自己是何种体质，这样才能因人施膳，从而达到养生的目的。《黄帝内经》将人的体质大致分为以下九种。

▶ 平和体质

平和体质是一种健康的体质，其主要特征为：阴阳气血调和，体型匀称健壮，面色、肤色润泽，头发稠密有光泽，目光有神，鼻色明润，嗅觉通利，唇色红润，不易疲劳，不易生病，生活规律，精力充沛，耐受寒热，睡眠良好，饮食较佳，二便正常。此外，性格开朗随和，对于环境和气候的变化适应能力较强。平和体质者饮食应有节制，营养要均均，粗细搭配要合理，少吃过冷或过热的食物。

▶ 气虚体质

气虚体质是由于一身之气不足，以气虚体弱、脏腑功能状态低下为主要特征的体质状态。其主要特征为：元气不足，肌肉松软不实，平素语音低弱，气短懒言，容易疲乏，精神不振，易出汗，舌边有齿痕，脉弱，易患感冒、内脏下垂等病。此外，性格内向，不喜冒险，不耐受风、寒、暑、湿邪。气虚体质者平时应多食用具有益气健脾作用的食物，如白扁豆、红薯、山药等。不吃或少吃荞麦、柚子、菊花等。

▶ 阳虚体质

阳虚体质是指人体的阳气不足，身体出现一系列的阳虚症状。其主要特征为：畏寒怕冷，手足不温，肌肉松软不实，喜热饮食，精神不振，舌淡胖嫩，脉沉迟，易患痰饮、肿胀、泄泻等病，感邪易从寒化。此外，性格多沉静内向，耐夏不耐冬，易感风寒、湿邪。阳虚体质者可多食牛肉、羊肉等温阳之品，少吃或不吃生冷、冰冻之品。

▶ 阴虚体质

"阴虚"是指精血或津液亏损。其主要特征为：口燥咽干，手足心热，体形偏瘦，鼻微干，喜冷饮，大便干燥，舌红少津，脉细数，易患虚劳、失精、不寐等病，感邪易从热化。此外，性情急躁，外向好动、活泼，耐冬不耐夏，不耐受暑、热、燥邪。阴虚体质者平时应多食鸭肉、绿豆、冬瓜等甘凉滋润之品，少食羊肉、韭菜、辣椒等性温燥烈之品。

▶ 血瘀体质

血瘀体质的人血脉运行部通畅，不能及时排出和消散离经之血，久之，就会淤积于脏腑器官组织之中，而产生疼痛。其主要特征为：肤色晦暗，色素沉着，容易出现淤斑，口唇黯淡，舌暗或有瘀点，舌下络脉紫暗或增粗，脉涩，易患癥瘕及痛症、血症等。此外，血瘀体质者易烦、健忘，不耐受寒邪。血瘀体质者应多食山楂、红糖、玫瑰等，不吃收涩、寒凉、冰冻的东西。

▶ 痰湿体质

痰湿体质者脾胃功能相对较弱，气血津液运行失调，导致水湿在体内聚积成痰。其主要特征为：体形肥胖，腹部肥满，面部皮肤油脂较多，多汗且黏，胸闷，痰多，口黏腻或甜，喜食肥甘甜黏，苔腻，脉滑，易患消渴、中风、胸痹等病。此外，性格偏温和、稳重，多善于忍耐，对梅雨季节及湿重环境适应能力差。痰湿体质者饮食以清淡为主，多食粗粮，夏多食姜，冬少进补。

▶ 湿热体质

湿热体质是以湿热内蕴为主要特征的体质状态。常表现为：面垢油光，易生痤疮，口苦口干，身重困倦，大便黏滞不畅或燥结，小便短黄，男性易阴囊潮湿，女性易带下增多，舌质偏红，苔黄腻，脉滑数，易患疮疖、黄疸、热淋等病。此外，容易心烦急躁，对夏末秋初湿热气候，湿重或气温偏高环境较难适应。湿热体质者饮食以清谈为主，可多食红豆，不宜食用冬虫夏草等补药。

▶ 气郁体质

气郁体质者大都性格内向不稳定，敏感多虑。常表现为：神情抑郁，忧虑脆弱，形体瘦弱，烦闷不乐，舌淡红，苔薄白，脉弦，易患脏躁、梅核气、百合病及郁证等。此外，气郁体质者对精神刺激适应能力较差，不适应阴雨天气。气郁体质者宜多食一些行气解郁的食物，如佛手、橙子、柑皮等，忌食辛辣、咖啡、浓茶等刺激品。

▶ 特禀体质

特禀体质也就是过敏体质，属于一种偏颇的体质类型，过敏后会给病人带来各种不适。其主要特征为：常见哮喘、风团、咽痒、鼻塞、喷嚏等；患遗传性疾病者有垂直遗传、先天性、家族性特征；先天性禀赋异常者或有畸形，或有生理缺陷；患胎传性疾病者具有母体影响胎儿个体生长发育及相关疾病特征。此外，特禀体质者对外界环境适应能力差。特禀体质者食宜益气固表，起居避免过敏源，加强体育锻炼。

平和体质首选药材、食材、药膳

※平和体质一般不需要特殊调理，但人体的内部环境也易受外界因素的影响，如夏季炎热，人体汗出较多，易耗伤阴津，可选用一些滋阴清热的食材或药材，薏仁、玉竹、枸杞、银耳、沙参、鸭肉、兔肉等。在梅雨季节气候多潮湿，则可选用一些健脾祛湿的食物或药材，如鲫鱼、茯苓、山药、赤小豆、莲子等。

玉竹

茯苓

薏仁

枸杞

鲫鱼

玉竹枸杞粥

| 配 方 | 大米100克，玉竹30克，枸杞20克，白糖适量

| 做 法 | ①大米洗净，用清水浸泡；枸杞、玉竹分别洗净备用；②锅置火上，加入清水，入大米煮至七成熟，加入玉竹、枸杞煮至粥将成，加入白糖调味即可。

| 功 效 | 此品具有滋阴润燥，益气补虚的功效。

绿豆茯苓薏仁粥

| 配 方 | 绿豆200克，薏仁200克，茯苓15克，冰糖100克

| 做 法 | ①绿豆、薏仁淘净，盛入锅中加6碗水；②土茯苓碎成小片，放入锅中，以大火煮开，转小火续煮30分钟；③加冰糖煮溶即可。

| 功 效 | 健脾益气，清热利湿，养心安神。

枸杞鲫鱼粥

| 配 方 | 鲫鱼肉50克，大米100克，盐3克，味精2克，料酒、姜丝、枸杞、葱花、香油各适量

| 做 法 | ①大米洗净，鱼肉收拾干净切块，料酒腌渍。②锅置火上，注入清水，放入大米煮至五成熟。③放入鱼肉、枸杞煮至米粒开花，加盐、味精、香油调匀，撒上葱花便可。

| 功 效 | 健脾利水，滋补肝肾，明目。

气虚体质首选药材、食材、药膳

※气虚体质者宜吃性平偏温的、具有补益作用的药材和食材。如人参、西洋参、太子参、党参、山药、黄芪等中药；大枣、葡萄干、龙眼肉等果品；白扁豆、红薯、南瓜、包心菜、土豆、香菇等蔬菜；鸡肉、猪肚、牛肉、羊肉、鹌鹑等肉食；淡水鱼、泥鳅、鳝鱼等水产；糯米、小米、黄豆制品等谷物。

黄芪

西洋参

党参

太子参

鳝鱼

黄芪豌豆粥

|配 方| 荞麦80克，豌豆30克，黄芪3克，冰糖10克

|做 法| ①荞麦泡发洗净；豌豆、黄芪均洗净。②锅置火上，倒入清水，放入荞麦、豌豆煮开。③加入黄芪、冰糖同煮至浓稠状即可。

功效 此品可补气养血，提高机体的抗病能力和康复能力。

参果炖瘦肉

|配 方| 猪瘦肉25克，太子参100克，无花果200克，盐、味精各适量

|做 法| ①太子参略洗；无花果洗净；②猪瘦肉洗净切片；③把全部用料放入炖盅内，加滚水适量，盖好，隔滚水炖约2小时，调味供用。

功效 益气养血，健胃理肠。

鳝鱼药汁粥

|配 方| 鳝鱼50克，党参、当归各20克，大米80克，盐3克，姜末、葱花各适量

|做 法| ①大米、党参、当归洗净；鳝鱼收拾干净切段。②油锅入料酒，下鳝段翻炒，加盐炒熟盛出。③锅内加水，入大米、党参、当归煮至五成熟；入鳝段、姜末煮至米粒开花，加盐调匀，撒上葱花即成。

功效 此品可补气益血，滋补强身。

阳虚体质首选药材、食材、药膳

※阳虚体质者可多食温热之性的药材和食材。如鹿茸、杜仲、肉苁蓉、淫羊藿、锁阳等中药；荔枝、榴莲、龙眼肉、板栗、大枣、核桃、腰果、松子等果品；生姜、韭菜、辣椒、山药等蔬菜；羊肉、牛肉、狗肉、鸡肉等肉食；虾、黄鳝、海参、鲍鱼、淡菜等水产；干果则宜选核桃，可温肾阳。

 核桃　 鹿茸　 羊肉　 韭菜　 虾

鹿茸枸杞蒸虾

|配 方| 大白虾500克，鹿茸10克，枸杞10克，米酒50毫升

|做 法| ①白虾洗净，挑去肠泥；②鹿茸以火柴烧去周边绒毛，并与枸杞先以米酒浸泡20分钟；③白虾盛盘，放入鹿茸、枸杞连酒汁；④煮锅内加2碗水煮沸，将盘子移入隔水蒸8分钟即成。

功效 壮元阳，补气血，益精髓。

猪肠核桃汤

|配 方| 大肠200克，核桃仁60克，熟地30克，大枣10枚，姜丝、盐、料酒各适量

|做 法| ①大肠洗净，入沸水焯2分钟，捞出切段；核桃仁捣碎；②大枣洗净；熟地用纱布包好；③锅内注水，加入所有食材，大火烧沸，文火煮40分钟，拣出药袋，调入盐即成。

功效 滋补肝肾，强健筋骨。

当归姜丝羊肉粥

|配 方| 当归10克，羊肉100克，大米80克，料酒3克，生抽5克，姜丝3克，盐2克，味精2克

|做 法| ①大米淘净；羊肉洗净切片，用料酒、生抽腌制；当归洗净浸泡。②大米、当归入锅，加水煮沸，入羊肉、姜丝，熬煮至米粒开花。③小火熬化成粥，调入盐、味精调味即可。

功效 温阳散寒、理血活血。

阴虚体质首选药材、食材、药膳

※阴虚症多源于肾、肺、胃或肝的不同症状，应根据不同的阴虚症状而选用药材或食材。如银耳、百合、石斛、玉竹、枸杞等中药；石榴、葡萄、柠檬、苹果、梨、香蕉、罗汉果、西红柿、马蹄、冬瓜、丝瓜、苦瓜、黄瓜、菠菜、生莲藕等食材。新鲜莲藕非常适合阴虚内热的人，可以在夏天榨汁喝。

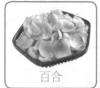 百合

 石斛

 莲藕

 冬瓜

 梨

冬瓜珧柱汤

| 配 方 | 冬瓜200克，珧柱20克，虾30克，草菇10克，姜10克，盐5克，味精3克

| 做 法 | ①冬瓜去皮切片；珧柱泡发；草菇洗净对切；②虾去壳，挑去泥肠；姜去皮切片；③锅上火，爆香姜片，下入所有食材，煮熟，加入调味料即可。

功 效 滋阴补血，利水祛湿。

雪梨猪腱汤

| 配 方 | 猪腱500克，梨1个，无花果8个，盐5克，冰糖10克

| 做 法 | ①猪腱洗净，切块；雪梨洗净、去皮、切块，无花果用清水浸泡，洗净；②把全部用料放入清水煲内，武火煮沸后，改文火煲2小时；③加盐调成咸汤或加冰糖调成甜汤供用。

功 效 润肺清燥，降火解毒。

百合绿豆凉薯汤

| 配 方 | 百合（干）150克，绿豆300克，凉薯1个，瘦肉1块，盐、味精、鸡精各适量

| 做 法 | ①百合泡发；瘦肉洗净，切成块；②凉薯洗净，去皮，切成大块；③将所有原材料放入煲中，以大火煲开，转用小火煲15分钟，加入调味料调味即可。

功 效 清热降火，润肺、安神。

湿热体质首选药材、食材、药膳

※湿热体质者养生重在疏肝利胆，祛湿清热。饮食以清淡为主。中药方面可选用茯苓、薏仁、红豆、玄参等清热利湿功效的。食材方面可多食绿豆、黄瓜、丝瓜、荠菜、芥蓝、藕、海带、四季豆、兔肉、鸭肉等甘寒、甘平的食物。湿热体质者还可适当喝些凉茶，如决明子、金银花、车前草、淡竹叶、溪黄草等。

红豆

玄参

绿豆

金银花

鸭肉

金银花饮

|配 方| 金银花20克，山楂10克，蜂蜜250克

|做 法| ①将金银花、山楂放入锅内，加适量水；②置急火上烧沸，5分钟后取药液一次，再加水煎熬一次，取汁；③将两次药液合并，稍冷却，然后放入蜂蜜，搅拌均匀即可。

功效 清热祛湿，驱散风热。

兔肉薏米煲

|配 方| 兔腿肉200克，薏米100克，红枣6颗，盐少许，葱、姜各6克

|做 法| ①兔腿洗净剁块；薏米、红枣洗净。②锅上火注水，入兔腿肉余水冲净。③净锅上火倒入油，将葱、姜爆香，入水、盐，入兔腿肉、薏米、红枣，小火煲至入味即可。

功效 此品能清热利湿、益气补虚。

赤小豆炖鲫鱼

|配 方| 赤小豆50克，鲫鱼1条（约350克），盐适量

|做 法| ①将鲫鱼处理干净，备用。②赤小豆洗净，备用。③鲫鱼和赤小豆放入锅内，加2000～3000毫升水清炖，炖至鱼熟烂，加盐调味即可。

功效 解毒渗湿，利水消肿。

痰湿体质首选药材、食材、药膳

※痰湿体质者养生重在祛除湿痰，畅达气血。宜食味淡、性温平之食物。中药方面可选红豆、白扁豆、山药等健脾利湿的，也可选生黄芪、茯苓、白术、陈皮等健脾益气化痰的。食材方面宜多食粗粮，如玉米、燕麦、荞麦、黄豆、黑豆、红薯、土豆等。蔬菜如芹菜、韭菜，含丰富膳食纤维，也适合痰湿体质者食用。

白扁豆

山药

白术

陈皮

玉米

白扁豆鸡汤

| 配 方 | 白扁豆100克，莲子40克，鸡腿300克，砂仁10克，盐5克

| 做 法 | ①锅内注水1500毫升，入鸡腿、莲子，大火煮沸转小火续煮45分钟。②白扁豆洗净，入锅中与其他材料混合，煮至白扁豆熟软。③入砂仁，搅拌溶化，入盐调味后即可。

功效 健脾化湿，和中止呕。

白术茯苓田鸡汤

| 配 方 | 白术、茯苓各15克，白扁豆30克，芡实20克，田鸡4只，盐5克

| 做 法 | ①白术、茯苓洗净入砂锅，加水，文火煲30分钟，去渣取药汁。②田鸡宰洗净，去皮斩块；芡实、白扁豆洗净，入砂锅，大火煮开转小火炖20分钟，下田鸡续炖。③加盐与药汁，煲至熟烂即可。

功效 健脾益气，利水消肿。

陈皮山楂麦茶

| 配 方 | 陈皮10克，山楂10克，麦芽10克，冰糖10克

| 做 法 | ①将陈皮、山楂、麦芽一起放入煮锅中。②加800毫升水以大火煮开，转小火续煮20分钟。③再加入冰糖，小火煮至溶化即可。

功效 理气健脾，祛湿润燥。

血瘀体质首选药材、食材、药膳

※血瘀体质者养生重在活血祛瘀，补气行气。调养血瘀体质的首选中药是丹参，其具有促进血液循环，扩张冠状动脉，防止血小板凝结的功效。此外，桃仁、田七、益母草、川芎等活血化瘀的中药对于血瘀体质者也有很好的功效。食材方面如山楂、金橘、桂皮、生姜、菇类、海参等都适合于血瘀体质者食用。

益母草

桃仁

田七

丹参

山楂

田七薤白鸡肉汤

|配 方| 鸡肉350克，枸杞20克，田七、薤白各少许，盐5克

|做 法| ①鸡肉氽水；田七洗净，切片；薤白洗净，切碎；枸杞洗净，浸泡。②将鸡肉、田七、薤白、枸杞放入锅中，加适量清水，用小火慢煲。③2小时后加入盐即可食用。

|功 效| 活血化瘀，散结止痛。

二草红豆汤

|配 方| 红豆200克，益母草15克，白花蛇舌草15克，红糖适量、水1500毫升

|做 法| ①红豆、中药材洗净。②锅内加水1500毫升，入益母草、白花蛇舌草，大火煮沸转小火，煎至剩2碗水的份量、滤渣取药汁。③药汁加红豆，小火续煮1小时，加红糖调味即可。

|功 效| 凉血解毒，活血化瘀。

丹参红花陈皮饮

|配 方| 丹参10克，红花5克，陈皮5克

|做 法| ①丹参、红花、陈皮洗净备用。②先将丹参、陈皮放入锅中，加水适量，大火煮开，转小火煮5分钟即可关火。③再放入红花，加盖焖5分钟，倒入杯内，代茶饮用。

|功 效| 活血化瘀，疏肝解郁。

气郁体质首选药材、食材、药膳

※气郁体质者养生重在疏肝理气。中药方面可选陈皮、菊花、酸枣仁、香附等。陈皮有顺气、消食、治肠胃不适等功效；菊花有平肝宁神静思之功效；酸枣仁能安神镇静、养心解烦。食材方面可选橘子、柚子、大蒜、洋葱、槟榔、大蒜等有行气解郁功效的食物，醋也可多吃一些，山楂粥、花生粥也颇为相宜。

 菊花
 香附
 酸枣仁
 大蒜
 洋葱

山楂陈皮菊花茶

配方 山楂10克，陈皮10克，菊花5克，冰糖15克

做法 ①山楂、陈皮盛入锅中，加400毫升水以大火煮开；②.转小火续煮15分钟，加入冰糖、菊花熄火，焖一会即可。

功效 消食积，宁神静思。

大蒜银花茶

配方 金银花30克，甘草3克，大蒜20克，白糖适量

做法 ①将大蒜去皮，洗净捣烂。②金银花、甘草洗净，一起放入锅中，加水600毫升，用大火煮沸即可关火。③最后调入白糖即可服用。

功效 行气解郁，清热除燥。

玫瑰香附茶

配方 玫瑰花6朵、香附10克、冰糖15克

做法 ①香附放入煮壶，加600毫升水煮开，转小火续煮10分钟；②陶瓷杯以热水烫温，放入玫瑰花，将香附水倒入冲泡，加糖调味即成。

功效 疏肝解郁，行气活血。

特禀体质首选药材、食材、药膳

※特禀体质者在饮食上宜清淡、均衡，粗细搭配适当，荤素配伍合理。宜多吃一些益气固表的药材和食材。益气固表的中药中最好的是人参，还有防风、黄芪、白术、山药、太子参等也有益气的作用。在食物方面可适当地多吃一些糯米、羊肚、燕麦、红枣、燕窝和有"水中人参"之称的泥鳅等。

人参

防风

燕麦

糯米

泥鳅

鲜人参炖竹丝鸡

|配 方| 鲜人参两根，竹丝鸡650克，猪瘦肉200克，火腿30克，生姜2片，花雕酒3克，味精、食盐、浓缩鸡汁各适量

|做 法| ①竹丝鸡处理干净；猪瘦肉切件；火腿切粒；②所有肉料焯去血污，加入其他原材料装入盅内，入锅隔水炖4小时；③加入调味料即成。

功效 益气固表，强壮身体。

香附豆腐泥鳅汤

|配 方| 泥鳅300克，豆腐200克，香附10克，红枣15克，盐少许，味精3克、高汤适量

|做 法| ①泥鳅处理干净；豆腐切小块；红枣、香附洗净，煎汁备用；②锅上火倒入高汤，加入泥鳅、豆腐、红枣煲至熟，倒入香附药汁，煮开后，调入盐、味精即可。

功效 补中益气，疏肝解郁。

山药糯米粥

|配 方| 山药15克，糯米50克，红糖适量，胡椒末少许

|做 法| ①山药去皮，洗净，切片。②先将糯米洗净略炒，与山药共煮粥。③粥将熟时，加胡椒末、红糖，再稍煮即可。

功效 此品具有健脾暖胃、温中益气的功效，特禀体质者可常食。

第二章

药膳调养心脏，
保护好人体的"君主之官"

　　《黄帝内经》中将人体的五脏六腑都称为"官"，心脏为"君主之官"，君主即国家的最高统治者，可见心脏的重要性；而在现代医学中，心脏是人体整个血液循环系统中的动力，其作用是推动血液流动，向器官、组织提供充足的血流量。这些都说明了心脏在人体的整个功能上的重要性。我们常说养生，而养生自然应先养"心"。药膳"寓医于食，药食同源"，既能让人享受到食物的美味，又能起到药用疗效，一举两得。使用药膳养心，能起到很好的养护和调理的功效。

《黄帝内经》中的心脏养生

※《黄帝内经》认为，心是如同君主一样是具有主宰全身作用的器官，人的一切精神都是由它产生。心为神之居、血之主、脉之宗，它的功能情况表现于面部，它的属性为阳中的太阳，与夏气相通，在五行属火，配合其他脏腑功能活动，起着主宰生命活动的作用。

▶ 为何说心脏是"君主之官"

《黄帝内经》把人体的五脏六腑命名为十二官，其中，心为"君主之官"。书中有这样的描述："心者，君主之官。神明出焉。故主明则下安，主不明，则一十二官危。"

君主是古代国家元首的称谓，是一个国家的最高统治者。把"心"称为君主，就是肯定了心在五脏六腑中的重要性，心是脏腑中最重要的器官。"神明"指精神、思维、意识活动及这些活动所反映的聪明智慧，它们都是由心所主持的。心主神明的功能正常，则精神健旺，神志清楚；反之，则神志异常，出现惊悸、健忘、失眠、癫狂等症候，而且可引起其他脏腑的功能紊乱。另外，心主神明还说明，心是人的生命活动的主宰，统帅各个脏器，使之相互协调，共同完成各种复杂的生理活动，以维持人的生命活动，如果心发生病变，则其他脏腑的生理活动也会出现紊乱而产生各种疾病。因此，以"君主之官"比喻"心"的重要作用与地位并不为过。

▶ 认识心脏的生理功能

心居于胸腔左侧、膈膜之上，为"君主之官"，其生理功能有两个方面：即主血脉与神明。

心主血脉：心主血脉包括主血和主脉两个方面：全身的血，都在脉中运行，依赖于心脏的推动作用而输送到全身。脉，即血脉，是气血流行的通道，又称为"血之府"。心脏是血液循环的动力器官，它推动血液在脉管内按一定方向流动，从而运行周身，维持各脏腑组织器官的正常生理活动。中医学把心脏的正常搏动、推动血液循环的这一动力和物质，称之为心气。另外，心与血脉相连，心脏所主之血，称之为心血，心血除参与血液循环、营养各脏腑组织器官之外，又为神志活动提供物质能量，同时贯注到心脏本身的脉管，维持心脏的功能

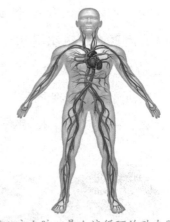

*心主血脉，是血液循环的动力器官，推动血液在脉管内按一定方向流动，从而运行周身

活动。因此，心气旺盛、心血充盈、脉道通利，心主血脉的功能才能正常，血液才能在脉管内正常运行。《内经》所言"心主身之血脉"和"心者，其充在血脉"，是针对心脏、脉和血液所构成的一个相对系统而言。"心"占据着主导的地位，"心"的搏动是血液运行的根本动力，起决定作用。

心主神明：《素问·灵兰秘典论》记载："心者，君主之官也，神明出焉。"《素问·调条经论》说："心藏神。""神明"主要指精神和意识，这些功能由心主持和体现，所以说"心主神明"。心主神明的功能与心主血脉功能密切相关。血液要神明活动的基础。意识活动虽然源自于脑，但心脏为脑提供了充分的血液供给，这是能源。故，心主血脉的生理功能正常，则心主神明功能强，人才能精神振奋、思维敏捷，反之则失眠、多梦，甚至发狂、昏迷等。

▶ 了解心脏的功能表现

除了主血脉和主神明两大功能外，心在志、在液、在体和在窍的四大功能表现为：

心在志为喜：藏象学说认为，外界信息引起人的情志变化，是由五脏的生理功能所化生，故把喜、怒、思、忧、恐称作"五志"，分属于五脏。心在志为喜，是指心的生理功能和精神情志的"喜"有关。喜，一种对外界信息的反应，是属于良性的刺激，有益于心主血脉等生理功能。从心主神志的生理功能状况来分析，又有太过与不及的变化。一般说来，心主神志的功能过亢，则使人喜笑不止；心主神志的功能不及，则使人易悲。但由于心为神明之主，不仅喜能伤心，而且五志过极，均能损伤心神。

*心在志为喜，平时多笑笑，有助于养心安神

心在液为汗：汗液，是津液通过阳气的蒸腾气化后，从汗孔排出的液体。由于汗为津液所化生，血与津液又同出一源，因此有"汗血同源"之说。而血又为心所主，故有"汗为心之液"之称。汗出太多则心慌的现象，也证明了这一点。

心在体合脉，其华在面：脉是指血脉。心合脉，即是指全身的血脉都属于心。心气的强弱、心血的盛衰，可从脉象反映出来。心合脉，成了切脉的理论根据之一。

中医学认为，内在脏腑的精气盛衰、功能强弱，可以显露在体表组织器官上，称为荣华外露。五脏各有其华。心，其华在面，是说心的生理功能是否正常以及气血的盛衰，可以显露于面部色泽的变化上。所以望面色常作为推论心脏气血盛衰的指标。若心的气血旺盛，则面色红润有光泽。若心脏发生病变，气血受损，则常在面部有所表现。例如，心的气血不足，可见面色（㿠）白、晦滞；心血瘀阻，则面部青紫；如血分有热，则面色红赤；心血暴脱，则面色苍白或枯槁无华。

心在窍为舌： "窍"原意为孔洞，即孔窍，在中医学理论中，用来说明脏腑与体表官窍之间的内在联系，亦属于中医学整体观念的一部分。窍主要指头面部五个器官，即鼻、目、口、舌、耳，包括七个孔窍。习惯上称为五官七窍。另外，前阴和后阴亦称为窍，故又有九窍的说法。五脏六腑居于体内，官窍居于头面、体表，但脏腑与官窍之间存在着密切联系。这种联系不仅表现在生理方面，而且在病理方面也相互影响。

*心与七窍中的舌相连，若心有病变，可以从舌上反映出来

心开窍于舌： 是指舌为心之外候。舌主司味觉，表达语言。心的功能正常，则舌质柔软，语言清晰，味觉灵敏。若心有病变，可以从舌上反映出来。故临床上常通过观察舌的形态、色泽的变化，来推论心的病理变化。

▶ 日常生活中的八大养心法

（1）养心宜先养神

因为心主神明，所以养心首先要养神。据《黄帝内经》讲："得神者昌，失神者亡。"情绪稳定则畅，反之则滞。因此，从养生的角度看，"神补"尤显重要。神补应以不伤精神、调摄好七情为要。

"神补"就是通过愉悦精神，使大脑皮质血管舒张，皮质下中枢及植物神经系统功能协调，内分泌正常，从而促进身体健康。医学专家认为，养神也应因人制宜，各取所需。只要选择自己喜欢的形式，无论做什么，心情舒畅，就有利于心理健康。

养神要注意培养良好的情趣爱好，如跳舞、唱歌、棋琴书画或种花养鸟等，陶冶志趣，有了高雅的志趣，精神有所寄托，自然有利于养神健身。

*培养良好的情趣爱好，如阅读、舞蹈等等，让精神有所寄托，自然有利于养神健身

还可养成健身锻炼的好习惯，夏季早晨，进行适度的、力所能及的体育锻炼，如打太极拳、舞剑、慢跑、散步，会使人进入一种忘我的境界，使人体产生"快乐素"，既能增强体质，又调整了情绪。从整体上适应社会环境，调整自身心态，也是神补的一项重要的措施。顺应四时，养神养心。四时气候的不同变化，使万物形成了生、长、收、藏的自然规律。人体寓于自然之中，只有与四时的变化相适应，才能保持清静内守的状态，"精神内守，病安从来"。

（2）合理膳食，保护心脏

在医学界，心脏病被看成是仅次于癌症的"都市杀手病"。中医认为，心脏病是由于饮食不节、七情内伤、肾气不足等原因造成的。其中，饮食不节是一项很重要的因素。因为不够均衡的饮食及生活方式造成了诸如高血脂、高血压、糖尿病等一系列的问题，而这些问题会损害血管和心脏。所以，从心脏病的防治角度看，节制饮食十分重要，对心脏的保护原则上应做到"三低"即：低热量、低脂肪、低胆固醇。

首先，要避免进食过多的动物性脂肪及含有大量胆固醇的食物。根据所含胆固醇的高低，可以将食物分为三类：一是可以经常食用的食物，如鸡肉、鲫鱼、瘦猪肉、牛奶、蛋白、大米等，这些食

*花生、黄豆及其制品等食物都是对心脏健康非常有益的食物，平时可以多吃以养心

物含胆固醇较低；二是可以适量吃的食物，如虾、蟹、牛肉、猪腰等，这些食物含胆固醇较高；三是最好少吃或不吃的高胆固醇食物，如蛋黄、猪肝、牛油、猪脚、肥鸡肉等等。其次，要限制热量的摄取，少吃垃圾食品。一天中进食总量不应超过补充身体消耗的需要量，否则会发胖，而肥胖会增加心肌对氧的消耗量，加重心脏负担，从而诱发心血管疾病。但是，在强调限制能量的同时，还必须指出，合理营养并不等于不要营养。过分节食，让身体长期处于饥饿状态，可引起营养不良，身体抵抗力下降，这样反而有害健康。

此外，要多吃新鲜蔬菜与水果，因为其含维生素C、钾、镁等元素，对心脏及血管有保护作用，同时蔬菜中的纤维素还有助于将血管内多余的胆固醇除掉。

（3）"维生素E"助力心脏健康

维生素E可以改善心脏的整体健康。如果适量摄取维生素E，可以减少内损害环绕心脏的动脉中的胆固醇，从而减少胆固醇氧化，疏通血管，预防心脏病或其他严重的心脏问题。在过去，有研究表明维生素E可以帮助那些曾经有过心脏病发作史的患者，它能疏通动脉，消除堵塞，从而预防心脏病发作。为了帮助你保持心脏健康，大多数医生会建议你采取服用维生素E或多吃富含维生素E的食物，如坚果中的核桃、杏仁等等。

另外，心脏病患者还可以使用维生素C以提高维生素E的吸收率。维生素C是一种抗氧化剂，有防止胆固醇对身体造成不利影响的作用。维生素C也有利于增强维生素E保护动脉和心脏的功能。

为了避免维生素E和维生素C摄取过量，最好通

*适量摄取维生素E可以减少内损害环绕心脏的动脉中的胆固醇，对心脏有益

过日常饮食增加维生素的摄取。如果是选用服用维生素E药剂来补充，一定要注意你的剂量，医学专家认为，维生素E常用口服量应为每次10~100毫克，每日1~3次。因为维生素E和其他脂溶性维生素不一样，在人体内贮存的时间比较短，这和B族维生素、维生素C一样，因此应保持每天正常的摄取量。

（4）适当饮用咖啡对心脏有益

经常适量饮用咖啡对抑制心脏病发作有一定作用，这是因为咖啡含有丰富的天然抗氧化剂——咖啡因，可以抑制引起血管阻塞的内生酶，从而抑制血栓的形成以预防心脏病发作。此外，咖啡因还可以使血栓溶解酶的水平增加一倍。早在20世纪80年代早期，一项研究就发现，适当饮用咖啡对心脏是有好处的。一项通过长达57个月的连续跟踪调查究显示，每天喝2~4杯的咖啡（含不超过400~500毫克的咖啡因），可以提供足够的抗氧化剂、奎尼内酯和矿物质，有助于预防心脏病的发作。

咖啡除了有抗氧化作用外，还有其他作用，例如绿原酸衍生物（内酯）有抗抑郁作用。经常适量饮用咖啡也许是一种预防多种疾病（包括糖尿病和冠脉疾病）的重要手段。但也要记住，咖啡因也可以增加动脉血管疾病患者的心律失常和突发急性事件的发生率。因此，易感人群要避免过量饮用咖啡。喝咖啡后有心律失常症状的人群要避免饮用咖啡，并遵照医生的建议。

（5）有氧运动增强心脏功能

积极参加适量的体育运动，维持经常性适当的运动，有利于增强心脏功能。研究表明，凡是有节奏、全身性、时间较长的有氧代谢运动，都有助于心脏功能的提升。如爬楼梯、下蹲、骑自行车等这些很简单的运动，能够增强心血管功能，提高心脏活力，降低患心脏病的风险。除了量力而行、持之以恒之外，以"健心"为目的的运动锻炼，要想达到理想效果，必须达到一定的强度。

有氧运动是指人体在氧气充分供应的情况下进行的体育锻炼。简单来说，有氧运动是指任何富韵律性的运动，其运动时间在15分钟或以上，运动强度在中等或中上的程度。常见的有氧运动项目有：步行、快走、慢跑、竞走、滑冰、长距离游泳、骑自行车、打太极拳、跳健身舞等。

*有氧运动可增强心肺耐力，维持经常性适当的运动，有利心脏健康

对心脏病患者来说，根据心脏功能及体力情况，从事适当量的体力活动，有助于增进血液循环，增强抵抗力，提高全身各脏器功能，防止血栓形成。但也需避免过于剧烈的活动，活动量应逐步增加，以不引起不良症状为原则。

（6）疏通心经，保护心脏健康

手少阴心经起着维护心脏功能的作用，它可以说是人体的生死命脉。因此，经常拍打一下两臂的手少阴心经，畅通经络预防疾病的产生。心经位于手的内侧的后缘，拍打时不用定准穴位，大致沿着经络的走向拍打即可。此外，心经的穴位中有不少穴位都可以起到调节神志、缓解情绪的作用，想有好心情、好心脏，不妨多按摩少冲、少府、灵道、少海、极泉几个要穴，能调节心脏血液循环状况，从而达到补益心脏气虚的效果。

少冲穴：位于小指指甲下缘，距指甲角0.3米，靠无名指侧的边缘上。经常按摩能够改善失眠、心悸的状况，平复紧张或焦虑的情绪。

少府穴：位于人体的手掌面，第四、五掌骨之间，手握掌时小指尖对着的位置。少府穴是心经气血聚集的位置，可以清热去火。气血亏虚的人长按有补益的效果，气血过盛的人长按有泻"火"的效果。

少海穴：屈肘，肘横纹内侧端与肱骨内上髁连线的中点处。心肾不交的人燥热、睡眠浅，按摩少海穴能使人的气血平和，使心肾相交。

极泉穴：位于腋窝正中，脉动脉搏动处。用大拇指按压极泉穴，拨动里面的小筋时手指就会发麻，说明心血充盈、心脏通畅。如果只痛而不麻，就是心血管功有瘀积。如果不痛也不麻就是心气血严重亏虚了，需及时补充心气血。

（7）中午小睡可养心

午时是指中午11点到下午1点这两个小时的时间。这时人的阳气达到最盛，气血运行到心，心经当令，是一天当中最有助于保养心脏的时间段。以人体内阳气和阴气的变化来说，阳气是从半夜12点时开始萌生，到午时达到顶峰，最为旺盛；午时过后则阴气逐渐盛，子时阴气最为旺盛，所以子、午两个时辰也是人体阴阳交替、气血交换的时候。

*睡眠不仅养身，还担负着养心的重任，要想心脏好睡眠首先要好

按照中医学的传统观点，午时为"合阳"，此时应"少息所以养阳"。此外，"心主血脉"，"心恶热"，而此时正是太阳高照，气温达到最高峰的时候，心脏内的阳气也达到最高点。为了让心脏受到更好的照顾，此时宜小憩，这样有利于使心火下降，肾水也可运行到心火，形成"心肾相交"，所以午时一定要睡觉。

▶ 提防现代生活方式中的"伤心元素" ....•

（1）整体生活环境的变化

生活环境会影响心脏的健康，我们要重视生活环境。如果长期居住在阴暗潮湿的环境，或居住拥挤，起居无节，或在冬春季节气候无常时，常发生细菌性或病毒性感染，如溶血性链球菌感染造成咽炎、扁桃体炎等。在气候寒冷多变时，常加重或诱发一些周围血管病，如雷诺氏症、血栓闭塞性脉管炎、手足发绀症等。长期在高温下工作，机体新陈代谢增加，心脏负担加重，容易患心脏病。长期在高原居住，血氧饱和度降低，组织供氧不足，红细胞增高，缺氧引起肺血管痉挛，肺动脉高压，右心扩大、衰竭或心律失常，导致慢性肺心病。

*人一天之中都需要有踹息、休息的时间，喝杯茶放松放松自己

（2）职场压力

现代社会涌现了一大批"工作狂"。这群人加班至深夜也无所谓，回到家中脑袋里想的还是工作，一头睡下，想起工作又马上醒来。这样身体不断地接受压力、累积压力，而毫无消除的机会。殊不知，压力是心脏的大敌，它是导致动脉硬化、心绞痛及心肌梗死的原因。另外，对有心脏病的人而言，这是发病的导火线。不论再怎么忙的人，一天之中都需要有踹息、休息的时间。不管是5分钟也好，10分钟也好，都是十分必要的。利用如此短暂的时间所做的运动可以促进血液循环、消除疲劳，给身体带来新鲜的空气；同时也会因身体再度补充活力，放松原本紧绷的神经。所以变换气氛、喘一口气都可以发挥相当大的效果。除了前述的简易运动，如搬动书籍、在椅背上伸伸懒腰、打打哈欠、在室内来回散步、喝杯茶，眺望窗外等都可以帮助减轻压力，减少疾病的发生概率。

（3）暴饮暴食

节日庆祝，或与家人朋友聚会时，大量的美食放在面前，我们往往会经不住诱惑开始大吃大喝。如果大喜加上暴饮暴食就要注意了，因为心脏可能会受不了你的这种行为，从而提出"抗议"。太高兴会让人心气涣散，又吃了这么多东西就会出现中医里"子盗母气"的状况了。所谓的"子盗母气"，是用五行相生的母子关系来说明五脏之间的病理关系。在这里是指脾胃，"母"指"心"，就是说脾胃气不足而借调心之气来消化食物。

如果一个人本来就有心脏病，太高兴心气已经涣散了，然后这个时候又暴饮暴食，脾胃的负担超负荷了，只好"借用"心气来消化这些食物，心气必然亏虚，因此心脏病患者（特别是老年人）在这个时候往往会突然发生心脏病，这就是乐极生悲了。所以，不管是在平时，还是在节庆假日里，都要在饮食上有所节制，要管好自己的嘴，千万不要让美食成为生命的威胁。

（4）过度服药

许多药物及化学品可损害心肌，甚至有些治疗心脏病的药物在发挥治疗作用的同时，也诱发或加重了心脏病。最常用的青霉素会使某些过敏性体的人质发生过敏性休克。

如治疗血吸虫病的锑剂，治疗阿米巴痢疾的依米丁，治疗疟疾的奎宁等，对心肌有直接损害。

治疗砷、金中毒的二硫基丙醇，治疗有机磷中毒的阿托品类药物，抗心绞痛药硝酸甘油等可引起窦性心动过速，治疗心绞痛与心动过速的受体阻滞剂如心得安、氨酰心安等，抗心律失常有异搏停、心律平等，可引起心动过缓。

治疗支气管哮喘的氨茶碱等也会导致心律失常，在使用药物的时候一定要按照医嘱服用。

❀本草药膳养护心脏

※人的健康与心脏有着密切的关系，中医认为，养生宜先养心。而药膳能将药物与食物进行巧妙的搭配，既将药物作为食物，又将食物赋以药用，药借食力，食助药威，使用药膳养护心脏，既能提高身体的抵抗力，又能防病治病、保健强身。

▶ 心——"神之居、血之脉"

心为"神之居，主神志"，即表示心主"神志"和"血脉"，而"神志"关乎人的思想、思维，"血脉"关乎人的心气、气血。而只有心气旺盛、心血充盈、脉道通利，心主血脉的功能才能正常，血液才能在脉管内正常运行。若心气不足，就会导致心血亏虚，以致造成面色苍白。若心血闭阻，则面色青紫。若心血过旺，则面红、舌尖红或糜烂。同时，也只有心主血脉的生理功能正常，人才能精神振奋、思维敏捷，反之则失眠、多梦，甚至发狂、昏迷等。本草药膳养生，其功效上来讲，治疗疾病和养生保健是密不可分的，牵一发而动全身，只有心血旺、内脏功能正常才能让人容光焕发，所以，养生需养心养血。

▶ 养护心脏的常用药材和食材

养护心脏就是要养心养血，此时最适宜药膳食养。常用中药材有人参、当归、红枣、龙眼肉、阿胶、益智仁、苦参、生地、黄连、莲子、茯苓、丹参、灵芝、酸枣仁、柏子仁、五味子，食材有赤小豆、猪心、莲藕、苦瓜，食用这些食物与中草药，可有效的改善面色苍白、心气不足、精神倦怠等症状，而这些食物、药物又可以互相组合做出各种具有滋补气血、养心安神功效的药膳。同时，还可在药膳中适当加入海产品、纤维类、豆类以及大蒜、洋葱、茄子等食物，对心脏都是有益处的。

①海产品：多食海产品能降低胆固醇，以此来减少胆固醇对心脏的损害。

②纤维类食物：含纤维素高的食物能起到保护心脏的作用。

③豆类食物：豆类中含有丰富的亚麻二烯酸，能降低胆固醇，减少血液的黏滞性。

④大蒜：每天吃1~3瓣未经加工、未除蒜味的大蒜，不仅对冠心病有预防作用，还能降低心脏病的发生概率。

⑤洋葱：洋葱可生吃、油煎、炖或煮，都能起到很好地降低胆固醇及保护心脏的作用。

⑥茄子：茄子能限制人体从油腻食物中吸收胆固醇，而且能把肠道中过多的胆固醇带出体外，以减少心脏的损害。

人参

补养心气，生津安神

人参为五加科植物人参的干燥根。主要分布于黑龙江、吉林、辽宁和河北北部，辽宁和吉林有大量栽培。人参含人参皂苷、挥发性成分、葡萄糖等，适于体虚乏力者滋补之用。《本草纲目》记载"人参能补元阳，生阴火，而泻阴火。"《神农本草经》中有记载，人参有"补五脏、安精神、定魂魄、止惊悸、除邪气、明目开心益智"的功效，久服轻身延年。

【性味归经】

性平，味甘，微苦。
归脾、肺、心经。

【适合体质】

气虚体质

【煲汤适用量】

4~9克

【别　　名】

山参、园参、人衔、鬼盖、神草、地精、土精。

【功效主治】

人参具有大补元气、复脉固脱、补脾益肺、生津安神的功效。用于体虚欲脱、肢冷脉微、脾虚食少、肺虚喘咳、津伤口渴、内热消渴、久病虚羸、惊悸失眠、阳痿宫冷、心力衰竭、心源性休克等症。

【应用指南】

·不思进食者· 人参（焙）50克，半夏、姜汁（焙）各10克，研为末，飞罗面做糊，做成绿豆大小的丸，饭后用姜汤服用30~50丸，每日3次。

·治咳嗽化痰· 人参末50克，明矾100克，以酽醋2升，熬矾成为膏状，人参末炼蜜和收，每以豌豆大1丸，放舌下，就不会再咳嗽。

·治上吐下泻· 人参、黄连各5克，水煎服。

·治口干、饮水多、小便多· 将人参制成末，用鸡蛋清调服3克，每日服3次，有效。

·治产后血运· 人参50克，紫苏25克，以童尿、酒、水三合煎服。

·治产后喘急· 乃血入肺窍，危症。苏木煎汤，调入参末15克，服用有奇效。

【选购保存】

红参类中以体长、色棕红或棕黄半透明、皮纹细密有光泽、无黄皮、无破疤者为佳。山参是各种人参中品质最佳的一类，其补气固脱的功效尤佳。生晒参类性味偏寒，且加工中不损失成分，以体重、无杂质、无破皮者为佳。对已干透的人参，可用塑料袋密封以隔绝空气，置于阴凉处或冰箱冷冻室内保存即可。

人参滋补汤

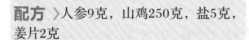

配方 人参9克，山鸡250克，盐5克，姜片2克

制作

①将山鸡洗净，斩成大小合适的块氽水。②人参洗净备用。③汤锅上火，加水适量，下山鸡、人参、姜片、加入盐调味，煲至熟即可。

养生功效 此汤可养心益肾、温中补脾、益气养血、补肾益精、增强免疫。对体虚欲脱、久病虚羸、心源性休克有食疗作用。

适合人群 大病后体虚欲脱者、气血不足者、乳汁缺乏的产妇、水肿者、贫血等患者、神疲无力者。

不宜人群 阴虚火旺者、内火旺盛（如化脓性炎症、流鼻血、肠燥便秘等）患者、伤风感冒患者、高血脂、高血压、糖尿病患者、儿童。

鲜人参乳鸽汤

配方 鲜人参9克，乳鸽1只，红枣15克，姜5克，盐3克，味精2克

制作

①乳鸽收拾干净，人参洗净，红枣洗净，泡发去核，姜洗净去皮，切片。②乳鸽入沸水中去血氽水后捞出。③将乳鸽、人参、红枣、姜片一起放入汤煲中，再加水适量，以大火炖煮35分钟，加盐、味精调味即可。

养生功效 此汤可补气养血、生血健体、补益心脾。对贫血、冠心病、血虚闭经、宫寒不孕有食疗作用。

适合人群 体虚者、营养不良者、贫血患者、冠心病患者、妇女血虚闭经患者、宫寒不孕、肾虚者。

不宜人群 阴虚火旺者、伤风感冒患者、食积胃热者、先兆流产者、尿毒症患者、高血压患者、儿童。

当归

滋补心血第一药

当归为伞形科植物当归的根。分布于甘肃、四川、云南、陕西、贵州、湖北等地。含有挥发油、有机酸、氨基酸、维生素、微量元素等多种物质，能显著促进机体造血功能，升高红细胞、白细胞和血红蛋白含量；还能增强免疫力、抗炎、保肝、抗辐射、抗氧化和清除自由基等。

【性味归经】

性温，味甘、辛。
归肝、心、脾经。

【适合体质】

血瘀体质

【煲汤适用量】

6～12克

【别　　名】

全当归、秦当归、云当归。

【功效主治】

当归具有补血和血、调经止痛、润燥滑肠的功效，为调经止痛的理血圣药。多用于治疗月经不调、经闭腹痛、症瘕积聚崩漏、血虚头痛、眩晕、痿痹、赤痢后重、痈疽疮疡、跌打损伤等症。

【应用指南】

·治产后流血过多眩晕、不产、经血过多· 当归100克，川芎50克，每次用15克，水七分，酒三分，煎到七分时，热服，每日一次。

·治鼻中流血不止· 当归用微火烘干研碎成末，每次服3克，米汤调后服下。

·治小便出血· 当归200克捣碎，以酒3升，煮至3升时服下。

·治胎儿死于腹中不出· 当归末用酒服6克。

·治胎位不正· 用当归150克，川芎50克研成末，先用黑豆炒焦，同流水、童尿各200毫升，煎至200毫升时服下。

·治血崩· 当归30克，龙骨60克（炒赤），香附子9克（炒），棕毛灰15克。上为末，米饮调15克，空心服。

【选购保存】

选购当归时，以主根粗长、皮细、油润，外皮呈棕黄色、断面呈黄白色，质实体重，粉性足，香气浓郁的为质优。当归除了含有挥发油外，还含有丰富的糖分，较易走油和吸潮，所以当归必须密封后，贮藏在干燥和凉爽的地方。

当归党参红枣鸡汤

 **当归龙眼猪腰汤**

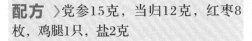

配方 〉党参15克，当归12克，红枣8枚，鸡腿1只，盐2克

制作 〉

①鸡腿洗净剁块，放入沸水中余烫，捞起冲净；当归、党参、红枣洗净备用。②鸡腿、党参、当归、红枣一起入锅，加7碗水以大伙煮开，转小火续煮30分钟。③起锅前加盐调味即可。

养生功效 此汤可补血健脾、益气补虚、调经止痛。对月经不调、血虚头痛、脾肺虚弱、气短心悸、食少便溏、内热消渴等症有食疗作用。

适合人群 月经不调（如痛经、月经量少、月经色暗、月经推迟、闭经）患者，贫血患者、血虚头晕者、产后病后体虚者、产后腹痛者、心绞痛患者；动脉硬化者。

不宜人群 感冒患者、湿阻中满者、大便溏泄者、气滞火盛者。

配方 〉猪腰150克，龙眼肉30克，当归10克，姜片适量，盐1克

制作 〉

①猪腰洗净，切开，除去白色筋膜；当归、龙眼肉洗净。②锅中注水烧沸，入主要飞水去除血沫，捞出切块。③将适量清水放入煲内，大火煲滚后加入所有食材，改用小火煲2小时，加盐调味即可。

养生功效 此汤可养血安神、补血益气。对失眠心悸、月经不调、肾阴虚、遗精、盗汗等有食疗作用。

适合人群 气血亏虚引起的心悸失眠者、贫血头晕者、产后病后血虚者，低血压患者、腰膝酸痛者、腹胀疼痛者、月经不调者、心律失常者。

不宜人群 阴虚火旺者、大便溏薄者、热盛出血者、高血压患者。

红枣

补养心血，益气生津

红枣为鼠李科植物枣的成熟果实。主产于河北、河南、山东、四川、贵州等地。红枣中含较多蛋白质、氨基酸、有机酸、维生素，以及钙、磷、钾、铁、镁、铝和大量的环磷酸腺苷等，能使血中含氧量增强、滋养全身细胞，是一种药效缓和的强壮剂。此外，红枣还具有抗过敏、宁心安神、益智健脑等作用。

【性味归经】
性温、味甘。
归脾、胃经。

【适合体质】
气虚体质、阴虚
体质

【煲汤适用量】
10～30克

【别　　名】
干枣、美枣、良
枣、大枣。

【功效主治】

红枣具有补脾和胃、益气生津、调营卫、解药毒的功效。多用于胃虚食少、脾弱便溏、气血津液不足、营卫不和、心悸怔忡等症。

【应用指南】

·治疗过敏症· 红枣10枚，大麦100克，加水7倍，煎煮后服下，不加糖。

·产后调养，益气补血· 红枣20枚，鸡蛋1个，红糖30克，水炖服，每日1次。

·治喉风、烂喉痧· 红枣200克（去核，烧枯），明雄35克，枯矾0.3克，真犀牛黄0.3克，牙色梅花0.3克，冰片0.3克，铜绿（煅）0.3克，真麝香0.3克。上为细末，收入瓷瓶，勿令出气。用时以红纸卷管吹入喉中，仰卧少时，吐出浓痰以多为妙；若烂喉痧，吹入过夜即安。

·防治失眠· 鲜红枣1000克，洗净去核取肉捣烂，加适量水用文火煎，过滤取汁，混入500克蜂蜜，于火上调匀取成枣膏，装瓶备用。每次服15毫升，每日2次，连续服完。

·用于体虚、脾胃弱或术后调养· 红枣30枚，元参30克，乌梅6个，枸杞15克，加水4碗，煮沸20分钟后加入适量冰糖（红糖亦可），煎至微稠，待稍凉后用容器装之备用。每次服2汤匙，每日2次。

【选购保存】

红枣以颗粒饱满，表皮不裂、不烂，皱纹少，痕迹浅；皮色深红，略带光泽；肉质厚细紧实，捏下去时滑糯不松泡，身干爽，核小；松脆香甜者为佳。红枣在夏天易生虫，因此可将其放在干燥处保存，以防虫蛀，也可放进冰箱冷藏。

葡萄红枣汤

配方 红枣15克，葡萄干30克

制作

①葡萄干洗净，备用。②红枣去核，洗净。③锅中加适量的水，大火煮沸，先放入红枣煮十分钟，再下入葡萄干煮至枣烂即可。

养生功效 此汤可补血养心、安胎定神，对血虚引起的胎动不安、贫血、面色苍白、神疲乏力、少气懒言、舌淡苔白有食疗作用。

适合人群 气血不足者、心慌失眠者、胎动不安者、慢性肝病患者、慢性腹泻患者。

不宜人群 阴虚内热者、脾胃虚寒者、便秘者、消化不良腹胀者、痰湿偏盛者、腹部胀满者、糖尿病患者。

红枣枸杞鸡汤

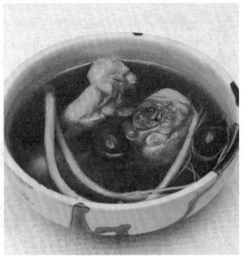

配方 红枣30克，枸杞20克，党参3根，鸡300克，姜、葱、香油、盐、胡椒粉、料酒各适量

制作

①鸡汆水，剁成块状；红枣、枸杞、党参洗净；姜洗净切片；葱洗净切段。②将剁好的鸡块及所有的材料入水炖煮，加入姜、葱、料酒煮约10分钟。③转小火炖片刻，撒上盐、胡椒粉，淋上香油即可。

养生功效 此汤可补血养颜、补虚和胃，对胃虚食少、脾弱便溏、气血津液不足、营卫不和、心悸怔忡等症有食疗功效。

适合人群 肝肾阴虚者、血虚者、脾虚便溏者、胃虚食少者，慢性肝炎患者。

不宜人群 脾虚泄泻者、湿热内盛者、痰湿偏盛者、感冒者。

龙眼肉

养心安神的进补上品

龙眼肉为无患子科植物龙眼的假种皮。主产于广西、福建、广东、四川、台湾等地。现代研究发现，龙眼肉富含高碳水化合物、蛋白质、多种氨基酸和B族维生素、维生素C、钙、磷、铁、酒石酸、腺嘌呤等，其中尤以含维生素P量多，具有保护血管、防止血管硬化和脆性的作用。龙眼中的维生素K的含量很高，是其他水果少有的。

【性味归经】
性温，味甘。
归心、脾经。

【适合体质】
气虚体质

【煲汤适用量】
常用量9～15克，大剂量可用到30～60克

【别　　名】
益智、蜜脾、龙眼干、桂圆肉、元肉、圆眼、桂圆。

【功效主治】

龙眼肉具有补虚益智、补益心脾、养血安神的功效。龙眼肉一般应用于治疗气血不足、体虚乏力、营养不良、神经衰弱、健忘、记忆力衰退、头晕失眠、心悸等症状，对体虚人士及产后妇女，有补血、复原体力等功效。

【应用指南】

·消除疲劳，养心安神· 龙眼肉200克，加纯正白酒500毫升，泡1个月，每晚睡前饮15毫升。

·治体虚贫血· 龙眼肉20克，莲子（去芯）15克，糯米30克，加水煮粥（稀饭）食用。

·治疗失眠症· 龙眼肉10克，酸枣仁9克，芡实15克煮水，睡前服。

·治心悸不安、失眠· 龙眼肉20克，红枣5～10颗（去核），加水300毫升煮沸约10分钟，加白砂糖适量稍煮片刻即可食用。

·补心脾、益气血，提高记忆力· 龙眼肉30克，红枣10颗（去核），粳米100克加水煮粥（稀饭），加适量红糖，早晚各吃一碗。

·养心补肾· 龙眼肉30克，红枣10颗（去核），黑芝麻（炒）20克，煮沸10分钟，加红糖或白糖适量，鸡蛋2个，稍煮片刻食用。

【选购保存】

龙眼肉以颗粒圆整、大而均匀、肉质厚为佳。龙眼肉是用新鲜龙眼去核烘制而成，本来是黑色的，但现在很多商家都将龙眼肉染成黄色，使之看起来更美观润泽。所以，选购时需留意其颜色，偏黑色的为佳品。龙眼肉在气温高或湿度高的情况下易发霉或被虫蛀，应放置于通风凉爽处，必要时可放入冰箱冷藏保存。

龙眼花生汤

配方 ▷ 龙眼肉25克，生花生30克，糖适量

制作 ▷

① 将龙眼去壳，取肉备用。② 生花生洗净，再浸泡20分钟。③ 锅中加水，将龙眼肉和花生一起下入，煮30分钟后，加糖调味即可。

养生功效 此汤能养血补脾、健脑益智。对失眠心悸、神经衰弱、病后需要调养及体质虚弱的人有良好的食疗作用。对于预防心脏病、高血压和脑出血的产生有食疗作用。

适合人群 产后女性体虚乏力者、营养不良引起的贫血、脾胃失调引起的燥咳、反胃、咳嗽痰喘者、乳汁缺乏者、咯血、牙龈出血者。

不宜人群 有上火发炎症状者、内有痰火或阴虚火旺者、温滞停饮者、胆囊炎、慢性胃炎、脾虚便溏患者。

龙眼山药红枣汤

配方 ▷ 龙眼肉60克，山药150克，红枣15克，冰糖适量

制作 ▷

① 山药削皮洗净，切小块；红枣洗净。② 汤锅内加水3碗，煮开，加入山药块煮沸，再下红枣。③ 待山药熟透、红枣松软，将龙眼肉剥散加入；待龙眼肉之香甜味入汤中即可熄火，加冰糖调味即可。

养生功效 此汤能补虚健体、益气补血、健脾和胃。对病后体虚、脾胃虚弱、倦怠无力、食欲不振、肥胖等病症有食疗作用。

适合人群 脾虚便溏者、气血不足者、营养不良者、贫血头晕者、肿瘤患者、化疗而致骨髓抑制不良反应者、心血管疾病患者。

不宜人群 湿热内盛者、小儿疳积和寄生虫病患者、痰湿偏盛者、腹部胀满者、糖尿病患者、大便燥结者。

阿胶

阴虚心烦的补血圣品

阿胶为马科动物驴的皮去毛后熬制而成的胶块。主产于山东、浙江。以山东产者最为著名。自《神农本草经》以来，历代"本草"皆将阿胶列为上品，阿胶乃阴阳平和之物，久服可美容滋补。此外，阿胶对肾炎的治疗作用是使体内氨基酸含量增加，随之血浆蛋白质含量提高，血中胶体渗透压升高，有利于利尿退肿。

【性味归经】
性平，味甘。
归肺、肝、肾经。

【适合体质】
阴虚体质

【煲汤适用量】
5～10克

【别　名】
傅致胶、盆覆胶、驴皮胶。

【功效主治】

阿胶具有滋阴润肺、补血止血、定痛安胎的功效。可用于眩晕、心悸失眠、久咳、咯血、衄血、吐血、尿血、便血、崩漏、月经不调等症。阿胶可促进细胞再生，升高失血性休克者之血压，改善体内钙平衡，防止进行性营养障碍，提高免疫功能。

【应用指南】

·治孕后阴道少量出血，下腹轻度胀痛，腰酸耳鸣· 菟丝子、川续各12克，桑寄生、党参、白术、杜仲、阿胶（烊冲）各9克，艾叶15克。水煎服，每日1剂。

·治脱发、斑秃· 黑豆、首乌各20克，黄芪、黑芝麻、阿胶（烊化）各15克，白术、桂圆肉12克，大枣9个。水煎服，每日1剂，同时外用桑白皮300克煎汤涂擦于患处，每日2～3次。

·治妊娠胎动，对胎动不安及伤胎下血有疗效· 鲤鱼1尾，阿胶（炒）50克，糯米500克，水1000克，葱、姜、橘皮、盐各少许。将鲤鱼去鳞及内脏，洗净，加入调味料，按常法共煮为粥。每日早晚服食。

【选购保存】

优质阿胶胶片大小、厚薄均一，块形方正、平整，胶块表面平整光亮、色泽均匀，呈棕褐色，砸碎后加热水搅拌，易全部溶化，无肉眼可见颗粒状异物，味甘咸，气清香。阿胶应置于干燥处保存，防潮湿、防虫蛀。

养生药膳 阿胶枸杞炖甲鱼

配方 甲鱼1只，淮山8克，枸杞6克，阿胶10克，生姜1片，料酒5毫升，清鸡汤700毫升，盐适量，味精3克

制作

①甲鱼宰杀，洗净，切成中块；淮山、枸杞用温水浸透洗净。②将甲鱼、清鸡汤、淮山、枸杞、生姜、料酒置于炖盅，盖上盅盖，隔水炖。③待锅内水开后用中火炖2小时，放入阿胶后再用小火炖30分钟，再调入盐、味道即可。

养生功效 此汤可滋阴补血、益气补虚。对心悸失眠、月经不调、降低血胆固醇、高血压、冠心病具有一定的食疗作用。

适合人群 体质瘦肉者、血虚萎黄者、产后病后贫血者、气血亏虚所见的面色萎黄或苍白、神疲乏力、头晕、困倦的患者。

不宜人群 消化不良者、胃弱便溏者、脾胃有湿者、脾胃阳虚者、肠胃炎、胃溃疡患者、感冒患者。

养生药膳 阿胶猪皮汤

配方 猪皮500克，阿胶10克，葱段15克，姜片5克，花椒水、绍酒各20毫升，味精、酱油各5克，盐、蒜末各3克，香油2毫升

制作

①阿胶和绍酒同入碗，上蒸笼蒸化。②猪皮入锅煮透，用刀将猪皮里外刮洗干净，切条。③取2000毫升开水、猪皮及阿胶、葱段、姜片、花椒水、盐、味精、蒜末、酱油、绍酒同入锅，用旺火烧开，转慢火熬30分钟后淋入香油即可。

养生功效 此汤补血安胎、养心安神。对孕妇心烦、失眠、五心烦热、胎动不安等有食疗作用。

适合人群 血虚萎黄者、眩晕心悸者、阴虚心烦者、咽痛者、下利者、月经不调者。

不宜人群 消化不良者、胃弱便溏者、肝病疾病、动脉硬化、高血压病患者。

益智仁

温补心脾，益气安神

为姜科植物益智的果实。分布于海南及广东南部。益智仁含有挥发油、多种微量元素和氨基酸，能够抑制回肠收缩和前列腺素的合成，还具有强心与抗癌的功效，并能提高机体的能量代谢和改善记忆功能。益智仁的助阳之力较弱，作用偏于脾，长于温脾开胃，多用于中气虚寒、食少多唾、小儿流涎不止、腹中冷痛者。

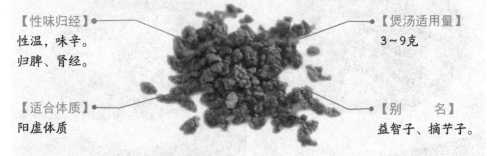

【性味归经】
性温，味辛。
归脾、肾经。

【煲汤适用量】
3~9克

【适合体质】
阳虚体质

【别　　名】
益智子、摘芋子。

【功效主治】

益智仁具有温脾、暖肾、固气、涩精的功效。主治脾肾虚寒、腹痛腹泻或肾气虚寒小便频数、遗尿、遗精、白浊或脾胃虚寒所致的慢性泄泻及口中唾液外流而不能控制者。益智仁含有挥发油、黄酮类、多糖等成分，有延缓衰老、健胃、减少唾液分泌的作用。

【应用指南】

·治小便赤浊· 益智仁、茯神各100克，远志、甘草水煮为250克，为末，酒糊丸如梧桐子大小，空腹姜汤饮下50丸。

·治香口避臭· 益智仁50克，甘草6克，研成粉末服用。

·治小便频数，遗尿· 益智仁、白茯苓、白术等份研成末，每次服9克，白开水送下。

·治腹胀忽泻，日夜不止，诸药不效，此气脱也· 益智仁100克，水煎服。

·治妇人崩漏· 将益智仁炒后，研为细末，调入米汤和盐服用。

·治伤寒阴盛，心腹痞满，呕吐泻痢，手足膝冷，及一切冷气奔冲· 炮川乌200克，益智仁100克，炮干姜25克，青皮150克。将以上药材共研成末，制成散剂，每次取9克，用温水调成糊状，加盐少许，与生姜五片，大枣2个，水煎后，去渣，温服，饭前服用。

·治小儿流涎症· 生白术、益智仁各6克，用水煎半小时服用，每日1剂。

【选购保存】

益智仁以颗粒大、均匀、饱满、色红棕、无杂质、气味浓者为佳，保存时应置放在阴凉干燥处保存，防霉、防蛀。

养生药膳 益智仁鸭汤

配方 净鸭肉250克，净鸭肾1个，猪油50毫升，益智仁5克，白术10克，葱白5克，黄酒15毫升，生姜、味精、盐各适量

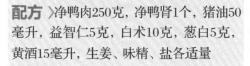

制作

①鸭肉洗净，切块；鸭肾处理干净，切成4块；生姜洗净拍松；葱白切段。②汤锅上火，加油烧热，入鸭肉、鸭肾、葱白、生姜，爆炒5分钟，倒入黄酒，翻炒5分钟，盛入砂锅内。③加水，加益智仁、白术，小火炖3小时，放盐、味精调味即可。

养生功效 此汤可清肺解热、温脾暖肾、健脾益气。对咳嗽痰少、阴虚阳亢之头晕头痛、水肿、口多唾涎有食疗作用。

适合人群 体内有热者、冷气腹痛者、中寒吐泻者、食少多唾者、大便秘结者、夜多小便者、糖尿病、肝硬化腹水、慢性肾炎水肿患者。

不宜人群 阴虚火旺者、阳虚脾弱者、外感未清者、便泻肠风者。

养生药膳 益智仁猪骨汤

配方 益智仁5克，猪尾骨400克，盐3克，白萝卜、玉米各适量

制作

①益智仁洗净；猪尾骨洗净斩件，以滚水汆烫，捞出。②锅中加清水煮滚，下入益智仁、猪尾骨同煮约15分钟。③将白萝卜、玉米洗净，切块，同入锅续煮至熟，加盐即可。

养生功效 此汤可补脑醒神、养血健骨。对体质虚弱、腹部冷痛、吐泻、小便频数等有食疗作用。

适合人群 体质虚弱者、体内有热者、冷气腹痛者、中寒吐泻者、大便秘结者、夜多小便者。

不宜人群 阴虚火旺者、急性肠道炎感染者、感冒者。

苦参

清热、护心的苦口良药

苦参为豆种植物苦参的根。全国各地均产，以山西、湖北、河南、河北产量较大。在《本草经百种录》中有记载："苦参，专治心经之火，与黄连功用相近。但黄连似去心脏之火为多，苦参似去心腑小肠之火为多，则以黄连之气味清，而苦参之气味浊也。按补中二字，亦取其苦以燥脾之义也。"

【性味归经】
性寒，味苦。归心、肝、胃、大肠、小肠、膀胱经。

【适合体质】
湿热体质

【煲汤适用量】
3~10克

【别　　名】
苦骨、川参、凤凰爪、牛参。

【功效主治】

苦参具有养心护心、清热燥湿的功效。主治热痢，便血，黄疸尿闭，赤白带下，阴肿阴痒，湿疹，湿疮，皮肤瘙痒，疥癣麻风；外治滴虫性阴道炎。苦参中含有的苦参碱，对心脏疾病有一定的治疗作用，可治疗心律失常、心肌炎、心脏病等症状。

【应用指南】

·治婴儿湿疹· 茵陈、丹参、败酱草各30克，苦参25克，黄柏、通草各15克。将上药水煎3次后合并药液（约200毫升），取其中100毫升分3次口服；余液外洗患部，每日2~3次，每日1剂。

·治妇科带下瘙痒、湿热泻痢、黄疸尿赤、便血· 取苦参适量，水煎成汁，加入热水，坐浴，每日2次，每次30分钟。

·治心律不齐、病毒性心肌炎· 将苦参50克加水煎成汁，去渣，对入适量热水，水温适宜后，足浴，每日1次，每次30分钟。

·治牙痛、齿缝出血· 取苦参50克，枯矾3克，共研为末，取适量涂抹患处，每日3次。

·治妊娠小便困难· 当归、贝母、苦参各200克，以上3味，研末后炼成蜜丸（如绿豆大小），每次饮服3丸，症状重者可加至10丸。

【选购保存】

选购苦参时，应以整齐、色黄白、味苦者为佳。贮藏在通风干燥的地方。

养生药膳 苦参茶

配方 苦参、茶叶各10克

制作

①将苦参、茶叶洗净，晾干，分别研成粗末；放入热水瓶中，冲入半瓶沸水，旋紧瓶塞。②静置10~20分钟后，打开瓶塞。③用纱布隔住瓶口以再次过滤，将茶倒入杯中即可。

养生功效 本品可清热泻火、专降心火、养心护心。常服对心火内燔的癫狂症、心律失常、心肌炎、心脏病等有辅助治疗作用。

适合人群 脾性急躁者、心火内燔的癫狂者、心律不齐者、心火旺者，以及久坐上班族。

不宜人群 孕妇及产妇在哺乳期者、脾胃虚寒、肾虚而无大热者。

养生药膳 当归苦参饮

配方 当归5克，苦参5克，蜂蜜适量

制作

①将当归、苦参用清水洗净，晾干，备用。②将当归、苦参一起放入锅中，加入适量清水煎煮，用纱布隔离药渣，去渣取汁。③最后倒入茶杯中，加入蜂蜜调匀即可。

养生功效 本品可凉血祛湿、清热燥燥。对血燥湿热引起的头面生疮，粉刺疙瘩，湿疹刺痒，酒糟鼻赤有食疗作用。

适合人群 血燥湿热者、湿疹患者、面部粉刺患者、皮肤瘙痒患者。

不宜人群 过敏体质者、儿童或年老体弱者、脾胃虚寒者、湿阻中满者、大便溏泄者、孕妇。

生地

清热凉血，补益心血

生地即"生地黄"，为双子叶植物药玄参科植物地黄或怀庆地黄的根。主产于河南、浙江、河北、陕西、甘肃、湖南、湖北、四川、山西等地，以河南所产者最为著名。《汤液本草》中有记载："生地黄，钱仲阳泻小肠火与木通同用，以导赤也，诸经之血热，与他药相随，亦能治之，溺血便血亦治之"。

【性味归经】
性微寒，味甘、苦。
归心、肝、肾经。

【煲汤适用量】
10～15克

【适合体质】
湿热体质、阴虚
体质

【别　　名】
地髓、原生地、
山烟、山白菜。

【功效主治】

生地具有滋阴清凉、凉血补血的功效。可用于治阴虚发热、消渴、吐血、衄血、血崩、月经不调、胎动不安、阴伤便秘等症。

【应用指南】

·治疗阳乘于阴所致吐血、衄血· 生荷叶、生艾叶、生柏叶、生地黄各等份，上研，丸鸡子大，每服1丸，水煎服。

·补虚除热，治疗痈疖痔疾· 生地黄随多少，三捣三压，取汁令尽，铜器中汤上煮，勿盖，令泄气，得减半，出之，布绞去粗碎结浊秽滓，更煎之令如饧，酒服如弹丸许，每日服3次。

·治产后崩中，下血不止，心神烦乱· 生地黄汁100毫升，益母草汁100毫升。上药，入酒200毫升相和，煎三五沸，分为3服，频频服之。

·治暑温脉虚夜寐不安，烦渴舌赤，时有谵语，目常开不闭，或喜闭不开· 犀角15克，生地25克，元参15克，竹叶心5克，麦冬15克，丹参10克，黄连8克，银花15克，连翘10克（连心用）。水8杯，煮取3杯，日3服。（舌白滑者，不可与也）

·治吐血· 生地黄汁1升，川大黄50克（锉碎，微炒末）。上药相和，煎至500毫升，分为二服，温温食后服。

【选购保存】

生地以加工精细、体大、体重、质柔软油润、断面乌黑、味甜者为佳。贮藏在通风干燥处。

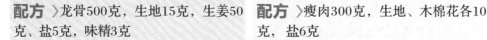

生地煲龙骨

养生药膳

配方 龙骨500克，生地15克，生姜50克、盐5克、味精3克

制作

①龙骨洗净，斩成小段；生地洗净；生姜洗净，去皮，切成片。②将龙骨放入炒锅中炒至断生，捞出备用。③取一炖盅，放入龙骨、生地、生姜和适量清水，隔水炖60分钟，最后加入盐、味精调味即可。

养生功效 此汤可滋阴清凉，凉血补血。对骨蒸痨热、失眠多梦、五心发热、阴虚盗汗等症有食疗作用。

适合人群 阴虚内热者、骨蒸消渴者、月经不调者、胎动不安者。

不宜人群 脾虚湿滞者、腹满便溏者、急性肠道炎感染患者、感冒者。

生地木棉花瘦肉汤

养生药膳

配方 瘦肉300克，生地、木棉花各10克，盐6克

制作

①瘦肉洗净，切件，汆水；生地洗净，切片；木棉花洗净。②锅置火上，加水烧沸，放入瘦肉、生地慢炖1小时。③放入木棉花再炖半小时，加入盐调味即可。

养生功效 此汤可滋阴润燥、凉血祛瘀。对五心发热、赤白久痢、消渴羸瘦、热病伤津、便秘、燥咳、泄泻等症有食疗作用。

适合人群 阴虚内热者、骨蒸消渴者、赤白久痢者。

不宜人群 风邪偏盛者、脾虚湿滞者、腹满便溏者、痰多舌苔厚腻者、冠心病、高血压、高血脂等患者。

黄连

清热泄心火的良药

黄连为毛茛科植物黄连、三角叶黄连、峨嵋野连或云南黄连的根茎。主产于四川、云南、湖北。黄连含小檗碱7%～9%、黄连碱、甲基黄连碱、掌叶防己碱、非洲防己碱等生物碱，能抗心律失常，降压、抑制多种实验性炎症，对抗细菌毒素，降低金黄色葡萄球菌凝固酶、溶血素效价，降低大肠杆菌的毒力。

【性味归经】
性寒、味苦。归心、胃、肝、大肠经。

【适合体质】
湿热体质

【煲汤适用量】
2～5克

【别　　名】
王连、元连、鸡爪连、川连、雅连。

【功效主治】

黄连具有泻火燥湿、解毒杀虫的功效。治时行热毒、伤寒、热盛心烦、痞满呕逆、菌痢、热泻腹痛、肺结核、吐衄、消渴、疳积、蛔虫病、百日咳、咽喉肿痛、火眼口疮、痈疽疮毒等症。

【应用指南】

·治妇人三焦积热，生疮疖疮痍及五般痔疾，粪门肿痛或下鲜血· 黄连（去须、芦）、黄芩（去芦）、大黄（煨）各100克，上为细末，炼蜜为丸，如梧桐子大，每服30丸，用熟水吞。（如脏腑壅实，加服丸数，小儿积热，亦宜服之）。

·治伤寒胸中有热，胃中有邪气，腹中痛，欲呕吐者· 黄连150克，甘草（炙）150克，干姜150克，桂枝（去皮）150克，人参100克，半夏250克，大枣12枚，上七味，以水10升，煮取6升，去滓，温服，白天服3次，晚上服2次。

·治心烦懊侬反复，心乱，上热，胸中气乱，心下痞闷，食入反出· 朱砂20克，黄连25克，生甘草12.5克，为细末，汤浸，饼丸如黍米大，每服十丸，食后时时津唾咽下。

·治心经实热· 黄连35克，水300毫升，煎200毫升，食远温服，小儿减之。

【选购保存】

选购黄连时，以条肥壮、连珠形、质坚实、断面红黄色、无残茎及须根者、味极苦的为佳。贮藏在通风干燥处。

养生药膳 黄连甘草汁

配方 〉黄连、甘草各5克，白糖适量

制作 〉

①将黄连、甘草分别用清水洗净。②将洗净的黄连、甘草一起放入炖盅内，锅内注入适量清水，隔水蒸煮5分钟。③加最后加入白糖煎水，冷却后倒入茶杯中即可。

养生功效 本品可清热燥湿、杀菌消炎。对慢性胃炎伴有胃火旺盛、肠胃湿热、咳嗽咽痛、泻痢呕吐有食疗作用。

适合人群 脾胃虚弱者、食少便溏者、热盛火炽者、高热干燥者、神经衰弱症患者。

不宜人群 腹部胀满者、脾胃虚寒者、苦燥伤津者、阴虚津伤者、阴虚烦热者、胃虚呕恶者、五更泄泻者。

养生药膳 双连桂花饮

配方 〉莲子100克，黄连5克，桂花25克，冰糖末适量

制作 〉

①黄连、桂花洗净，装入纱布袋，扎紧袋口；莲子洗净，去心，备用。②锅中放入莲子、纱布袋，加入适量清水，以大火烧开，改用小火煎煮50分钟。③加入冰糖末拌匀，关火，放冷后去渣取汁即可。

养生功效 本品可补中益气、降火健脾、清心安神。对心神不宁、心烦失眠、口渴烦躁、口舌生疮有食疗作用。

适合人群 慢性腹泻者、失眠多梦者、热盛火炽者、高热干燥者、心慌心悸者。

不宜人群 便秘者、消化不良者、腹胀者。

莲子 清心醒脾、养心安神的佳品

莲子为是睡莲科水生草本植物莲的干燥成熟种子。主产于湖南、福建、江苏、浙江及南方各地池沼湖溏中。含有蛋白质、钙、铁、磷、维生素C、淀粉质、棉子糖等成分，是常见的滋补之品。莲子有养心安神的功效，中老年人特别是脑力劳动者经常食用可健脑，增强记忆力，并能预防老年性痴呆的发生。

【性味归经】
鲜者性平，味甘、涩；
干者性温，味甘、涩。
归心、脾、肾经。

【适合体质】
各种体质

【煲汤适用量】
10～20克

【别　　名】
莲实、湘莲子、莲肉、藕实。

【功效主治】

莲子具有清心醒脾、补脾止泻、补中养神、健脾补胃、益肾固精、涩精止带、滋补元气的功效。现代药理研究发现，莲子所含的氧化黄心树宁碱有抑制鼻咽癌的作用。主治心烦失眠，脾虚久泻，大便溏泄，久痢，腰疼，男子遗精，妇人赤白带下等症。还可预防早产、流产、孕妇腰酸。

【应用指南】

·治神经衰弱· 莲子30克，入锅，加水适量，并加入少许盐，熬煮成水，每晚睡前饮服，连续服3～4天。

·治疗失眠、多梦、神经衰弱· 莲子50个，剔出莲子心，放入锅内，加水适量，加入龙眼肉50克，文火煮汤，并加入适量山药粉，煮成粥，每日食1～2次。

·治疗对男子肾阳亏损、肝肾精力不足所致的遗精· 莲子50克，放入锅内，加水适量煮熟，加入炒熟白果仁10枚熬煮成粥，加白糖调味食用。

·治疗上火引起的口腔病变，口疮· 的莲子30克，放入锅内，加入白萝卜250克，加水共煮，每日2次，喝汤食莲。

·治疗阳痿不举、遗精、早泄和脾虚所致的泄泻· 用大米500克，淘洗干净；莲子50克莲子温水泡发，去心去皮；芡实50克，用温水泡发。将大米、莲子、芡实同入铝锅内，搅匀，加适量水，如焖米饭样焖熟。食时将饭搅开，常食有益。

【选购保存】

莲子以颗粒大、饱满、整齐者为佳。莲子最忌受潮受热，受潮容易虫蛀，受热则莲芯的苦味会渗入莲肉，因此，莲子应存于干爽处。

养生药膳 莲子红枣花生汤

配方 莲子20克，红枣15克，花生50克，冰糖5克

制作

①将莲子、花生、红枣分别洗净，备用。②锅上火，加入适量清水，将莲子、花生、红枣下入锅中，大火烧沸，撇去浮沫，转小火慢炖10分钟，调入冰糖即可饮用。

养生功效 此汤可清热降火、固精止带、养心益肾、补脾止泄、养心安神，对心慌心悸、失眠健忘、脾虚带下、滑精等症有食疗作用。

适合人群 气血不足者、经常腹泻者、失眠健忘者、营养不良者、神经衰弱者。

不宜人群 腹部胀满者、大便燥结者、消化不良、糖尿病等患者。

养生药膳 莲子猪心汤

配方 莲子20克，红枣15克、枸杞15克，猪心1个。

制作

①将猪心洗净，入锅中加煮熟捞出，用清水冲洗干净，切成片。②将莲子、红枣、枸杞洗净，泡发备用。③锅上火，加水适量，将莲子、红枣、枸杞、猪心片下入锅中，文火煲2小时，加盐调味即可饮用。

养生功效 此汤可补益心脾、养血安神，对心虚失眠、健忘、心烦气躁、惊悸、自汗、精神恍惚等症有食疗作用。

适合人群 虚烦心悸者、睡眠不安者、健忘者、惊悸恍惚者、多梦者、精神分裂症、癫痫、癔病患者。

不宜人群 外邪实热者、脾虚有湿及泄泻者、感冒患者。

茯苓

宁心安神、利水渗湿

茯苓为多孔菌科植物茯苓的干燥菌核。主产安徽、湖北、河南、云南。茯苓功效非常广泛，药性平和，利湿而不伤正气，不分四季，将它与各种药物配伍，不管寒、温、风、湿诸疾，都能发挥其独特功效。茯苓所含茯苓酸具有增强免疫力、抗肿瘤以及镇静、降血糖等的作用。同时，茯苓还能增强机体的免疫力。

【性味归经】

性平，味甘、淡。归心、肺、脾、肾经。

【适合体质】

痰湿体质

【煲汤适用量】

8～10克

【别　　名】

茯菟、茯灵、伏菟、松薯、松苓。

【功效主治】

茯苓具有渗湿利水、益脾和胃、宁心安神的功效。治小便不利、水肿胀满、痰饮咳逆、呕哕、泄泻、遗精、淋浊、惊悸、健忘等症。

【应用指南】

·治小便多、滑数不禁· 白茯苓（去黑皮）、干山药（去皮，白矾水内湛过，慢火焙干）。上2味，各等分，为细末。稀米饮调服之。

·治水肿· 白水（净）10克，茯苓15克，郁李仁（杵）7.5克。加生姜汁煎。

·治皮水，四肢肿，水气在皮肤中，四肢聂聂动者· 防己150克，黄耆150克，桂枝150克，茯苓300克，甘草100克。上5味，以水6升，煮取2升，分温3服。

·治心下有痰饮，胸胁支满目眩· 茯苓200克，桂枝、白术各150克，甘草100克。上4味，以水6升，煮取3升，分温3服，小便则利。

·治湿泻· 白术50克，茯苓（去皮）35克。上细切，水煎50克，食前服。

·治心虚梦泄，或白浊· 白茯苓末10克。米汤调下，每日2次服。

·治头风虚眩，暖腰膝，主五劳七伤· 茯苓粉同曲米酿酒饮。

【选购保存】

选购茯苓时，以体重坚实、外皮呈褐色而略带光泽、皱纹深、断面白色细腻、黏牙力强者为佳。白茯苓均已切成薄片或方块，色白细腻而有粉滑感。质松脆，易折断破碎，有时边缘呈黄棕色。置于通风干燥处，防潮。茯苓容易虫蛀，也容易发霉变色，因此要密封，并放在阴凉干燥的地方保存。茯苓不宜暴晒、受寒或受潮，否则会变形、变色或出现裂纹。

养生药膳 党参茯苓鸡汤

配方 鸡腿1只，党参15克，茯苓10克，红枣8枚，盐2小匙

制作

①鸡腿洗净剁块，放入沸水中余烫，捞起冲净；党参、茯苓、红枣洗净。②鸡腿、党参、茯苓、红枣一起放入锅中，加7碗水以大火煮开，转小火续煮30分钟。③起锅前加盐调味即可。

养生功效 此汤可温中益气、补血益虚、养心安神。对气血不足、劳倦乏力、食少便溏、痰饮眩悸、心神不安、惊悸失眠等症有食疗作用。

适合人群 中气不足者、体虚倦怠者、虚劳瘦弱者、面色萎黄者、水肿者、尿少者、脾虚食少及便溏泄泻者。

不宜人群 实证者、热证者、气滞者、内火偏旺者、痰湿偏重者、阴虚无湿热者、虚寒滑精者。

养生药膳 茯苓芝麻菊花猪瘦肉汤

配方 猪瘦肉400克，茯苓10克，菊花、白芝麻少许，盐5克，鸡精2克

制作

①瘦肉洗净，切件，余去血水；茯苓洗净，切片；菊花、白芝麻洗净。②将瘦肉放入煮锅中余水，捞出备用。③将瘦肉、茯苓、菊花放入炖锅中，加入适量清水，炖2小时，调入盐和鸡精，撒上白芝麻关火，加盖焖一下即可。

养生功效 此汤滋阴润燥、补虚养血、利水渗湿。对水肿、目赤火旺、热病伤津、便秘、燥咳等症有食疗作用。

适合人群 水肿尿少者、头痛目赤者、痰饮眩悸者、脑血栓患者。

不宜人群 气虚胃寒者、阴虚而无湿热者、风邪偏盛者、痰多舌苔厚腻者、冠心病、高血压、高血脂患者。

丹参

祛瘀止痛，清心除烦

丹参为唇形科植物丹参的根。主产安徽、山西、河北、四川、江苏等地。含丹参酮Ⅰ、丹参酮ⅡA、丹参酮ⅡB，异丹参酮Ⅰ、丹参酮ⅡA，能扩张外周血管、降低血压，具有扩张血管和降压作用抗菌作用。同时，丹参对葡萄球菌、大肠杆菌、变形杆菌有强力的抑菌作用，对伤寒杆菌、痢疾杆菌有一定的抑菌作用。

【性味归经】
味苦，性微寒。
归心、肝、心包经。

【适合体质】
血瘀体质

【煲汤适用量】
9～15克

【别　　名】
紫丹参、红根、赤参。

【功效主治】

丹参具有活血调经、祛瘀止痛、凉血消痈、清心除烦、养血安神的功效。丹参的煎剂具有镇静、安神的作用，且可促进织溶活性、改善微血管循环障碍。可治月经不调、经闭痛经、症瘕积聚、胸腹刺痛、热痹疼痛、创伤肿痛、肝脾肿大、心绞痛等病症，故动脉粥样硬化、慢性肝炎患者，以及妇女月经不调、血滞闭经者，均可在平时的饮食中加入丹参，以食疗的方式改善自己的健康状态。

【应用指南】

·治月经不调· 丹参500克，切薄片，于烈日中晒脆，为细末，用好酒泛为丸，每服15克，清晨开水送下。

·治痛经· 丹参15克，郁金6克，水煎，每日1剂，分2次服。

·治经血涩少，产后瘀血腹痛，闭经腹痛· 丹参、益母草、香附各9克，水煎服。

·治心腹诸痛属半虚半实者· 丹参50克，檀香、砂仁各7.5克，水煎服。

·治急、慢性肝炎，两胁作痛· 茵陈15克，郁金、丹参、板蓝根各9克，水煎服。

·治阴疼痛或肿胀· 丹参50克，槟榔50克，青橘皮（焙）25克，茴香子25克，药捣细罗为散，每于食前以温酒调下10克。

【选购保存】

丹参以根条均匀、颜色紫红或暗棕、没有断碎的、微微苦涩的为佳。应置于阴凉通风干燥处保存，以防霉防蛀。

养生药膳 丹参三七炖鸡

养生药膳 猪骨黄豆丹参汤

配方 乌鸡1只，丹参15克，三七10克，姜丝适量，盐5克

制作

①乌鸡洗净切块；丹参、三七洗净。②三七、丹参装入纱布袋中，扎紧袋口。③布袋与鸡同放于砂锅内中，加清水600克，烧开后加入姜丝和盐，小火炖1小时，加盐调味即可。

养生功效 此汤可活血调经、清心除烦、温中益气。对月经不调、经闭痛经、心烦不眠、心绞痛等症有食疗作用。

适合人群 月经不调者、虚劳瘦弱者、产后瘀痛者、胸腹刺痛者、失眠者、体虚水肿者。

不宜人群 内火偏旺者、痰湿偏重者、感冒发热者、孕妇。

配方 猪骨1200克，黄豆250克，丹参15克，桂皮9克，盐6克，味精4克，料酒、香菜末各适量。

制作

①将猪骨洗净，捣碎；黄豆去杂洗净。②丹参、桂皮用干净纱布包好，备用。③砂锅内加适量水，放入猪骨、黄豆、药袋，以大火烧沸，改用小火煮约1小时，拣出药袋，调入盐、味精、料酒，撒上香菜末即可。

养生功效 此汤可补血润燥、健脾益气、养血生津。对高血脂、冠心病、失眠心烦、脾胃不和等有食疗作用。

适合人群 月经不调者、失眠者、动脉硬化、高血压、冠心病、高血脂、糖尿病患者。

不宜人群 消化不良者、胃脘胀痛者、腹胀者、急性肠道炎感染患者。

灵芝 养心益智、抗老防衰的佳品

灵芝为多孔菌科真菌灵芝（赤芝）或紫芝的干燥子实体。主产于河北、山西、江西、广西、广东、浙江、湖南、广西、福建等地。含有麦角固醇、真菌溶酶、酸性蛋白酶、多糖等成分。灵芝自古以来就被认为是吉祥、富贵、美好、长寿的象征，有"仙草"、"瑞草"之称，被视为滋补强壮、固本扶正的珍贵中草药。

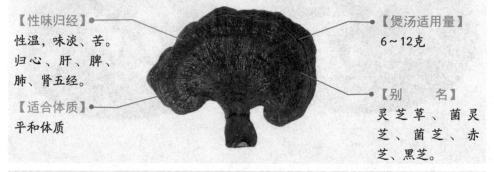

【性味归经】
性温，味淡、苦。
归心、肝、脾、肺、肾五经。

【适合体质】
平和体质

【煲汤适用量】
6～12克

【别　　名】
灵芝草、菌灵芝、菌芝、赤芝、黑芝。

【功效主治】

灵芝具有补气安神、止咳平喘的功效。主治虚劳短气、肺虚咳喘、失眠心悸、消化不良、不思饮食、心神不宁等病症。灵芝能扶正固本，提高身体免疫力，调节人体整体的功能平衡，调动身体内部活力，调节人体新陈代谢；还能抗肿瘤，预防癌细胞生成，抑制癌细胞生长恶化。最新研究表明灵芝还具有抗疲劳、美容养颜、延缓衰老、防治艾滋病等功效。灵芝也被应用于化妆品的研制中。

【应用指南】

·治泻血脱肛· 取灵芝（炒过）250克，白枯矾50克，密陀僧25克，共研为末，蒸饼丸如同梧桐子大小，每次吃20丸。

·治肺痨久咳、痰多，肺虚气喘，消化不良· 灵芝片50克，人参12克，冰糖适量，一同装入纱布袋置酒坛中，加1500毫升白酒，密封浸10天，每日饮用2次，每次15～20毫升。

·治冠心病和心绞痛· 灵芝25克，三七粉3克，炖服，早、晚各服1次。

·治甲亢，失眠，便溏，腹泻· 取灵芝切片6克，水冲泡或煎煮，代茶饮。

·防癌、抗癌，降血压，降血脂· 灵芝、黑木耳、银耳各3克，蜜枣6枚，瘦猪肉200克，熬煮成汤，隔几日食用1次，久服还可延年益寿。

【选购保存】

选购灵芝时，以菌盖半圆形、赤褐如漆、环棱纹、边缘内卷、侧生柄的特点来选购。灵芝购买回来后，应放在阴凉干燥处贮存，不得与有毒物品、异味物品混合存放，并注意防止害虫、鼠类危害。

养生药膳 灵芝黄芪猪脚汤

配方 〉猪脚600克，灵芝12克，黄芪30克

制作 〉

①将猪脚洗净，切块；灵芝洗净，切块；黄芪洗净备用。②将灵芝、黄芪、猪脚同放于砂锅中。③注入清水1000毫升，煮40分钟，再调味即可。

养生功效 〉此汤活血通络、滋阴润泽、益气补虚。对中风日久、神经衰弱、心悸气短、身体虚弱等症有食疗作用。

适合人群 〉气血虚弱者、气短乏力者、年老体弱者、腰脚软弱无力者、失血者、慢性肝炎患者、慢性溃疡患者、痈疽疮毒久溃不愈者。

不宜人群 〉热毒疮疡者、食滞胸闷者、动脉硬化患者、急性病患者、高血压患者。

养生药膳 灵芝肉片汤

配方 〉猪瘦肉150克，党参10克，灵芝12克，盐6克，香油3毫升，葱花、姜片各5克

制作 〉

①将猪瘦肉洗净，切片；党参、灵芝用温水略泡备用。②净锅上火倒油，将葱花、姜片爆香，下入肉片煸炒，倒入水烧开。③下入党参、灵芝，调入盐煲至成熟，淋入香油即可。

养生功效 〉此汤可补气安神、健脾养胃。对气血不足、劳倦乏力、消渴羸瘦、热病伤津、便秘、燥咳等病症有食疗作用。

适合人群 〉中气不足失血者、体虚倦怠者、食少便溏、血虚萎黄者。

不宜人群 〉实证失血者、热证者、气滞者、痰多舌苔厚者、风邪偏盛者、冠心病、高血压、高血脂患者。

酸枣仁

养心安神，防治失眠

酸枣仁为为鼠李科植物酸枣的种子。主产河北、陕西、辽宁、河南。它含多量脂肪油和蛋白质，并有两种固醇。又谓主含两种三萜化合物：白桦脂醇、白桦脂酸。另含酸枣皂苷，苷元为酸枣苷元，还含大量维生素C。酸枣仁是安神敛汗、抗失眠的常用药。

【性味归经】
性平、味甘。归心、脾、肝、胆经。

【适合体质】
气郁体质

【煲汤适用量】
6~15克

【别　　名】
山枣、酸枣子、别大枣、刺枣。

【功效主治】

枣仁具有宁心安神、养肝、敛汗的功效。现代药理研究发现，酸枣仁有镇静、催眠、镇痛、抗惊厥、降温、兴奋子宫等作用。可用来治疗虚烦不眠、惊悸怔忡、烦渴、虚汗等症。其他像心慌惊悸、精神恍惚、健忘、神经衰弱及心脏神经官能症者亦可用酸枣仁治疗。

【应用指南】

·治心烦失眠· 用酸枣仁50克，水600毫升，煎煮取汁，下入粳米煮成粥，待熟后加入生黄汁，再煮匀即可食用。

·治胆虚不眠，心多惊悸· 取酸枣仁50克，炒出香味后捣成散，每次服用6克，用竹叶汤调下。

·治虚烦不眠· 取酸枣仁200克，知母、干姜、茯苓、芎劳各6克，炙甘草3克。取水1000毫升，先下入酸枣仁减去300毫升，再加其他药材同煮取300毫升分次服下。

·治筋骨风· 酸枣仁炒熟，研成末，汤服。

·治睡中盗汗· 酸枣仁、人参、茯苓各适量，将以上药材共研成细末，用米汤调成糊服用。

·治肝脏风虚、常多泪出· 酸枣仁、五味子、蕤仁各50克，将以上药材共研成末，制成散剂，饭后，以温酒调成糊，服用，每次3克。

【选购保存】

酸枣仁以粒大饱满、外皮紫红色、无核壳者为佳；应置于阴凉干燥的地方密封保存，并防霉、防蛀、防鼠食。

养生药膳 酸枣仁黄豆炖鸭

配方 鸭半只，黄豆200克，酸枣仁15克，夜交藤10克，姜片5克，盐、味精各适量，上汤750毫升

制作

①将鸭收拾干净，斩块；黄豆、酸枣仁、夜交藤均洗净备用。②将鸭块与黄豆一起放入锅中汆水后捞出。③将上汤倒入锅中，放入鸭块、黄豆、酸枣仁、夜交藤、姜片，炖1小时，加盐、味精调味即可。

养生功效 此汤可调节情绪，滋阴解热、宁心安神。对虚烦不眠、惊悸怔忡、心烦易怒、失眠多梦、虚汗等症有食疗作用。

适合人群 虚烦不眠者、神经衰弱者、心慌惊悸者、体内有热者、大便秘结者、慢性肾炎水肿患者。

不宜人群 阳虚脾弱者、外感未清者、腹泻便溏者、消化不良者、胃脘胀痛者、腹胀者。

养生药膳 酸枣仁莲子炖鸭

配方 鸭半只、莲子100克、酸枣仁15克，莲须100克，芡实50克，龙骨10克，牡蛎10克

制作

①将酸枣仁、龙骨、牡蛎、莲须放入棉布袋中，将袋口扎紧。②鸭肉放入沸水中汆烫，捞起，冲净；莲子、芡实洗净，沥干。③将以上所以材料一起盛入汤锅，加入1500毫升水，以大火煮沸，转小火续煮40分钟，加盐调味即可。

养生功效 此汤可养心润肺、滋阴润燥、宁心安神。对五心烦躁、失眠多梦、脾虚泻痢、自汗盗汗等症有食疗作用。

适合人群 神经衰弱者、失眠多梦者、遗精者、心慌惊悸者、癌症、慢性痢疾、慢性肾炎水肿患者。

不宜人群 阳虚脾弱者、便秘者、消化不良者、外感未清者、腹泻便溏者。

柏子仁

清心除烦、安神养心

柏子仁为柏科植物侧柏的种仁。主产山东、河南、河北。柏子仁含有脂肪油约14％，多为不饱和脂肪酸组成，还含有少量挥发油、皂苷、蛋白质、钙、磷、铁、多种维生素等，具养心安神、润肠通便的功效。《日华子本草》载"治风，润皮肤。"柏子仁香气透心、体润滋血，常食有健美作用。

【性味归经】
性平、味甘。归心、肾、大肠经。

【适合体质】
阴虚体质

【煲汤适用量】
6~15克

【别　名】
柏实、柏子、柏仁、侧柏子。

【功效主治】

柏子仁具有养心安神、润肠通便的功效。主治惊悸、失眠、遗精、盗汗、便秘等症。柏子仁含有大量脂肪油及少量挥发油，可减慢心率，并有镇静、增强记忆的作用。柏子仁中的脂肪油有润肠通便作用，对阴虚精亏、老年便秘、劳损低热等虚损型疾病大有裨益。

【应用指南】

·治风湿卧床· 用金凤花、柏子仁、朴硝、木瓜煎汤洗浴，每日2~3次。内服独活寄生汤。

·治老人便秘· 柏子仁、松子仁、大麻仁等份，一起研，与蜜制成梧桐子大小的丸，饭前用黄丹汤调服20~30丸，每日2次。

·治脱发· 当归、柏子仁各500克。共研成细末，炼蜜为丸。每日3次，每次饭后服用10克即可。

·治劳欲过度，心血亏损，精神恍惚，夜多怪梦，惊悸，健忘遗泄· 柏子仁200克，枸杞100克，麦冬、当归、石菖蒲、茯苓各50克，玄参、熟地各100克，甘草15克。先将柏子仁、熟地蒸透，研成泥，再将剩余药材，共研成末，和匀，炼蜜为丸，如黄豆大。每次服用5~10丸，早、晚用灯芯草或龙眼汤送服。

【选购保存】

柏子仁以粒饱满、黄白色、油性大而不泛油、无皮壳杂质者为佳。柏子仁易走油变化，不宜暴晒，应置阴凉干燥处，防热、防蛀。

养生药膳 柏子仁大米羹

养生药膳 大枣柏子仁小米粥

配方 ▷柏子仁15克，大米80克，盐、芝麻、葱末少量

制作 ▷

①大米洗净，泡发1小时；柏子仁洗净。②锅置火上，加入适量清水，放入大米，以大火煮至米粒开花。③加入柏子仁，以小火煮至浓稠状，调入盐拌匀，最后撒上芝麻、葱末即可。

养生功效 ▷ 本品可养心安神、润肠通便，对惊悸、失眠、遗精、盗汗、便秘等症有食疗作用。

适合人群 ▷ 心神失养者、惊悸恍惚者、心慌失眠者、大便燥结者、自汗盗汗者。

不宜人群 ▷ 大便溏薄者、痰多者。

配方 ▷小米100克，大枣10枚，柏子仁15克，白糖少许

制作 ▷

①大枣、小米洗净，分别放入碗内，泡发；柏子仁洗净备用。②砂锅洗净，置于火上，将红枣、柏子仁放入砂锅内，加清水煮熟后转入小火。③最后加入小米，共煮成粥，至黏稠时，加入白糖，搅拌均匀即可。

养生功效 ▷ 本品可补血益气、养心安神。对失眠、多梦、神经衰弱等症有食疗作用。

适合人群 ▷ 脾胃虚弱者、食不消化者、惊悸恍惚者、心慌失眠者、大便燥结者、自汗盗汗者。

不宜人群 ▷ 湿热内盛者、痰湿偏盛者、大便溏薄者、腹部胀满者。

五味子 五味俱全、补肾宁心

五味子为木兰种植物五味子的果实。主产辽宁、吉林、黑龙江、河北等地。五味子是补益肝肾的滋补药材。《本经》记载，五味子"主益气，补不足，强阴，益男子精"。五味子乙素、五味子酚均具有抗氧化作用，能清除自由基、抑制过氧化脂质形成。此外，五味子能降低血清胆固醇，增加脑和肝中蛋白质含量。

【性味归经】
性温、味酸。归肺、心、肾经。

【适合体质】
气虚体质

【煲汤适用量】
1.5～6克

【别　名】
玄及、会及、五梅子。

【功效主治】

五味子具有收敛固涩、益气生津、补肾宁心的功效。主治久嗽虚喘，梦遗滑精，遗尿尿频，久泻不止，自汗、盗汗，津伤口渴，内热消渴，心悸失眠等症。五味子还可降血糖、抗氧化、延缓衰老、加强睾丸功能，改善组织细胞代谢功能，促进生殖细胞的增生，促进卵巢排卵。五味子还可提高正常人和眼病患者的视力以及扩大视野，对听力也有良好影响，并可提高皮肤感受器的辨别力。

【应用指南】

·治久咳肺胀· 五味子100克，粟壳（炒过）25克，研末，加蜂蜜制成蜜丸。每服1丸，水煎服。

·治久咳不止· 用五味子15克，甘草4.5克，五倍子、风化消各6克。研末，温水送服。

·治阳事不起· 新五味子500克，研末，泡酒，每次服30毫升，每日3次。

·治神经衰弱、心悸不眠· 五味子6克，茯苓、菟丝子各9克，水煎去渣，加蜂蜜，一日分2～3次服。

·治体虚多汗· 五味子、麦冬各9克，牡蛎12克。水煎服，1日1剂。

·常饮可治老年人阴虚内热、口燥咽干· 五味子5克，西洋参2克，开水浸泡代茶饮。

【选购保存】

五味子为不规则球形或扁球形，以紫红色、粒大、肉厚、有油性及光泽者为佳。置于通风干燥处，防霉。

养生药膳 五味子炖肉

配方 ▷ 五味子5克，黄芩15克，猪瘦肉200克，白果30克，盐适量

制作 ▷ ……

① 猪瘦肉洗净，切片，备用。② 五味子、白果、黄芩分别洗净，备用。③ 炖锅上火，加入适量清水，放入五味子、白果、黄芩与瘦肉，炖至肉熟，加入盐调味即可。

养生功效 本品可补肺益肾、止咳平喘。对失眠健忘、慢性腹泻、肺虚喘嗽、心肺气虚型肺心病有食疗作用。

适合人群 盗汗者、心口烦渴者、尿频者、神经衰弱者、慢性腹泻者。

不宜人群 风邪偏盛者、体胖者、痰多舌苔厚者、冠心病、高血压、高血脂等患者。

养生药膳 猪肝炖五味子五加皮

配方 ▷ 猪肝180克，五味子、五加皮各5克，红枣2枚，姜适量，盐1克，鸡精适量

制作 ▷ ……

① 猪肝洗净切片；五味子、五加皮洗净；姜去皮，洗净切片。② 锅中注水烧沸，入猪肝汆去血沫。③ 炖盅装水，放入猪肝、五味子、五加皮、红枣、姜片，炖3小时，调入盐、鸡精即可。

养生功效 此汤可益气养肝、活血去瘀。对体虚乏力、神经衰弱、失眠健忘、急慢性肝炎、视力减退有食疗作用。

适合人群 气血虚弱者、疝气腹痛者、肢体酸重者、面色萎黄者、缺铁者，以及电脑工作者、癌症患者。

不宜人群 阴虚火旺者、高血压、高血脂、动脉硬化、神经衰弱、肥胖症、冠心病患者。

赤小豆 能消心肾水肿的良药

赤小豆为豆科植物赤小豆或赤豆的种子。主产广东、广西、江西等地。它含有蛋白质、脂肪、碳水化合物、粗纤维、维生素A、B族维生素、维生素C以及矿物质元素钙、磷、铁、铝、铜等成分，能利尿、解毒、消炎、泻下，还可治轻症湿热黄疸，如身发黄、发热、无汗，轻症的黄疸型传染性肝炎。

【性味归经】

性平，味甘、酸。归心、小肠经。

【适合体质】

痰湿体质

【煲汤适用量】

9～30克

【别　　名】

赤豆、红豆、红小豆、朱赤豆、朱小豆。

【功效主治】

赤小豆具有止泻、消肿、滋补强壮、健脾养胃、利尿、抗菌消炎、解除毒素等功效。赤小豆还能增进食欲，促进胃肠消化吸收。用赤小豆与红枣、桂圆一起煮可用来补血。此外，赤小豆可用于治疗肾脏病、心脏病所导致的水肿。可治轻症湿热黄疸，如身发黄、发热、无汗，轻症的黄疸型传染性肝炎。

【应用指南】

·用于脾虚水肿或脚气，小便不利· 赤小豆60克，桑白皮15克。加水煎煮，去桑白皮，饮汤食豆。

·用于痔疮瘀肿疼痛，大便带血· 赤小豆100克，用醋1茶盅，煮豆至熟，取出晒干，再入适量米酒中浸渍至酒尽，经干燥后研为细末。分3次服，每次3～6克，用米酒送服。

·治风瘙瘾疹· 赤小豆、荆芥穗等分，为末，鸡子清调涂之。

·治小儿重舌· 赤小豆末，醋和涂舌上。

·治卒大腹水病· 白茅根一大把，赤小豆500克，煮取干，去茅根食豆，水随小便下。

·治水肿坐卧不得，头面身体悉肿· 桑枝烧灰、淋汁，煮赤小豆空心食令饱，饥即食尽，不得吃饭。

【选购保存】

赤小豆以豆粒完整、大小均匀、颜色深红、紧实薄皮者为佳。将拣去杂物的赤小豆摊开晒开，以3～5千克为单位装入塑料袋中，再放入一些剪碎的干辣椒，密封起来保存。

养生药膳 赤小豆薏米汤

配方 赤小豆100克，薏米100克，盐3克（或白糖3克）

制作

①赤小豆洗净，用清水浸泡2小时。②薏米洗净，用清水泡发半小时。③锅上火，加入清水500毫升，大火烧开，转小火闷煮2小时，最后加入盐或糖调味即可。

养生功效 此汤可利水消肿、清热解毒。对溃疡、尿路感染、痤疮、湿疹、痢疾等症有食疗作用。

适合人群 泄泻者、湿痹者、水肿者、慢性肠炎患者、风湿性关节痛、尿路感染、白带过多患者。

不宜人群 便秘者、尿多者、怀孕早期妇女。

养生药膳 赤小豆煲乳鸽

配方 乳鸽1只，赤小豆100克，胡萝卜50克，盐3克，胡椒粉2克，姜10克

制作

①胡萝卜去皮，洗净，切片；乳鸽去内脏洗净，焯烫；赤小豆洗净，泡发；姜去皮，洗净，切片。②锅上火，加适量清水，放入姜片、赤小豆、乳鸽、胡萝卜片，大火烧开后转小火煲约2小时。③起锅前调入盐、胡椒粉即可。

养生功效 本品可养血益气、利水除湿、滋补肾阴。对肾脏性水肿、心脏性水肿、营养不良性水肿有食疗作用。

适合人群 体虚头晕者、肾脏性水肿、心脏性水肿、肝硬化、肝腹水、肥胖症疾病患者。

不宜人群 食积胃热者、尿多者、怀孕早期妇女。

猪心

以脏养脏、强心佳品

猪心为猪的心脏，是补益食品。常用于心神异常之病变。配合镇心化痰之药应用，效果明显。自古即有"以脏补脏""以心补心"的说法，猪心能补心，治疗心悸、心跳、怔忡。猪心含有蛋白质、脂肪、钙、磷、铁、维生素B_1、维生素B_2、维生素C以及烟酸等，对加强心肌营养，增强心肌收缩力有很大的作用。

【性味归经】
性平，味甘、咸。
归心经。

【适合体质】
气虚体质

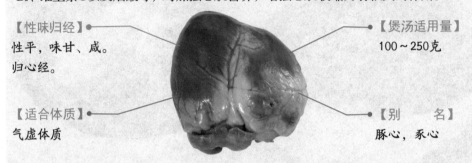

【煲汤适用量】
100～250克

【别　　名】
豚心，豕心

【功效主治】

猪心具有补虚、安神定惊、养心补血的功效。主治心虚失眠，惊悸，自汗，精神恍惚等症。

【应用指南】

·治胸痛· 将猪心1个，黄精50克分别洗净，切成小块，一同放入锅内，加水适量，放入陈皮5克，木香3克，葱、食盐、料酒各适量，用小火炖熟，加入少许味精，再加上朱砂1克即可。

·治胃病、肠胃炎· 芭蕉花一大朵（如果没有芭蕉花可用粉蕉可米蕉代替也可，但切注意可不误用香蕉花）；猪心一个，切开，用芭蕉花去把猪心装满，放瓷碗中，再放入注入清水的锅内蒸熟即可食用。隔天再食用一个。肉和花、汤要同时食用，吃完为止。

·治突然跌仆、神志不清或短暂的神志不清、抽搐、吐涎的癫痫· 猪心1个、黑木耳10克、生姜10克、橘皮10克、白矾1克，大枣10个。共加水煮至猪心熟。吃猪心，喝汤，每日1个，连服3～5天。

【选购保存】

新鲜的猪心呈淡红色，脂肪呈乳白色或微红色，组织结实有弹性，湿润，用力挤压时有鲜红的血液或血块排出，气味正常。不新鲜的猪心呈红褐色，脂肪污红或早绿色，血不凝固，挤压不出血液，表面干缩，组织松软无弹性。

菖蒲猪心汤

配方 猪心1个，石菖蒲15克，丹参10克，远志5克，当归1片，红枣6枚，盐、葱花各适量

制作

①猪心洗净，余去血水，煮熟，捞出切片。②将药材洗净，置入锅中加水熬煮成汤。③将切好的猪心放入已熬好的汤中煮沸，加盐、葱花即可。

养生功效 此汤可开窍醒神、化湿和胃、宁神益志。对热病神昏、痰厥、健忘、耳鸣有食疗作用。

适合人群 心虚多汗者、惊悸恍惚者、健忘者、耳聋者、精神分裂症、癫痫、癔病患者。

不宜人群 阴虚阳亢者、精滑者、高胆固醇血症患者。

桂枝红枣猪心汤

配方 猪心半个，桂枝5克，党参10克，红枣6枚，盐适量

制作

①将猪心挤去血水，放入沸水中余烫，捞出冲洗净，切片。②桂枝、党参、红枣分别洗净放入锅中，加3碗水，以大火煮开，转小火续煮30分钟。③再转中火让汤汁沸腾，放入猪心片，待水再开，加盐调味即可。

养生功效 此汤可补血益气、安神定惊。对气血不足、气短心悸、心慌失眠等症有食疗作用。

适合人群 脾虚便溏者、心虚多汗者、惊悸恍惚者、心血管疾病、精神分裂症、癔病患者。

不宜人群 气滞者、火盛者、有实邪者、高胆固醇血症患者。

莲藕 补中养心，除百病的滋补佳珍

莲藕属睡莲科植物，藕微甜而脆，可生食也可做菜，而且药用价值相当高。莲藕能补中养神，除百病。常服轻身耐老，延年益寿。藕含有淀粉、蛋白质、天门冬素、维生素C以及氧化酶成分，含糖量也很高，生吃鲜藕能清热解烦，解渴止呕；煮熟的藕性味甘温，能健脾开胃，益血补心，故主补五脏。

【性味归经】
性凉、味辛、甘。
归肺、胃经。

【煲汤适用量】
250～500克

【适合体质】
湿热体质

【别　　名】
芙蕖、菡萏。水芙蓉、莲根、藕丝菜。

【功效主治】

莲藕具有滋阴养血的功效，可以补五脏之虚、强壮筋骨、补血养血。生食能清热润肺、凉血行瘀，熟食可健脾开胃、止泄固精。

【应用指南】

- **·治血友病（鼻衄、牙出血、咯血）·** 鲜藕1000克，鲜梨1个，生马蹄500克，生甘蔗500克，鲜生地250克，同榨汁，每次服1小杯，每日3～4次。
- **·防暑·** 鲜藕250克，洗净切片，加糖适量，煎汤代茶饮。
- **·治产后出血·** 鲜藕榨汁，每次服2匙，日服3次。
- **·治白带·** 藕汁半碗，红鸡冠花3朵，水煎，调红糖服，每日服2次。
- **·治痔疮、肛裂·** 鲜藕500克，僵蚕7个，红糖120克，水煎，连汤服下，连服1周。
- **·治急性肠胃炎·** 鲜嫩藕1500克，捣烂取汁，分2次用沸水冲服。
- **·治虚劳咳嗽、口干津亏、虚烦口渴及酒精中毒·** 秋梨20个、红枣1000克、鲜藕1500克、鲜姜300克、冰糖400克、蜂蜜400克、蜂蜜适量；先将梨、枣、藕、姜砸烂取汁，加热熬膏，下冰糖溶化后，再以蜜收之。可早晚随意服用。

【选购保存】

莲藕以外皮呈黄褐色、肉肥厚而白，藕节短、藕身粗的为佳。没切过的莲藕可在室温中放置一周的时间，但因莲藕容易变黑，切面孔的部分容易腐烂，所以切过的莲藕要在切口处覆以保鲜膜，冷藏保鲜一个星期左右。

红枣莲藕猪蹄汤

配方 莲藕、猪蹄各150克，红枣、当归各适量，黑豆、清汤适量，盐6克，姜片3克

制作

①将莲藕洗净切成块；猪蹄洗净斩块。②黑豆、红枣洗净浸泡20分钟备用。③净锅上火倒入清汤，下入姜片、当归，调入盐烧开，下入猪蹄、莲藕、黑豆、红枣煲至熟即可。

养生功效 此汤可滋阴养血、活血通乳、补虚填精。对气血虚弱所致缺奶、老年体弱所致神经衰弱、失眠有食疗作用。

适合人群 血虚者、体弱多病者、营养不良者、高热病人、吐血者、食欲不振、铁性贫血患者。

不宜人群 脾胃消化功能低下者、大便溏泄者、动脉硬化患者、产妇。

双枣莲藕炖排骨

配方 莲藕600克，排骨250克，红枣10颗，黑枣10颗，盐6克

制作

①排骨洗净斩件，汆烫，去浮沫，捞起冲净。②莲藕削皮，洗净，切成块；红枣、黑枣洗净去核。③将所有材料盛入锅内，加水适量，煮沸后转小火炖约60分钟，加盐调味即可。

养生功效 此汤可养血健骨、清热利湿、补脾生津。能延缓衰老，对贫血、高血压和肝硬化有食疗作用。

适合人群 食欲不振者、体弱多病者、吐血者、高热病人、高血压、铁性贫血患者。

不宜人群 脾胃虚寒者、消化不良者、大便溏泄者。

苦瓜

清心泻火的良药

苦瓜为葫芦科植物苦瓜的果实。苦瓜中的苦瓜甙和苦味素能增进食欲，健脾开胃；所含的生物碱类物质奎宁，有利尿活血、消炎退热、清心明目的功效。苦瓜的新鲜汁液含有苦瓜苷和类似胰岛素的物质，具有良好的降血糖作用。苦瓜含丰富的维生素B_1、维生素C及矿物质，长期食用能保持精力旺盛，对治疗青春痘有很大益处。

【性味归经】
性寒、味苦。归心、肝、脾、胃经。

【适合体质】
100～250克

【煲汤适用量】
可根据情况添加

【别　　名】
凉瓜、癞瓜。

【功效主治】

苦瓜具有清暑除烦、清热消暑、解毒、明目、降低血糖、补肾健脾、益气壮阳、提高机体免疫能力的功效。对治疗痢疾、疮肿、热病烦渴、痱子过多、眼结膜炎、小便短赤等病有一定的疗效。此外，还有助于加速伤口愈合，多食有助于皮肤细嫩柔滑。

【应用指南】

·适用于高血压病初期· 苦瓜100克，芹菜500克，水煎服。

·治胃痛· 苦瓜晒干研末，每次服1克，开水送服，每日服2～3次。

·治慢性肠炎· 鲜苦瓜根30克，加水适量煎汤，去渣代茶饮。

·治痢疾· 头大尾尖的苦瓜1条，切成2～4块晒1天，当天晚上用盐腌好，次日再晒，直到晒干，如不够味，再点盐将其放入玻璃瓶内压实封好，可保持1～2年或更久。用时将苦瓜切成粒加入白米粥中煲5分钟即食，半日可见效。

·治眼红疼痛· 苦瓜干15克，菊花10克，水煎服。

·治实火牙痛· 苦瓜捣烂，加白糖调匀，2小时后滤取汁液冷服，连服3次。

·治痱子· 鲜苦瓜去子切片取汁，涂抹患处。痱重者2小时涂1次，不重者日涂3次。

·治丹毒、疗疮· 苦瓜根晒干研末，调蜂蜜外敷，可治丹毒、疗疮、热痛毒肿。

【选购保存】

苦瓜身上一粒一粒的果瘤，是判断苦瓜好坏的特征。颗粒越大越饱满，表示瓜肉也越厚。苦瓜不耐保存，即使在冰箱中存放也不宜超过2天。

苦瓜菊花猪瘦肉汤

配方 猪瘦肉400克，苦瓜200克，菊花20克，盐、鸡精各5克

制作

①猪瘦肉洗净，切块，汆水；苦瓜洗净，去籽去瓤，切片；菊花洗净，用水浸泡。②将猪瘦肉放入沸水中汆一下，捞出洗净。③锅中注水，烧沸，放入瘦肉、苦瓜、菊花慢炖1.5小时，加入盐、鸡精调味，出锅装入炖盅即可。

养生功效 此汤可滋阴润燥、清热明目、补虚养血。对消渴羸瘦、痢疾、便秘、疮肿、热病烦渴、痱子过多、眼结膜炎、小便短赤等病有食疗作用。

适合人群 外感风热者、头痛者、目赤者、糖尿病、痱子、脑血栓患者。

不宜人群 气虚胃寒者、食少泄泻者、脾胃虚寒者、便稀腹泻者、痰多舌苔厚腻者、孕妇。

 苦瓜黄豆排骨汤

配方 排骨150克，苦瓜、黄豆各适量，盐3克

制作

①排骨洗净，剁块；苦瓜去皮洗净，切大块；黄豆洗净，浸泡20分钟。②热锅上水烧开，将排骨放入，煮尽血水，捞出冲净。③瓦煲注水烧开，下排骨、黄豆，用大火煲沸，放入苦瓜，改慢小煲煮2小时，加盐调味即可。

养生功效 此汤可清热除烦、健脾益气、润肠生津。对高血压、高血脂、糖尿病有食疗作用。

适合人群 气血不足者、营养不良者、动脉硬化、高血压、高血脂、糖尿病患者。

不宜人群 消化不良者、胃脘胀痛者、腹胀者。

对症药膳，调理心脑血管疾病

※中医讲究对症用药，自然，药膳要应对症。东汉大医家张仲景说："饮食之味，有与病相宜，有与病相害，若得宜则益体，害则成疾。"可见对症食疗对于疾病恢复的重要性。而药膳与药物不同，重在"养"与"防"，使用药膳调养疾病，不能一蹴而就，需通过长时间的调理才行。

▶ 调理心脏，药膳需对症

中医讲究"辨证施治"，使用药膳调养心脏，需要根据不用的症状表现加以施治，这样才能做到"对症下药，药到病除"。否则不仅对病症无益，而且还会损伤身体，加重病情。有益气、温补、活血之功的中药，如人参、黄芪、丹参、当归等对体虚、食欲不振、精神疲乏等体征的心脑血管病人来说较为适宜。有明显气血不足的心血管病患者，冬季可进补阿胶；有怕冷、腰酸等阳虚征候的，可配入黑芝麻、核桃仁；平时脾胃虚弱者，可加入陈皮、山药煎液（陈皮10克、山药15克），以防伤胃。以上诸品，或可炖鸡、炖鸭，或可熬汤。但也有一些老年人，内有蕴热，表现为心烦急躁、舌红、舌苔黄腻，则不适合药补。

▶ 关注心脑血管疾病，防治需同步

心脑血管疾病是心血管疾病和脑血管疾病的统称，泛指由于高脂血症、血液黏稠、动脉粥样硬化、高血压等所导致的心脏、大脑及全身组织发生缺血性或出血性疾病的通称。常见的有冠心病、心律失常、心肌炎、高血压、脑血管硬化等。心脑血管疾病是一种严重威胁人类，特别是50岁以上中老年人健康的常见病，而60岁以上老年人中40%～45%患有高血压的同时还患有高血糖或高血脂。同时，心脑血管疾病具有"发病率高、致残率高、死亡率高、复发率高、并发症多"的特点，这些都需要我们引起广泛的关注。

对于心脑血管疾病，预防和治疗需同步。此时，就需要我们关注养生的细节了，心脑血管疾病患者应保持心态的平衡，忌情绪激动；适当运动，并合理安排运动时间和控制好运动量。此外，对于心脑血管疾病的预防也应有所关注，需注意防止血管栓塞，特别是冬季寒冷时，更要注意保暖；且心脑血管疾病患者不宜晨练，晨起时突然大幅度锻炼，神经兴奋性突然增高，极易诱发心脑血管疾病。同时，还需注意饮食习惯，多吃富含精氨酸的食物，还需控制血压和血脂，进补也要适度。

冠心病

冠心病是冠状动脉粥样硬化性心脏病，是由于冠状动脉粥样硬化病变致使心肌缺血、缺氧的心脏病。以胸部压迫窒息感、闷胀感、疼痛剧烈多如压榨样、烧灼样，甚则胸痛彻背、气短、喘息不能卧、昏厥等为主要症状。好发人群为有血脂异常、高血压、糖尿病、吸烟、肥胖、痛风、不运动等情况的人群。中医认为，冠心病属于"胸痹""心痛"病症范畴，由于各种原因导致气血不和，阻滞心脉、心血瘀阻，则胸闷、心痛。治疗此症应以活血化瘀、通络止痛、益气养阴、养心安神为主。常用药材和食材有：如西洋参、天麻、玉竹、山楂、红花、丹参、延胡索、木耳、芹菜、洋葱、胡萝卜、猪心、猪肝、海带等。此外，患者饮食宜清淡，易消化，少食多餐，晚餐量少，戒烟少酒。忌吃动物油、辣椒、咖啡、浓茶、以及肥肉、狗肉、羊肉等肥腻热性食物。同时，要起居有常，早睡早起，避免熬夜工作。

对症药膳 【玉竹炖猪心】

| 配　方 | 玉竹50克，猪心500克，生姜片、葱段、花椒、食盐、白糖、味精、香油适量

| 制　作 | ①将玉竹洗净，切成段；猪心剖开，洗净血水，切块。②将玉竹、猪心、生姜片及洗净的葱段、花椒同置锅内煮40分钟。③下食盐、白糖、味精和香油于锅中即可。

 养生功效 此汤具有安神宁心、养阴生津的功效，常食可改善冠脉流量，防治冠心病。

对症药膳 【白芍猪肝汤】

| 配　方 | 白芍15克，菊花15克，枸杞10克，猪肝200克，盐5克

| 制　作 | ①将猪肝洗净切片焯水；白芍、枸杞、菊花均洗净备用。②净锅上火倒入水煮开；下入白芍、菊花、猪肝煲至熟。③后下入枸杞，调入盐即可。

养生功效 本品有养血补血、理气止痛的功效，可缓解冠心病胸闷、胸痛等症状。

心肌炎

心肌炎指心肌中有局限性或弥漫性的急性、亚急性或慢性的炎性病变。症见疲乏、发热、胸闷、心悸、气短、头晕，严重者可出现心功能不全或心源性休克。该症也属于中医"心悸""怔忡""心痛"等范畴，治疗应以益气养阴、安神定悸、温通心阳、滋阴降火为主。常用药材和食材有：苦参、败酱草、马齿苋、鱼腥草、丹参、金银花、仙灵脾、黄柏、知母，苦瓜、石榴、鸡蛋、冬瓜、玉米、西瓜、白菜、黄瓜、火龙果等。饮食上宜吃动物心脏、凉性水果、绿叶蔬菜、豆制品、牛奶、瘦肉类等。忌吃辣椒、胡椒、狗肉等热性食物，忌熏烤食品、腌制品、浓茶、虾蟹、酒、烟等。生活中，病毒性心肌炎是感染病毒引起的，必须预防感染，感冒流行期，要戴口罩外出。有心肌炎后遗症者，不宜长时间看书、工作甚至熬夜，注意休息，减轻心脏负担，防止心脏扩大，发生心衰。

对症药膳 【防风苦参饮】

|配　方| 防风、苦参各5克，蜂蜜适量
|制　作| ①防风、苦参均用清水洗净，备用。②将防风、苦参一起放入锅中，加入适量水煎煮，去渣取汁。③加入蜂蜜调味即可。

养生功效 本品具有抵抗病毒、消炎止痛的功效，适合心肌炎患者食用。此外，本品对湿疹、荨麻疹以及皮肤瘙痒溃破流黄水等皮肤病症都有较好的疗效。

对症药膳 【丁香绿茶】

|配　方| 丁香适量，绿茶少许
|制　作| ①将少许丁香、绿茶洗净放入杯中。②用开水冲泡，然后倒出茶水留茶叶。③再放入开水浸泡，1～2分钟后即可饮用。

养生功效 本品具有抵抗病毒、消炎止痛的功效，适合心肌炎患者食用。此外，本品还可用来治疗胃热呕吐、食欲不振、食后腹胀以及肝气郁结、胸胁疼痛等症。

心律失常

心律失常指心律起源部位、心搏频率与节律或冲动传导等发生异常，即心脏的跳动速度或节律发生改变。主要症状为气促、喘息等，可由冠心病、心肌病、心肌炎、风湿性心脏病等引起，各个年龄段均可发生。中医认为，心律失常属于中医"心悸""怔忡""胸痹""心痛"等范畴，多由于脏腑气血阴阳虚损、内伤七情、气滞血瘀交互作用致心失所养、心脉失畅而引起。治疗此症应以益气补血、养心安神、滋阴降火、温补心阳为主。常用药材和食材有：黄芪、田七、党参、当归、丹参、白果、绞股蓝、猪心、乌鸡、甲鱼、洋葱、荞麦等。饮食上宜吃绿色蔬菜、鱼类、瘦肉类、豆类、奶类、水果类等，限制动物内脏、动物油、鸡肉、蛋黄、螃蟹、鱼子等高脂肪、高胆固醇食物的摄入，禁用烟酒、浓茶、咖啡及辛辣调味品等刺激心脏及血管的物质。生活中还应该按时作息，保证睡眠。

对症药膳 【双仁菠菜猪肝汤】

|配 方| 酸枣仁、柏子仁各10克，猪肝200克，菠菜2棵，盐5克

|制 作| ①猪肝洗净切片；菠菜去根，洗净，切段。②将酸枣仁、柏子仁装在棉布袋内，扎紧；将布袋入锅加4碗水熬高汤，熬至约剩3碗水。③猪肝氽烫后捞出，菠菜加入高汤中，水开后加盐调味即成。

养生功效 此汤健脑镇静、滋补心肝，适合心血亏虚、失眠多梦的心律失常患者食用。

对症药膳 【何首乌炒猪肝】

|配 方| 何首乌15克，当归10克，猪肝300克，韭菜花250克，原味豆瓣酱8克，盐3克，淀粉5克

|制 作| ①猪肝洗净，氽烫，捞出切成薄片备用。②韭菜花洗净，切段；何首乌、当归洗净，加水煮10分钟，滤去药汁，与淀粉混合均匀。③起油锅，下豆瓣酱与猪肝、韭菜花翻炒，入药汁混合后的水淀粉至熟，加盐即可。

养生功效 本品补血养心、活血化瘀，适合心血不足的心律失常患者食用。

贫血

在一定容积的循环血液内，红细胞计数、血红蛋白量以及红细胞压积均低于正常标准称为贫血。贫血可能是一种复杂疾病的临床表现，常分为缺铁性贫血、出血性贫血、溶血性贫血、再生障碍性贫血。主要症状为头晕、眼花、耳鸣，面部及耳部色泽苍白，疲乏无力，指甲颜色苍白易脆，口唇色淡，眼睛无光泽，女性月经不调等。中医学中没有贫血的名称，但从患者临床所呈现的证候则相似于"血虚""阴虚"诸疾。一般可将贫血划入"血虚"或"虚劳亡血"的范畴，治疗应以"养血"为主。常用药材和食材有：红枣、当归、熟地、阿胶、首乌、桑葚、灵芝、黄芪、龙眼、猪肝、菠菜、乌鸡、母鸡、荔枝等。饮食上，宜吃动物肝脏、瘦肉、鱼类、绿色蔬菜、坚果类、红枣等食物。忌生冷食物。食用补气血药时忌用寒凉药物，忌白萝卜、黄瓜等食物。避免过度劳累，保证睡眠时间。

对症药膳 【归芪补血乌鸡汤】

| 配 方 | 当归、黄芪各15克，乌鸡1只，盐适量

| 制 作 | ①乌鸡洗净剁块，放入沸水中汆烫去血水。②当归、黄芪分别洗净备用。③乌鸡和当归、黄芪一道入锅，加6碗水，大火煮开，转小火续炖25分钟，煮至乌鸡肉熟烂，以盐调味即可。

养生功效 此汤有造血功能，能促进血液循环和新陈代谢，适合贫血、体虚等患者食用。

对症药膳 【黄芪鸡汁粥】

| 配 方 | 黄芪15克，母鸡1000克，大米100克，盐适量

| 制 作 | ①将母鸡剖洗干净，切块，煎取鸡汁。②将黄芪洗净；大米淘洗干净备用。③将鸡块、鸡汁和黄芪混合，倒入锅中，加入大米煮粥，加盐调味即可。

养生功效 本品具有益气血、填精髓的功效，适合气血亏虚的贫血患者食用，症见少气懒言、体虚多病、抵抗力差。

高血压

高血压是指在静息状态下动脉收缩压和舒张压增高的病症，一般正常血压小于18.6/12.0千帕，早期症状为：头晕、头痛、心悸、烦躁、失眠等。该症属中医"眩晕""头痛"的范畴，主要由情志内伤、肝肾阴亏阳亢或饮食不节，痰浊壅滞所致；治疗此症应以滋阴、平肝、潜阳、除痰、祛湿等为主。常用药材和食材有：丹参、苍耳子、黄精、灵芝、女贞子、山楂、菊花、五加皮、芦笋、洋葱、蘑菇、蛋类、动物肝脏、黄豆、绿豆、南瓜、芝麻、玉米等。饮食上宜吃动物肝脏、豆制品、蛋类、鱼类、瘦肉类、绿叶蔬菜、凉性水果等。忌羊肉、狗肉、公鸡、肥肉、糕点、辣椒、酒、虾蟹、荔枝、榴莲等。生活要有规律，避免过度劳累和精神刺激，早睡早起，并养成睡午觉的好习惯。白天多喝水，晚餐少吃，睡前用热水泡脚，可以促进血液循环，起床时速度宜缓，避免引起头晕。

对症药膳 【海带豆腐汤】

|配 方| 女贞子15克，海带结20克，豆腐150克，姜丝、盐各少许

|制 作| ①海带结洗净，泡水；豆腐洗净切丁；女贞子洗净备用。②水煮沸后，先放入女贞子煮10分钟。③再放入海带结、豆腐和姜丝煮10分钟，熟后放盐即可。

养生功效 此汤清热滋阴、降低血压、软坚散结，适合高血压、甲状腺肿大等症的患者食用。

对症药膳 【山楂降压汤】

|配 方| 山楂15克，猪瘦肉200克，食用油30毫升，姜5克，葱10克，鸡汤1000毫升，盐适量

|制 作| ①把山楂洗净备用。②猪瘦肉洗净，去血水，切片；姜拍松；葱切段。③锅置火上，加油烧热，下入姜、葱爆香，倒入鸡汤，下入猪瘦肉、山楂、盐，小火炖50分钟即成。

养生功效 此汤能化食消积、降低血压，适合高血压、腹胀的患者食用。

脑血管硬化

脑血管硬化是中枢神经系统的常见病，由脑部血管弥漫性粥样硬化、管腔狭窄及小血管闭塞等使脑部的血流供应减少所引起。脑血管硬化最大的危害就是容易引起中风，初期症状为：头晕、头痛，记忆力减退、注意力不集中等。晚期症状主要表现为记忆力缺损、意识障碍。45岁以上人群，有高血压、高血脂病患者为易发人群。该症也属于中医"眩晕""头痛"范畴，治疗此症应以益气和血、化浊通络为主，常用的药材和食材有：赤芍、红花、川芎、桃仁、蒲黄、当归、五灵脂、海带、大蒜、洋葱、金橘、蜂蜜等。饮食上应注意，勿食如狗肉、猪肝、鸡肉、鸭蛋等高脂肪、高胆固醇食物，同时还应忌食如辣椒、胡椒、芥末、白酒等辛辣、刺激性强的食物。生活中，还应注意早睡早起，养成良好的生活习惯，适当运动，改善血液循环，增加血液流动量。

对症药膳 【决明子苦丁茶】

|配 方| 炒决明子、牛膝、苦丁茶各5克，砂糖适量

|制 作| ①将炒决明子、牛膝、苦丁茶洗净，放进杯中。②加入沸水冲泡10分钟。③加入砂糖调味即可。

养生功效 本品可清热泻火、降压降脂，可预防高血压、高血脂、脑血管脉硬化、冠心病。此外，本茶还可治疗肝火旺盛引起的目赤肿痛、头痛头晕、小便短赤涩痛、大便干燥秘结等症。

对症药膳 【薏米南瓜浓汤】

|配 方| 薏米35克，南瓜150克，洋葱60克，奶油5克，盐3克，奶精少许

|制 作| ①薏米洗净，入果汁机打成薏米泥。②南瓜、洋葱洗净切丁，均入果汁机打成泥。③锅炖热，将奶油融化，将南瓜泥、洋葱泥、薏米泥倒入锅中煮滚并化成浓汤状后加盐，再淋上奶精即可。

养生功效 此汤具有降低血压、保护血管、抗动脉硬化的功效，还可健脾益气。

脑梗死

脑梗死是指脑动脉出现粥样硬化和形成血栓，使管腔狭窄甚至闭塞，导致脑组织缺血、缺氧、坏死。脑梗死是指由于动脉阻塞从而使脑组织的相应部位遭到破坏的一种病症，多在安静休息时发病，有部分病人在一觉醒来后，出现口眼歪斜、半身不遂、流口水等症状，这些是脑梗死的先兆。有家族病史者，高血压、糖尿病、高血脂、大量吸烟者为易发人群。该症属中医"中风"的范畴，治疗应以活血化瘀、益气活血、祛瘀通腑、醒神开窍为主。常用的药材和食材有：天麻、石决明、钩藤、地龙、灵芝、生地、玄参、黄芪、冬瓜、玉米、南瓜、橘子、无花果、丝瓜、鳝鱼等。饮食上宜吃豆制品、蛋清、鱼类、瘦肉类、绿叶蔬菜、凉性水果等。忌蛋黄、肥肉、动物内脏、辣椒、酒、虾蟹、动物油等。生活中还应保持室内洁净干爽和空气流通，注意保暖。鼓励病人做胸部扩张、深呼吸等运动。

对症药膳 【天麻川芎枣仁茶】

配 方 天麻6克，川芎5克，枣仁10克

制 作 ①将天麻洗净，用淘米水泡软后切片。②将川芎、枣仁洗净。③将川芎、枣仁、天麻一起放入碗中，冲入白开水，加盖10分钟后即可饮用。

养生功效 本品具有行气活血、平肝潜阳的功效，适合高血压、高血脂、动脉硬化症、脑梗死等患者食用，症见头痛、头晕、四肢麻痹等。

对症药膳 【桂枝莲子粥】

配 方 桂枝20克，莲子30克，地龙10克，大米100克，白糖5克

制 作 ①大米淘洗干净，用清水浸泡；桂枝洗净，切小段；莲子、地龙洗净备用。②锅置火上，注入清水，放入大米、莲子、地龙、桂枝熬煮至米熟。③放入白糖稍煮，调匀便可。

养生功效 此粥具有温经通络、熄风止痉的作用，适合风痰阻络的脑梗死患者食用。同时本品还适合冠心病以及心律失常的患者食用。

第三章

药膳护理肝脏，
拥护"智勇双全的大将军"

　　《黄帝内经》中记载："肝者，将军之官，谋虑出焉。" 认为肝是将军之官，是主谋略的。将军不仅可以打仗，而且还是能够运筹帷幄的人。将军运筹帷幄的功能，就相当于肝的藏血功能。而"谋虑出焉"，指的就是把肝气养足了才能够出谋略，才能木生火，火为心；木旺则火旺，才能"神明出焉"。而在现代医学中，肝是人体内最大的解毒器官，人体内产生的毒物、废物，吃进去的毒物、有损肝脏的药物等必须依靠肝脏解毒。合理运用药膳养护肝脏，能很好的调理身体，起到养生和防治疾病的功效。

《黄帝内经》中的肝脏养生

※讲到肝脏养生，这里不可单说，《黄帝内经》中就有"肝胆相照"一说，而在其脏腑的功能上，肝脏与胆更是密不可分。肝是人体内最大的解毒器官，肝脏将有毒物质变为无毒的或消融度大的物量，随胆汁或尿液排出体外。只有"肝"与"胆"相互协作，将人体内的毒素分解排出，人们的身体才会健康。

▶ 肝胆一家，《黄帝内经》中的"肝胆论"

"肝胆相照"这一成语比喻以真心相见。这在中医里也是很有讲究的，《黄帝内经》中有记载："肝者，将军之官，谋虑出焉。胆者，中正之官，决断出焉。"足厥阴肝经在里，负责谋虑；足少阳胆经在表，负责决断。只有肝经和胆经相表里，肝胆相照，人的健康才有保证。虽然负责谋略和决断的是心，但心是"君主之官"，负责全局，具体的工作则交给肝和胆。肝和胆的谋虑和决断又不同于心。中医说的心包括"心"和"脑"，"心"和"脑"的谋虑和决断主要在思维和意识之中，它是理性的；而"肝"与"胆"的谋虑和决断主要在潜意识中，它是感性的，是本能的。

胆居六腑之首，又属于"奇恒之腑"。胆与肝有经脉相互络属，而为表里。胆在人体中极为重要，其消毒功能类似电脑的杀毒系统，但实际的功能、起的作用比想象的还要多。在《黄帝内经》中有这样一句话："胆者，中正之官，决断出焉。几十一藏，取决于胆也。"意思是说，胆主决断，好比一个国家的司法部门，司法部门是决断各种纠纷的部门，这种决断力是需要胆识的，所以一个人的胆识大不大直接受制于胆的功能。

▶ 《黄帝内经》中对肝脏的认识

《黄帝内经·素问》曰："肝者，将军之官，谋虑出焉，肝者，罢极之本，魂之居也，其华在爪，其充在筋，肝藏血，血舍魂，随神往来谓之魂，肝气悲哀动中则伤魂，魂伤则狂妄，其精不守，令人阴缩而痉挛，两胁肋骨不举。肝主筋，久行伤筋，酸走筋，筋病勿食酸。怒气逆则伤肝。肝恶风，风伤肝。东方青色，入通于肝，开窍于目，目者，肝之官，左目甲，右目乙，肝和则能辨五色也，肝病者目眦青，在气为语，在液为泪，肝气虚则恐，实则怒。"古人很早就观察到了肝脏虽然在内，看不到，但是可以通过很多外在的行为和体表的脏器来判断肝脏的健康，如上所述，肝脏就像一个将军，是管理人的思维判断能力的，人是否能够有持久运动的能力，也要根据肝脏的强壮来决定，还可以通过对于指甲和筋的观察，判断肝脏的强弱。一个人如果过于悲哀，就会伤肝，因为肝管魂。魂不守了，就会发狂，我们常见悲哀深重之后发狂的现象，中医认为就是"肝不藏魂"引起的。过于悲哀伤肝还可以出现阳痿、手足抽筋、肋下胀满。走路太长久，也会伤筋导致伤肝，还有生气会伤肝，受风会伤肝。肝强壮的人，眼睛视物清楚，肝病的人，眼角出现青色。肝气盛的人爱说话，肝气虚的人爱流泪。肝气盛的人易暴怒，肝气虚的人易恐惧……这些都是古人对于肝脏外在表现的观察，非常具有临床意义。

▶ 认识肝脏的生理功能

清代医学家周学海在《读医随笔》中说："医者善于调肝，乃善治百病"。由此，我们可以看出，肝对人体健康具有总领全局的重要意义。

（1）肝主疏泄

疏泄，即传输、疏通、发泄。肝脏属木，主生发。它把人体内部的气机生发、疏泄出来，使气息畅通无阻。气机如果得不到疏泄，就是"气闭"，气闭就会引起很多的病理变化，譬如出现水肿、瘀血、女子闭经等。肝就是起到疏泄气机的功能。如果肝气郁结，就要疏肝理气。此外，肝还有疏泄情志的功能。人都有七情六欲、七情五志，也就是喜、怒、哀、乐这些情绪。这些情志的抒发也靠肝脏。肝还疏泄"水谷精微"，是指人们吃进去的食物变成营养物质，肝把它们传输到全身。

（2）肝主藏血

肝有贮藏血液和调节血量的功能。当人体在休息或情绪稳定时，机体的需血量减少，大量血液贮藏于肝；当劳动或情绪激动时，机体的需血量增加，肝就排出其所储藏的血液，以供应机体活动的需要。如肝藏血的功能异常，则会引起血虚或出血的病变。若肝血不足，不能濡养于目，则两目干涩昏花，或为夜盲；若失于对筋脉的濡养，则筋脉拘急，肢体麻木，屈伸不利等。

（3）肝主筋

筋的活动有赖于肝血的滋养。肝血不足，筋失濡养可导致一系列症状，如前所述。若热邪炽盛，灼伤肝的阴血，可出现四肢抽搐、牙关紧闭等，中医称之为"肝风内动"。

▶ 了解肝脏的功能表现

除了主藏血、主疏泄两大功能外，肝在志、在液、在体和在窍的四大功能表现为：

肝在志为"怒"：怒是人们在情绪激动时的一种情志变化。怒对于机体的生理活动来说，一般是属于一种不良的刺激，可使气血上逆，阳气升泄，故《素问•举痛论》说："怒则气逆，甚则呕血、飧泄，故气上矣"。由于肝主疏泄，阳气升发，为肝之用，故说肝在志为怒。如因大怒，则势必造成肝的阳气升发太过，故又说"怒伤肝"。反之，肝的阴血不知，肝的阳气升泄太过，则稍有刺激，即易发怒。

肝在液为"泪"：泪从目出，故《素问•宣明五气篇》说："肝为泪"。泪有濡润眼睛，保护眼睛的作用。正常情况下，泪液的分泌是濡润而不外溢，但在异物侵入目中时，泪液即可大量分泌，起到清洁眼目和排除异物的作用。在病理情况下，则可见泪液的分泌异常。如肝的阴血不足时两目干涩，实质上即是泪液的分泌不足；如在风火赤眼，肝经湿热等情况下，可见目眵增多，迎风流泪等症。此外在极度悲伤的情况下，泪液的分泌也可大量增多。

肝在体合筋，其华在爪：筋即筋膜，附着于骨而聚于关节，是联结关节、肌肉的一种组织。筋和肌肉的收缩和弛张，即是肢体、关节运动的屈伸或转侧。《素问•痿论》说的"肝主身之筋膜"，主要是由于筋膜有赖于肝血的滋养。肝的血液充盈，才能养筋；筋得其所养，才能运动有力而灵活。此外，肝的阴血不足，筋失所养，还可出现手足颤震、肢体麻木、屈伸不利、甚则瘈疭等症。爪，即爪甲，包括指甲和趾甲，乃筋之延续，故称"爪为筋之余"。肝血的盛衰，可影响爪甲的荣枯。《素问•五脏生成篇》说："肝之合筋也，其荣爪也。"肝血充足，则爪甲坚韧明亮，红润光泽。若肝血不足，则爪甲软薄，枯而色夭，甚则变形脆裂。

肝在窍为"目"：目又称"精明"，是视觉器官。如《素问•脉要精微论》说："夫精明者，所以视万物、别黑白、审短长。"肝的经脉上联于目系，目的视力，有赖于肝气之疏泄和肝血之营养，故说："肝开窍于目"。如《灵枢•大惑论》说："五脏六腑之精气，皆上注于目而为之精。精之窠为眼，骨之精为瞳子，筋之精为黑眼，血之精为络，其窠气之精为白眼，肌肉之精为约束，裹撷筋骨血气之精而与脉并为系，属于脑，后出于项中。"后世医家在此基础上发展为"五轮"学说，给眼科的辨证论治打下一定的基础。

▶ 日常生活中的七大养肝法

（1）情志调节，戒躁戒怒

肝主疏泄，调畅气机，具有调畅情志的功能。肝气的疏泄功能正常，则气机调畅，气血和调，心情舒畅，情志活动正常；若肝气的疏泄功能不及，肝气郁结，可见心情抑郁不乐，稍受刺激即抑郁难解，或悲忧善虑，患得患失；若肝气郁而化火，或大怒伤肝，"怒则气上"，肝气上逆，肝的升泄太过，可见烦躁易怒、亢奋激动的表现。这也与中医"七情不可为过"的理念相同，过激会损伤脏器，有"怒伤肝、喜伤心、忧伤肺、恐伤肾"之说。

怒在中医里被归为"肝火上炎"，意指肝管辖范围的自律神经出了问题。除了本位的治疗外，透过"发泄"和"转移"的方法也可使怒气消除，保持精神愉快。

新的科学研究显示，想到一些好玩的、有趣的事，这样的念头，也会增加脑内分泌更多使身心愉悦的化学物质。其次，当肝气郁结时，人就容易感觉郁闷，忧郁症就会接踵而至。因此应该注意保持情绪稳定，遇事不要太激动，尤其不能动怒，否则对肝脏损伤会很大。另外，如果肝气过旺的话，容易诱发心脑血管疾病。所以，心脑血管疾病患者一定要注意保养肝气，保持情绪稳定，保持一种平和的心态。心脑血管疾病患者如果好激动，爱发火，就很容易诱发脑卒中、脑梗死。如果情绪不稳定又有肝气虚的情况，就会引起虚脱。

由于生气会给肝脏造成诸多问题，因此要想肝脏强健，学会制怒，保持情绪的稳定是养肝的重中之重。日常生活中一定不要生气，即使生气也不要超过3分钟。所谓的不生气并不是把气闷住，而是修养身心，开阔心胸，使得面对人生不如意时，能有更宽广的心胸包容他人的过错，尽力保持自身情绪的稳定和乐观，从而使肝火熄灭，肝气正常生发、顺调。否则易引起肝脏功能波动，让火气旺上加旺，伤及肝脏的根本。

*肝喜疏恶郁，可通过交友、听音乐等方法来纾解情绪，以免造成肝气瘀滞

如果实在无法控制情绪，那么如何在生气后将伤害降到最低呢？最简单的方法，就是按摩脚背上的太冲穴（在足背第一、二跖趾关节后方凹陷中），可以让上升的肝气往下疏泄，这时这个穴位会很痛，必须反复按摩，直到这个穴位不再疼痛为止。其次，可以吃些可以理气解郁的食物，如陈皮、山药、金橘、山楂、莲藕等，对疏泄肝气、顺气健脾都很有帮助。同时，还有一种简单的消气办法则是用热水泡脚，水温控制在40～42℃，泡的时间则因人而异，最好泡到肩背出汗。此外，加强运动也有助于消气，如散步、打球、游泳、瑜伽等，或者做一些体力劳动，如拖地、洗衣物等，都有助于消气。

（2）调节膳食，护肝保肝

肝脏与心脏一样，是支撑生命大厦的重要支柱之一，因为它拥有生命离不开的生理功能，在日常生活中，我们护肝养肝，还需要调节膳食，多使用一些对肝脏有好处的食物。

西红柿：含有大量的维生素，属于低热量的果蔬，具有清热解毒、保护肝细胞并防止毒素对肝细胞的损害、减肥调脂等功效，经常食用对肝脏是很有益的。

蘑菇：天然真菌类蔬菜，富含多种对机体有益的成分，可增强T淋巴细胞功能，从而提高机体抵御各种疾病的免疫功能；含有的一种毒蛋白，能有效地阻止癌细胞的蛋白合成；含有的粗纤维、半粗纤维和木质素等，可保持肠内水分，并吸收体内剩余的胆固醇、糖分，将其排出体外，具有通便排毒、清热生津、滋养肝脏、预防动脉硬化等功效。

酸奶：其含有的乳酸杆菌能抑制和杀死肠道里的腐败菌，减少由其他毒素引起的中毒现象。饮用酸奶，使肠道呈现酸性环境，可减少氨的吸收以及肠道细菌对蛋白质的分解作用，对肝脏具有很好的保护作用。

蜂蜜、蜂乳：属于养生保健食品，蜂蜜具有养肝和保护肝脏的功能；蜂乳具有滋补肝肾、益肝健脾、养眼等功效，可谓是对肝脏有益的饮食之选。

*多食用这些蔬菜和水果，能更好的起到养护肝脏的功效

菠菜：含有丰富的胡萝卜素、维生素C、钙、磷及一定量的铁、维生素E等有益成分，有补血止血、利五脏、通血脉、止渴润肠、滋阴平肝、助消化、清理肠胃热毒的功效，对肝气不疏并发胃病具有很好的辅助疗效。

葡萄：含有丰富的葡萄糖、果酸、有机酸、天然生物活性物质、纤维素及多种维生素，具有保护肝脏、助消化、增强食欲、改善疲劳等功效，可谓是养肝护肝的佳果之选。

大豆及豆制品：含有丰富的蛋白质和钙、铁、磷等微量元素，对促进肝细胞的修复和再生、调节机体免疫功能都是很有益的。

动物肝脏：含有丰富的优质蛋白，对于保护肝脏、促进肝细胞的修复和再生具有很重要意义，且富含铁、叶酸、维生素B$_{12}$，是很好的补血保肝食品。

（3）养睛明目，护眼即是护肝

《黄帝内经》中有云："久视伤血，久卧伤气，久坐伤肉，久立伤骨，久行伤筋。"视力的好坏与主血的肝脏关系最为密切，如果视力不好，通常对肝脏也会造成不良影响，因此在日常生活中，我们一定要注意多多保护视力。古代医学家根据临床实践，总结了许多简便而有效的养睛明目的方法，现介绍几种眼保健法。

*经常按摩眼睛和眼部周围，有助于改善视力

熨目法：早晨起床，全身放松，闭上双眼，先将双手快速互相摩擦，待手搓热后用双手熨帖双眼，热散后两手猛然拿开，两眼也同时用劲一睁，如此反复3～5次后，再以食指、中指轻轻按压眼球，或按压眼球四周。此法可通经活络，促进眼睛血液循环，增进新陈代谢。

运目法：头不动，眼睛睁开，转动眼球。先让眼睛凝视正下方，再将眼球缓慢转至左方，再转至凝视正上方，至右方，最后回到凝视正下方，这样，先按顺时针方向转10圈，再按逆时针方向转10圈。如此反复练习三遍，每次转动，眼球都应尽可能地达到极限。此法于早晨在公园内或有绿色植物的地方进行最好，有助醒脑明目。

极目法：早晨在空气清新的地方，自然站立，两眼先平视远处的一个目标，再慢慢将视线收回，到距一侧手臂长的距离时，再将视线由近而远转移到原来的目标上。如此反复数次，然后再进行深呼吸运动，对调节眼功能有一定好处。

洗目法：先将脸盆消毒后，倒入温水，面部入水，在水中睁开眼睛，使眼球按顺时针、逆时针方向各转9次。进行练习时若感到呼吸困难，应将头抬起在外深呼吸一下，再进行练习。此法能清洁眼睛，改善散光、远视、近视等眼部问题。

低头法：身体取下蹲式，用双手分别攀住两脚五趾，并稍微用力地往上扳，用力时尽量朝下低头，这样便有助于使五脏六的精气血流向头部，从而起到营养耳目、养肝护肝之作用。

吐气法：腰背挺直坐好，以鼻子徐徐吸气，侍气吸到最大限度时，用右手捏住鼻孔，紧闭双眼，再用口慢慢地吐气。

折指法：小指向内折弯，再向后搬的屈伸运动。每天坚持早晚各做一遍，每遍进行30～50次。

（4）饭后静坐能保肝

护肝的关键在于该动的时候动，该静的时候静。专家建议，吃完饭后静坐休息10～30分钟，再去散步或做别的事情，这对肝脏的保养，尤其是对有肝病的人来说是非常有必要的。

肝脏是人体造血和用血的重要器官，人在吃完饭后，身体内的血液都集中到消化道内参与食物消化的活动。如果饭后马上行动，身体由静到动，就会有一部分血液流向身体其他部位，从而导致流入肝脏的血流量减少50%以上。如果肝脏长时间处于供血量不足的情况，它正常的新陈代谢活动就会受到影响，导致对肝脏不同程度的损害。吃完饭后要闭目养神10～30分钟，尽可能使血液多流向肝脏，以供给肝细胞氧和营养成分。

*肝脏是造血的重要器官，饭后静坐半个小时有助养肝护肝

需要注意的是，静坐时最好能另觅静室，如果条件不允许，亦可选在客厅或卧室中，但须打开窗户和门，使空气流通，但不宜坐在风口处。在入座前，须宽衣松带，使筋肉不受拘束，气机不受阻滞。但在秋冬寒冷时节，尤其是老人和小孩，必须盖好两腿，以免膝盖受风。坐时可另备坐凳或直接坐在床上，但总以平坦为宜。座位上铺坐垫或褥子，最好是软厚一点的有利于久坐。

（5）预防肝病，小心护肝

肝炎是肝脏的炎症。肝炎的原因可能不同，最常见的是病毒造成的，此外还有自身免疫造成的。酗酒也可以导致肝炎。需要注意的是，通常我们生活中所说的肝炎，多数指的是由甲型、乙型、丙型、丁型、戊型等肝炎病毒引起的病毒性肝炎，这是"肝炎"家庭中一个最重要的分支。病毒性肝炎是一种传染性强，传播途径复杂，发病率高，流行面广的传染性疾病。目前病毒性肝炎病毒主要有甲、乙、丙、丁、戊五种类型。其中甲肝和戊肝都是通过饮食传播的，如果与患者密切接触，共用餐具、茶杯、牙具等，或者吃了肝炎病毒污染的食品和水，就可能增加受传染的概率。因此在平时要做到饮水卫生，不吃不干净的食物，讲究餐具、茶具的消毒；不吃没有煮熟的海鲜等，进食水产品特别是毛蚶、蛤蜊等带壳水产品之前，应在85～90℃的高温中加热一段时间；多吃新鲜蔬菜和水果，提倡吃植物油，少吃动物油；另外，罐头、腌制的食品也应少吃。而乙型肝炎是所有肝炎中危害最严重的，血源性传播是乙肝主要的传播途径，其他传播途径有吸血昆虫如蚊子等叮咬，所以要注意消灭害虫，防止害虫叮咬。乙型肝炎饮食传播的可能性很小，但使用公筷和分餐制还是有必要的，另外，接种乙肝疫苗，是预防乙型肝炎的主要方法。

（6）丑时肝经当令宜熟睡

丑时是指凌晨1~3点，这个时候是肝经当令。肝经当令时一定要熟睡，这是因为肝藏血，肝血推陈出新，必须休息，以保障肝脏的正常功能。人的思维和行动要靠肝血的支持，废旧的血液要淘汰，新鲜血液要产生。这种代谢通常在肝经最旺的丑时完成。

《素问·五脏生成篇》："故人卧血归于肝。肝受血而能视，足受血而能步，掌受血而能握，指受血而能摄。" 意思是说，人躺下休息时血归于肝脏，眼睛得到血的滋养就能看到东西，脚得到血的滋养就能行走，手掌得到血的滋养就能把握，手指得到血的滋养就能抓取。当人休息或情绪稳定时，机体的需血量减少，大量血液储藏于肝；当劳动或情绪激动时，机体的需血量增加，肝排出其储藏的血液，供应机体活动需要。"人动血运于诸经，人

*丑时肝经当令一定要熟睡，这样才能让血归于肝脏，以保护肝脏的正常功能

静血归于肝"，说的也是这个道理。如果我们在半夜1~3点的丑时还不休息的话，血液就要继续不停地"运于诸经"，无法归于肝并进而养肝，那么我们的肝脏在超负荷下运转难免会有闪失。所以要强调的是，丑时一定要睡眠，而且必须要"在这段时间内睡着"，所以要在子时前就寝。

▶ 提防现代生活方式中的"伤肝元素"

（1）用眼过度

肝在窍为"目"，用眼过度是非常伤肝的，近年来，据调查证实，每天在电脑前工作3小时以上的人中，90%的人都患有眼睛干涩。而在未来5年中，眼睛干涩患者人数还将以每年10%以上的速度上升。特别是现代长期从事电脑操作的人，要非常重视这一点。日常生活中要注意眼保健，预防眼睛干涩，若发病时症状也会减轻。平时要用眼得当，注意精神放松，感到眼睛疲劳时进行适当休息。家里的电视机、办公室的电脑都不应该摆放在高于眼睛水平的位置。其次要注意用眼习惯，定时休息，连续在电脑荧屏前的时间不宜过长，每隔1小时就要休息5~10分钟。眼睛是向内、向下看的，所以在休息时，尽量让眼睛向左上方和右上方看。人在休息时，也要活动颈部和肩部肌肉，因为颈部肌肉僵直紊乱会影响视力。经常用眼过度者平时多吃些粗粮、杂粮、红绿蔬菜、薯类、豆类、水果等含有维生素、蛋白质和纤维素的食物。

（2）久坐不动

关节、肌腱、韧带属于肝系统，是肝脏赖以疏泄条达的结构基础、重要通道。对着电脑、电视，或是在车上让人久坐不动，令许多人关节肌腱韧带僵硬，失去柔

韧灵活，使肝疏泄条达系统内的通道不畅通。所以，我们经常会觉得，越是坐着，越是不运动，人就会越是郁闷或脾气暴躁。所以说"久坐伤肝"。应适当增加运动量，在坐了两小时后多起来活动活动，舒展胫骨，有利养肝。

（3）七情郁结

人有七情六欲、七情五志，也就是喜、怒、哀、乐这些情绪。这些情志的抒发也靠肝脏。肝气郁结或快或慢会反映出一系列躯体疾病：胃痛、腹痛、便烂、头痛、胸闷、月经不调、乳腺增生、子宫肌瘤、色斑、高血脂、脂肪肝、高血压等等。一般人往往经不起多次大怒激愤的情绪冲击，会导致肝气横逆、肝阳暴涨，太伤肝太伤人，所以，养肝需注意情志的调节。

（4）过度饮酒

少量饮酒有利于通经、活血、化瘀和肝脏阳气之升发，但不能贪杯过量。要知道肝脏代谢酒精的能力是有限的，多饮会伤肝。据医学研究表明，体重60千克的健康人，每天只能代谢60克酒精，若超过限量，就会影响肝脏健康，甚至造成酒精中毒，危及生命。另一方面，酒不但直接损害肝脏，也影响其他营养素的吸收利用，对肝脏的伤害就更加严重了。

▶ 认识胆的生理功能

胆的生理功能主要是贮藏排泄胆汁和主决断。首先，胆汁来源于肝，由肝精肝血化生，或由肝之余气凝聚而成。胆汁生成后，进入胆腑，由胆腑浓缩并贮藏。贮藏于胆的胆汁，在肝气的疏泄作用下排泄而注入肠中，以促进饮食水谷的消化和吸收。若肝胆的功能失常，胆汁的分泌排泄受阻，就会影响脾胃的受纳腐熟和运化功能，而出现厌食、腹胀、腹泻等症状。若湿热蕴结肝胆，以致肝失疏泄，胆汁外溢，浸渍肌肤，则发为黄疸，出现目黄、身黄、小便黄等症状。相对于肝气升发，胆气以下降为顺，若胆气不利，气机上逆，则可出现口苦、呕吐黄绿苦水等症状。其次，胆主决断，是指胆在精神情志意识思维活动中，具有判断事物、作出决定的作用。人对事物的决定和判断能力与胆的功能有关。胆气豪壮之人，剧烈的精神刺激对其所造成的影响较小，遇事判断准确，临危不惧，勇敢果断；胆气虚怯之人，在受到不良精神刺激的影响时，则易于形成疾病，出现胆怯易惊、善恐、失眠、多梦等精神情志异常的病变。

▶ 胆的日常养护

（1）拍打胆经养气血

足少阳胆经循行于人体头、身侧面，如同掌管门户开合的转轴，为人体气机升降出入之枢纽，能够调节各脏腑功能，是十二经脉系统中非常重要的部分。经常拍打胆经，能刺激胆经，促进胆汁的分泌，疏泄肝气，通畅体内气血，排除身体毒素，提升人体对营养的吸收能力。

胆经从外眼角开始，一直沿着人的头部两侧，然后顺着人体的侧面下来，一直到脚的小趾、四趾（小趾旁边倒数第二个脚趾）。条件允许的话，可顺着胆经的循行路线全线拍打胆经。最简单的方法是从臀部的环跳穴开始，拍打大腿外侧的循行路线，直到膝部阳关穴即可。具体的操作方法是：侧坐在椅子上，全身放松，搭二郎腿，露出臀部的环跳穴，手握空拳，手臂不要用力，抬起拳头自由落体向下，沿线从环跳穴到膝阳关进行敲打，敲打至大腿外侧发热为度。每次每侧敲3～5分钟，也可以两侧一起敲，每天敲1～3次。敲胆经时身体可能会出现肠鸣排气、头痛等症，这都是敲胆经有效的一些反应，但如果反应比较严重，就应适当减轻拍打胆经时的力度，以及减少拍打的时间。需要注意的是，拍打胆经的时间最好选在白天，晚上不要敲。因为拍打胆经会促进体内气血的流动，振奋精神，影响睡眠，因此拍打胆经宜选在白天。

（2）右侧卧睡利于养胆

胆又为少阳，如果晚上不能及时睡觉或睡眠质量不好，第二天少阳之气没有升起，人就易困乏没有精神。如果子时不睡，除了对胆汁新陈代谢不利以外，还可造成贫血、供血不足。因此，要想胆好就一定要保证良好的睡眠。中医学认为，最有利养胆的正确睡姿应该是向右侧卧，微曲双腿。这样，心脏处于高位，不受压迫；肝胆处于低位，供血较好，有利新陈代谢；胃内食物借重力作用，朝十二指肠推进，可促进消化吸收。全身处于放松状态，心跳减慢，五脏六府能得到充分的休息和氧气供给。

（3）规律运动有助排石

临床研究发现，春、秋、冬三季运动量大，胆结石患者的排石率相对较高，夏季运动量少，排石率相对较低。这就说明有规律的健身锻炼，可促使结石的排出，降低胆结石的发作危险。美国波士顿汉威顿公共卫生学院的一项研究表明，与运动量少的人相比，运动量最多的人发生胆结石的危险性下降了37%。科学家认为，规律的运动能促进内脏的血液循环，对消化器官有按摩作用，能刺激胆汁排泄，改善消化功能，调节组织代谢过程，提高机体免疫能力，对胆囊炎、胆结石有积极的防治意义。

不少人以为早晨是锻炼的最佳时间，实际上，早晨的空气空气质量并不好。这是由于大多数植物在有阳光时才进行光合作用，吸收二氧化碳，释放人体所需要的氧气。清晨，这些二氧化碳尚未散发掉，也没有被植物吸收，所以空气的质量并不高。

傍晚时分，太阳落山时，植物经过白天的光合作用，吸收二氧化碳并释放氧气，是空气中含氧量最高的时候，这时锻炼比较适宜。胆囊炎、胆囊结石病人可采用散步的形式锻炼身体。当然不能刚吃完饭就活动，过早或过多的运动会迫使血液流进运动系统，不利于食品的消化和吸收。因此，正确的方法是饭后半小时再运动。

*傍晚时分氧气含量高，适宜活动身体，有助结石的排出

本草药膳，养护肝脏

※肝脏是人体内最大的解毒器官，能吸收由肠道或身体其他部位制造的有毒物质，再以无害物质的形式分泌到胆汁或血液中排到体外。养生需调养五脏，肝胆的养护与养心同样重要。这里我们结合不同的中药材和食材，调出养护肝胆的养生药膳。

▶ 肝——"罢极之本、魂之居也"

肝为"罢极之本、魂之居也"，肝主"藏血"和"疏泄"，能调节血液量和调畅全身气机，使气血平和，让面部血液运动动力充足。我们常讲"喝酒伤肝"，其实疲劳及作息不规律也会对肝造成伤害，而肝一旦受到损伤，肝之疏泄失职，气机不调，血行不畅，血液淤积于面部则易使面色发青；肝血不足，则面部皮肤也会缺少滋养，久之便会面色暗淡无光、两目干涩、视力不清。同时，我们随时随地都要注意养好自己的肝，要时时注意避免"肝郁"的情况发生。所谓"肝郁"，即是指因情志不舒、恼怒或因其他原因影响气机升发和疏泄而造成肝气郁结的状况。肝气郁结，会导致"气闭"伤身，从而使得身体出现水肿、血瘀、女子痛经、闭经等问题，特别是女性，肝郁最直接的后果还会导致面部生斑。由此可见，养生亦需保护肝脏。

▶ 养护肝脏常用药材食材

养护肝脏应补血和血、疏肝利胆、调养情志。常用中药材有枸杞、白芍、女贞子、菊花、柴胡、牡丹皮、决明子、虎杖、香附、郁金、天麻、钩藤、牡蛎、乌梅，常用的食材有猪肝、鳝鱼、海带、芹菜，食用这些食物与中草药，能改善面色萎黄、肝血不足、情志郁结等症状，且这些食物、药物还能组合搭配出多种具有疏肝利胆、补血和血、益气解郁功效的药膳。

此外，食用维生素含量丰富的各种蔬菜、水果对肝脏也有益处，还可在药膳中适当加入如燕麦、红薯、洋葱、牛奶等食物，对肝脏也是大有益处的。

①燕麦：燕麦中含有丰富的亚油酸和丰富的皂苷素，可降低血清胆固醇、三酰甘油。

②红薯：红薯能中和人体内因过多食用肉类与蛋类而产生的酸，保持人体内的酸碱值平衡，降低脂肪含量。

③洋葱：洋葱不仅是很好的杀菌食材，还能有效降低人体血脂，防止动脉硬化。

④牛奶：富含钙质，可减少人体内的胆固醇含量。

枸杞

平补肝肾的补养佳品

枸杞为茄科植物枸杞或宁夏枸杞的成熟果实，其浆果为红色。主产河北，其余分布于甘肃、宁夏、新疆、内蒙古、青海等地。枸杞富含维生素B_1、维生素B_2、维生素C、甜菜碱、胡萝卜素、铁、亚油酸、酸浆果红素等成分，能促进调剂免疫系统功能，可提高睾酮水平，促进造血功能。此外，枸杞能够保肝、降血糖、软化血管、降低血液中的胆固醇、三酯甘油水平，对脂肪肝、糖尿病有一定的疗效。

【性味归经】
性平、味甘。归肝、肾、肺经。

【适合体质】
阴虚体质

【煲汤适用量】
5～10克

【别　　名】
苟起子、枸杞红实、甜菜子、西枸杞、狗奶子、枸杞果。

【功效主治】

枸杞具有滋肾、润肺、补肝、明目的功效。能治疗肝肾阴亏、腰膝酸软、头晕目眩、目昏多泪、虚劳咳嗽、消渴、遗精等症。

【应用指南】

·治劳伤虚损· 枸杞500克，干地黄（切）200克，天门冬200克。上3味，细捣，曝令干，以绢罗之，蜜和作丸，大如弹丸，日服2次。

·补虚，长肌肉，益颜色，肥健人· 枸杞2升。清酒2升，溺碎，更添酒浸7日，滤去滓，任情恢之。

·治肝虚或当风眼泪· 枸杞400克。捣破，纳绢袋冲；置罐中，以酒1000毫升浸干，密封勿泄气，存放21天。每日饮之，醒醒勿醉。

·治夏虚病· 枸杞、五味子各200克。研细，滚水泡封3日，代茶饮。

·治疗妊娠呕吐· 枸杞50克，黄芩5～10克，开水冲泡，温时频服，以愈为度。

·治疗阳痿，伴有眼目昏花、腰膝酸软等症· 枸杞30～60克，白酒500克。将枸杞浸泡15天后服用，每次10毫升，每日2次。

【选购保存】

选购枸杞时，以粒大、肉厚、种子少、色红、质柔软者为佳。同时，在选购枸杞时要特别注意，如果枸杞的红色太过鲜亮，可能曾被硫黄熏过，品质可能已受到影响，吃起来也会有酸味，需避免。置阴凉干燥处，防闷热、防潮、防蛀。

参芪枸杞猪肝汤

配方 猪肝300克，党参10克，黄芪15克，枸杞10克，盐2小匙

制作

①猪肝洗净，切片。②党参、黄芪洗净，放入煮锅，加6碗水以大火煮开，转小火熬高汤。③熬约20分钟，转中火，放入枸杞煮约3分钟，放入猪肝片，待水沸腾，加盐调味即可。

养生功效 此汤可补气养血、养肝明目。对肝肾不足两目昏花、白内障有食疗作用。

适合人群 气血亏虚者，病后、产后体虚者、产后缺乳者、肝肾不足两目昏花者、白内障患者、血虚头晕者、内脏下垂者、食欲不振者、乏力困倦者、表虚盗汗者。

不宜人群 感冒未愈者、内火旺盛者、高血压、高血脂患者，面部感染者。

枸杞鹌鹑鸡肝汤

配方 鸡肝150克，枸杞叶10克，鹌鹑蛋150克，盐5克，生姜3片

制作

①鸡肝洗净，切成片；枸杞叶洗净。②鹌鹑蛋入锅中煮熟后，取出，剥去蛋壳；生姜去皮，洗净，切片。③将鹌鹑蛋、鸡肝、枸杞叶、生姜一起加水煮5分钟，调入盐煮至入味即可。

养生功效 此汤可滋补肝肾、养血明目。对眼睛干涩、疲劳、视力下降、夜盲症、青光眼有食疗作用。

适合人群 肝肾不足视物昏花者、失眠者，妇女产后贫血、青光眼、白内障、夜盲症、肝病患者。

不宜人群 脾虚湿盛者、胆固醇高者、肝功能极度低下者、感冒患者。

白芍

养肝补血、柔肝止痛

白芍为双子叶植物药毛茛科植物芍药的根。主产于浙江、安徽、四川等地。含有芍药苷、牡丹酚、芍药花苷、苯甲酸、挥发油、脂肪油、树脂、鞣质、淀粉、糖类、蛋白质等成分，是一种常见的补血良药。白芍中所含的白芍总苷具有抗炎和调节免疫功能等药理作用，临床上用于类风湿性关节炎的治疗，效果较好。

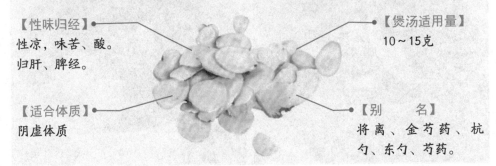

【性味归经】
性凉，味苦、酸。
归肝、脾经。

【煲汤适用量】
10~15克

【适合体质】
阴虚体质

【别　　名】
将离、金芍药、杭勺、东勺、芍药。

【功效主治】

白芍具有养血柔肝、缓中止痛、敛阴收汗的功效，生白芍平抑肝阳，炒白芍养血敛阴，酒白芍可用于和中缓急、止痛，具有较强的镇痛效果。多用于治疗胸腹疼痛、泻痢腹痛、自汗盗汗、阴虚发热、月经不调、崩漏、带下等常见病症。

【应用指南】

·治下痢便脓血，里急后重，下血调气· 白芍50克，当归25克，黄连25克，槟榔、木香10克；甘草10克（炒），大黄15克，黄芩25克，官桂12克。上细切，每服25克，水400毫升，煎至200毫升，食后温服。

·治妇人怀孕，腹中疗痛· 当归150克，白芍500克，茯苓200克，白术200克，泽泻250克，芎藭250克。上6味，杵为散。取5克，酒和，每日3次服。

·治产后血气攻心腹痛· 白芍100克，桂（去粗皮）、甘草（炙）各50克。上3味，粗捣筛，每服6克，水200毫升，煎七分，去滓，温服，不拘时候。

·治痛经· 白芍100克，干姜40克。共为细末，分成八包，月经来时，每日服一包，黄酒为引，连服3个星期。

·治妇女赤白下，年月深久不差者· 白芍150克，干姜25克。细锉，熬令黄，捣下筛，空肚，和饮汁服10克，日再。

【选购保存】

白芍以根粗长、匀直、质坚实、粉性足、表面洁净者为佳。在各地产品中，杭白芍因生长期长、加工细致而为白芍中的上品；宜置干燥处保存，防虫蛀。

养生药膳 白芍红豆鲫鱼汤

配方 〉鲫鱼1条（约350克），红豆500克，白芍10克，盐适量

制作 〉

①将鲫鱼收拾干净；红豆洗净，放入清水中泡发。②白芍用清水洗净，放入锅内，加水煎10分钟，取汁备用。③另起锅，放入鲫鱼、红豆及白芍药汁，加2000～3000毫升水清炖，炖至鱼熟豆烂，加盐调味即可。

养生功效 此汤可疏肝止痛、利水消肿。对病毒性肝炎、肝硬化、肝腹水、下肢或全身水肿、小便畅有食疗作用。

适合人群 泻痢腹痛者、自汗盗汗者。慢性肾炎水肿、肝硬化腹水、营养不良性水肿、孕妇产后缺乳、慢性久痢等症患者。

不宜人群 虚寒性腹痛泄泻者、小儿麻疹、感冒、高脂血等症患者。

养生药膳 归芪白芍瘦肉汤

配方 〉当归、黄芪各20克，白芍10克，猪瘦肉60克，盐适量

制作 〉

①将当归、黄芪、白芍分别用清水洗净，备用；猪瘦肉洗净，切块，备用。②锅洗净，置于火上，注入适量清水，将当归、黄芪、白芍与猪瘦肉一起放入锅内，炖熟。③最后加盐调味即可。

养生功效 此汤可补气活血、疏肝和胃。对体质虚弱、胁肋疼痛者、肝炎、月经不调、产后血虚血瘀有食疗作用。

适合人群 头痛眩晕者、血虚萎黄者、泻痢腹痛者、月经不调者、自汗盗汗者。

不宜人群 虚寒性腹痛泄泻者、小儿麻疹患者、孕妇。

女贞子 滋补肝肾，乌须明目

女贞子为木犀科植物女贞的干燥成熟果实。女贞子是抗老回春的圣品，现代医学研究认为女贞子可以抑制幽门螺杆菌的作用可以治疗胃病，还具有抑制嘌呤异常代谢用于痛风和高尿酸血症的治疗。用于肝肾阴虚，腰酸耳鸣，须发早白；眼目昏暗，视物昏暗；阴虚发热，胃病及痛风和和高尿酸血症。

【性味归经】
性凉，味苦、甘。
归肝、肾经。

【适合体质】
阴虚体质

【煲汤适用量】
10～15克

【别　　名】
女贞、女贞实、冬青子、白蜡树子。

【功效主治】

女贞子具有补肝肾、强腰膝的功效。主治阴虚内热、头晕目花、耳鸣、腰膝酸软、须发早白等症。女贞子可以增加冠状动脉血流量，有降脂、降血糖、降低血液黏度的作用，有抗血栓和防治动脉粥样硬化的作用，对放疗、化疗所引起的白细胞减少有升高作用。女贞子还具有一定的抗衰老作用。

【应用指南】

·肾阴亏损、腰痛遗精· 女贞子、金樱子、芡实各15克，旱莲草12克，水煎服。

·肝肾精血虚弱所致月经不调及崩漏· 生地、熟地、女贞子各15克，旱莲草、首乌、当归、白芍、黄柏各12克，知母、阿胶各9克，水煎，日服3次。

·肝肾阴血亏损引起的脱发· 女贞子、旱莲草、熟地、枸杞各15克，水煎，早晚服，连服半月以上。

·肝血耗损引起的视物不清· 女贞子、桑葚、黄精、石斛各15克，水煎，日服3次。

·视神经炎，视力减退· 女贞子、青葙子、草决明各30克。水煎服，每日1剂。

·治瘰疬，结核性潮热等· 女贞子15克，地骨皮10克，青蒿7.5克，夏枯草12.5克，水煎，一日3次服。

【选购保存】

女贞子以粒大、饱满、色蓝黑、质坚实者为佳，加工方法以晒干为佳，但煮后易于干燥，故生晒后所得佳品较为少见。置干燥处，防潮湿、防蛀、防霉。储藏期间，应保持环境干燥、整洁，可用密封或抽氧充氮养护。发现受潮或少量轻度虫蛀，及时晾晒或用磷化铝熏杀。

女贞子鸭汤

配方 鸭肉500克，枸杞30克，熟地黄、淮山各100克，女贞子15克，盐适量

制作

①将白鸭宰杀，去毛及内脏，切块。②将枸杞、熟地黄、淮山、女贞子洗净，与鸭肉同放入锅中，加适量清水，煎至白鸭肉熟烂。③最后加入盐调味即可。

养生功效 此汤可滋补肝肾、养阴益气。对有心烦心悸、盗汗、夜尿频多、肾阴亏虚型糖尿病等症食疗作用。

适合人群 肝肾阴虚引起的腰膝酸软、五心烦热、盗汗、头晕耳鸣、阳痿早泄、遗精、夜尿频多者，以及更年期妇女和糖尿病患者。

不宜人群 脾胃虚寒者、脾湿中阻者、便溏腹泻者。

女贞子首乌鸡汤

配方 何首乌、女贞子各15克，当归、白芍各9克，茯苓8克，川芎6克，鸡1500克，小茴香2克，葱、盐、姜各10克，料酒20毫升

制作

①鸡处理干净；姜去皮，洗净，拍松；葱洗净，切段。②全部药材洗净，装入纱布袋。③将鸡肉和纱布袋放进炖锅内，加入3000毫升水，置大火上烧沸，改用小火炖1小时后加入小茴香、葱段、盐、姜、料酒即可。

养生功效 此汤可补肝益肾、养血祛风。对眩晕耳鸣、腰膝酸软、须发早白、目暗不明等症有食疗作用。

适合人群 阴虚内热者、头晕目花者、耳鸣者、肝肾阴虚者、头昏目眩者、遗精耳鸣者、须发早白者。

不宜人群 脾胃虚寒泄泻及阳虚者。

菊花

清肝泻火首选品

菊花为菊科植物菊的头状花序。是我国传统常用中药材，是味道甘甜的明目解热佳品。在《神农本草经》中，把菊花列为药之上品，认为"久服利血气，轻身耐老延年"。另外，它还可以用于治疗高血压，能使血压逐渐正常，相关的症状都能好转。现代医学实验中还发现，菊花用于清热、消炎、利尿的效果良好。

【性味归经】

性微寒，味甘、苦。
归肺、脾、肝、肾经。

【适合体质】

湿热体质

【煲汤适用量】

5～9克

【别　　名】

金精、甘菊、真菊、金蕊、簪头菊、甜菊花。

【功效主治】

菊花具有平肝明目、散风清热、消渴止痛的功效。可用于治疗头痛、眩晕、目赤、心胸烦热、疔疮、肿毒等症。且菊花用于冠心病出现心绞痛、胸闷、心悸、气急及头晕、头痛、四肢发麻等症状均有不错疗效。

【应用指南】

·治风热头痛· 菊花、石膏、川芎各15克，为末。每服7.5克，茶调下。

·治女人阴肿· 甘菊苗捣烂煎汤，先熏后洗。

·养肝明目、生津止渴、清心健脑、润肠· 菊花50克，加水20毫升，稍煮后保温30分钟，过滤后加入适量蜂蜜，搅匀之后饮用。

·治阴血亏损所致的头目眩晕、目赤、视物不明、夜间多梦等症· 甘菊花35克，干地黄30克，当归30克，枸杞25克，糯米酒1升，将上述4味药物与水500毫升同入砂锅，煎煮30分钟后，过滤，去渣取液，加入酒中，再慢火煎煮30分钟，装瓶密封备用。每日1次，每次10～30毫升，以晨起后空腹饮用最佳。

·防治风热感冒，头痛眩晕，目赤肿痛· 白菊花10克，白糖10克，同置茶杯内，冲入沸水加盖浸泡片刻即可饮用。

【选购保存】

菊花以身干、花朵完整、颜色鲜艳、气清香、无杂质者为佳、应放于阴凉干燥处保存，以防霉坏、防虫蛀，尤其夏、秋两季要勤加查看。菊花若出现霉蛀，宜烘干，不宜烈日暴晒，以防散瓣、变色。

菊花羊肝汤

养生药膳

配方 鲜羊肝200克，菊花5克，生姜片、葱花各5克，盐2克，料酒10毫升，胡椒粉、味精各1克，蛋清淀粉15克。

制作

①鲜羊肝洗净，切片；菊花洗净，浸泡。②羊肝片入沸水中稍余一下，用盐、料酒、蛋清淀粉浆好。③锅内加油烧热，下姜片煸出香味，注水，加入羊肝片、胡椒粉、盐煮置汤沸，下菊花、味精、葱花煲至熟即可。

养生功效 此汤可清热祛火、疏风散热、养肝明目。对消除眼睛疲劳、恢复视力、防治心血管疾病及由风、寒、湿引起的肢体疼痛、麻木等症有食疗作用。

适合人群 口干目赤者、头晕目眩者、眼干枯燥者、贫血者、夜盲症患者、维生素A缺乏症患者、高血压患者。

不宜人群 体质虚寒者、胃寒者、高血脂患者。

茯苓清菊茶

养生药膳

配方 菊花5克，茯苓7克，绿茶2克，矿泉水少许

制作

①茯苓磨粉，加少许矿泉水，搅拌均匀以划开粉末，成汁。②菊花、绿茶洗净。③将茯苓汁、菊花、绿茶放入杯中，用300毫升左右的开水冲泡。

养生功效 此汤可清肝明目、疏风散热。对口干、火旺、目涩，眼睛疲劳、由脾胃气虚引起的虚胖、面部水肿有食疗作用。

适合人群 脾虚水肿者、身体虚胖者、电脑工作者、经常用眼疲劳者、尿少者、便溏泄泻者。

不宜人群 虚寒精滑者、阴虚而无湿热者、气虚下陷者。

柴胡

疏肝、解郁、去火之良药

柴胡为伞形科植物北柴胡、狭叶柴胡等的根。柴胡是疏肝、解郁、去火的良药。现代研究表明，柴胡具有镇静、镇痛作用，同时，对流感病毒有强烈的抑制作用，此外，又有抑制脊髓灰白质炎病毒引起细胞病变的作用。适宜感冒发热、寒热往来、疟疾患者；肝气不疏、阳气不升引起的胸胁胀痛、月经不调、子宫脱垂、脱肛患者服用。

【性味归经】
性微寒、味苦。
归肝、胆经。

【适合体质】
气郁体质

【煲汤适用量】
3～5克

【别　　名】
地熏、山菜、茹草、柴草。

【功效主治】

柴胡具有和解表里、疏肝、升阳的功效。主治寒热往来、胸满胁痛、口苦耳聋、头痛目眩、疟疾、下利脱肛、月经不调、子宫下垂等症。

【应用指南】

·治妊妇寒热头痛，不欲食，胁下痛，呕逆痰气· 柴胡50克，黄芩、人参、甘草（炙）各25克。上锉如麻豆大。每服25克，水300毫升，煎200毫升，去滓，温服。

·治疟疾，寒多热少，腹胀· 柴胡、半夏、厚朴、陈皮各10克。水2碗，煎八分。不拘时候服。

·治胁肋疼痛，寒热往来· 柴胡10克，川芎、枳壳（麸炒）、芍药各7.5克，甘草（炙）2.5克，香附7.5克。用水煎1个半小时，把水煎的剩下八成，在吃饭前服用。

·治黄疸· 柴胡（去苗）50克，甘草6克。上都细锉作1剂，以水1碗，白茅根一握，同煎至七分，绞去滓。任意时时服，1天服完。

·治积热下痢不止· 柴胡、黄芩各20克，水煎服。

·治肝郁气滞、脾胃湿热、便结腑实型胰腺炎· 柴胡15克，黄芩、胡连、木香、延胡索各10克，杭芍15克，生大黄15克（后下），芒硝10克（冲服）。水煎服，每日1剂，重者2剂。

【选购保存】

选购柴胡时，以根条粗长、皮细、支根少者为佳。保存时置于通风干燥处保存，防霉、防蛀。

柴胡枸杞羊肉汤

配方 柴胡3克，枸杞10克，羊肉片200克，油菜200克，盐5克

制作

①柴胡冲净，放入煮锅中加4碗水熬高汤，熬到约剩3碗，去渣留汁。②油菜洗净切段；枸杞放入高汤中煮软，羊肉片入锅，并加入油菜。③待肉片熟，加入盐调味即可。

养生功效 此汤可疏肝和胃、升托内脏。对中老年体质虚弱、反胃、胃痛有食疗作用。

适合人群 内脏下垂患者（如胃下垂、子宫脱垂、肾下垂、脱肛等患者）；月经不调、胃痛、萎缩性胃炎、胃溃疡患者，肝郁引起的茶饭不思、郁郁寡欢者。

不宜人群 阴虚火旺者、阳性疮疡患者。

柴胡解郁猪肝汤

配方 猪肝180克，柴胡5克，蝉花10克，熟地12克，红枣6颗，盐6克，姜、淀粉、胡椒粉、香油各适量

制作

①柴胡、蝉花、熟地、红枣洗净；猪肝洗净，切薄片，加淀粉、胡椒粉、香油腌渍片刻；姜去皮洗净，切片。②将柴胡、蝉花、熟地、红枣、姜片放入瓦煲内，注入适量清水，大火煲沸后改中火煲约2小时，放入猪肝滚熟。③加入盐调味即可。

养生功效 此汤可滋补肝肾、聪耳明目、疏肝升阳。对口苦耳聋、头痛目眩、眼睛干涩、疲劳、青光眼有食疗作用。

适合人群 肝肾不足引起的两目昏花、头晕耳鸣者，贫血患者、青光眼患者、白内障患者、阴虚潮热盗汗者。

不宜人群 高胆固醇者、气滞痰多者、消化不良者、感冒未愈者。

牡丹皮　清泻肝火，消炎降压

牡丹皮为毛茛科植物牡丹的根皮。主产于安徽、四川、甘肃、陕西、湖北、湖南、山东、贵州等地。根含牡丹酚、牡丹酚苷、牡丹酚原苷、芍药苷。另外尚含挥发油0.15%～0.4%及植物固醇等。现代研究，所含牡丹酚及其以外的糖苷类成分均有抗炎作用；牡丹皮的甲醇提取物有抑制血小板作用；牡丹酚有镇静、降温、解热、镇痛、解痉等中枢抑制作用及抗动脉粥样硬化、利尿、抗溃疡等作用。

【性味归经】

性凉，味辛、苦。归心、肝、肾、肺经。

【适合体质】

血瘀体质

【煲汤适用量】

4.5～9克

【别　　名】

牡丹根皮、丹皮、丹根。

【功效主治】

牡丹皮具有清热凉血、活血消瘀的功效。主治热入血分、发斑、惊痫、吐衄、便血、骨蒸劳热、闭经、症瘕、痈疡、风湿热痹、跌打损伤等症。

【应用指南】

·治瘟病后期，邪伏阴分证· 青蒿6克，鳖甲15克，细生地12克，知母6克，丹皮9克。上药以水5杯，煮取2杯，日再服。

·治热入血分证，热伤血络证· 水牛角30克，生地黄24克，赤芍12克，牡丹皮9克上药4味，以水600毫升，煮取200毫升，分3次服。

·治血虚劳倦五心烦热肢体疼痛头目昏重，心忪颊赤口燥咽干· 牡丹皮50克，干漆（炒）100克，苏木、蓬莪术（炮）、鬼箭各5克，甘草（半盐汤炙、半生）、当归、桂心、芍药、延胡索（炒）、陈皮（去白）、红花、乌药、没药（别研令细）各50克，上为末，每服10克，水200毫升煎至七分，不拘时候服。

·治妇人月水不利，或前或后，乍多乍少，手足烦热· 牡丹皮50克，苦参25克，川贝母（去心称）15克，上三味捣罗为末，炼蜜和剂捣熟丸如梧桐子大，每服20丸加至30丸，空腹米饮下日3服。

·治通经· 牡丹皮6～9克，仙鹤草、六月雪、槐花各9～12克，水煎冲黄酒、红塘经行时早晚空腹服，忌食酸、辣、芥菜。

【选购保存】

选购牡丹皮时，应以条粗长、皮厚、粉性足、香气浓、结晶状物多者为佳。置于干燥处保存。

养生药膳 牡丹皮杏仁茶

配方 〉牡丹皮9克、杏仁12克、枇杷叶10克，绿茶12克，红糖20克

制作 〉

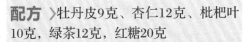

①将杏仁用清水洗净，晾干，碾碎备用。②牡丹皮、绿茶、杏仁、枇杷叶分别用清水洗净，一起放入锅中，加入适量清水，煎汁，去渣。③最后入红糖融化，倒入杯中即可饮服。

养生功效 本品可活血消瘀、止咳化痰、和胃止呕。对外感咳嗽、喘满、喉痹、肠燥便秘、经闭有食疗作用。

适合人群 热入营血者、高热舌绛者、发斑出血者、瘀血经闭者。

不宜人群 阴虚咳嗽者、大便溏泄者、血虚有寒者、月经过多者、孕妇、胃寒呕吐者、肺感风寒咳嗽者。

养生药膳 牡丹皮菊花茶

配方 〉金银花20克，牡丹皮9克，菊花、桑叶各9克，杏仁6克，芦根30克（鲜的加倍），蜂蜜适量

制作 〉

①将金银花、牡丹皮、菊花、桑叶、杏仁、芦根用水略冲洗。②放入锅中用水煮，将汤盛出。③待凉后再加入蜂蜜即可。

养生功效 本品清热祛火、疏风散热、养肝明目。对口干、火旺、目涩、由风、寒、湿引起的肢体疼痛食疗作用。

适合人群 肝火旺盛、头晕目眩、热入营血者，以及高血压、头痛、眼疾等症患者。

不宜人群 大便溏泄、血虚有寒、体质虚寒、胃寒者。

决明子 助肝气、益精水的佳品

决明子为豆科一年生草本植物决明或钝叶决明的成熟种子。主产于安徽、广西、四川、浙江、广东等地。《神农本草经》中有记载："治青盲，目淫肤赤白膜，眼赤痛，泪出，久服益精光。"据现代药理研究指出，决明子具有降压、降低血清、胆固醇的作用，还有抗菌作用，可治疗脚气病，常服决明子还有减肥的功效。

【性味归经】
性凉，味甘、苦。
归肝、胆、肾、大肠经。

【适合体质】
湿热体质

【煲汤适用量】
9～15克

【别　名】
狗屎豆、假绿豆、芹决、羊角豆、羊尾豆。

【功效主治】

决明子具有清肝明目、利水通便的功效。主要用于目赤涩痛，怕光、多泪，头痛眩晕，目暗不明，大便秘结。治风热赤眼，青盲，雀目，高血压，肝炎，肝硬化腹水，习惯性便秘等症。

【应用指南】

·治急性结膜炎· 决明子、菊花、蝉蜕、青葙子各15克，水煎服。

·治急性角膜炎· 决明子15克，菊花9克，谷精草9克，荆芥9克，黄连6克，木通12克，水煎服。

·治习惯性便秘· 决明子18克，郁李仁18克，沸水冲泡代茶。

·治夜盲症· 决明子、枸杞各9克，猪肝适量，水煎，食肝服汤。

·治雀目· 决明子100克，地肤子50克，上药捣细罗为散，每于食后，以清粥饮调下5克。

·治慢性便秘及卒中后顽固便秘· 决明子200克，炒香，研细末，水泛为丸，每日3回，每回5克，连服3~5天，大便自然通顺，且排出成形粪便而不泄泻，此后继续每日服少量，维持经常通便，并能促进食欲，恢复健康。

·治风热偏头痛· 决明子、野菊花各9克，川芎、蔓荆子、全蝎各6克，水煎服。

·治高血压· 决明子适量，炒黄，捣成粗粉，加糖泡开水服，每次3克，每日3次。

【选购保存】

决明子外观为马蹄形小颗粒，以颗粒均匀、饱满、黄褐色者为佳。应密封保存。置于干燥通风的地方，且须防鼠食及虫蛀。

养生药膳 决明子鸡肝苋菜汤

养生药膳 决明子杜仲鹌鹑汤

配方 苋菜250克，鸡肝2副，决明子15克，盐2小匙

制作

①苋菜剥取嫩叶和嫩梗，洗净，沥干；鸡肝洗净，切片，去血水后捞出，冲净。②决明子装入纱布袋扎紧袋口，放入煮锅中，加水1200毫升熬成高汤，捞出药袋。③在汤中加入苋菜，煮沸后下肝片，再煮开，加盐调味即可。

养生功效 此汤可清肝明目、疏风止痛。对肝炎、肝硬化腹水、高血压、小儿疳积、夜盲、风热眼痛等症有食疗作用。

适合人群 肝火旺盛导致的目赤肿痛、眼睛干涩者，白内障、青光眼、夜盲症患者。

不宜人群 脾胃虚寒腹泻者、体质虚弱者、大便溏泄者。

配方 鹌鹑1只，杜仲50克，山药100克，决明子15克，枸杞25克，红枣6颗，生姜5片，盐8克，味精3克

制作

①鹌鹑洗净，去内脏，剁成块。②杜仲、枸杞、红枣、山药洗净备用；决明子装入纱布袋扎紧袋口，入煮锅中，加水1200毫升熬成高汤，捞出药袋。③汤中加入杜仲、枸杞、红枣、山药、生姜，大火煮沸后改小火煲3小时，加盐和味精调味即可。

养生功效 此汤可补益肝肾、疏肝明目。对高血压、夜盲症、风热眼痛有食疗作用。

适合人群 肾虚者、便秘者、体胖者，肝炎、肝硬化腹水、高血压、小儿疳积、夜盲、风热眼痛患者。

不宜人群 脾胃虚寒者、体质虚弱者、大便溏泄者、阴虚火旺者。

虎杖

祛风通络、清肝利胆

虎杖为蓼科植物虎杖的根茎。产于江苏、浙江、江西、福建、山东、河南、陕西、湖北、云南、四川、贵州等地。现代研究发现，虎杖含有蓼苷、有机酸、葡萄糖苷、多糖类等成分，具有清热解毒、清凉解暑、健胃清食作用。因虎杖有利湿退黄的作用，用于治黄疸，可配伍连钱草等同用。本品配合行气、清热等药，还可治疗胆结石。

【性味归经】
性平、味苦。归肝、胆、肺经。

【适合体质】
血瘀体质

【煲汤适用量】
9～15克

【别　　名】
野黄连、活血丹、活血龙、猴竹根、金锁王、大叶蛇总管、山茄子、斑草。

【功效主治】

虎杖具有清热解毒，利胆退黄，祛风利湿，散瘀定痛，止咳化痰的功效。治风湿筋骨疼痛、湿热黄疸、淋浊带下、妇女经闭、产后恶露不下、症瘕、咳嗽痰多、痔漏下血、跌扑损伤、烫伤、恶疮癣疾等症。

【应用指南】

· 治小便淋· 虎杖为末，每服10克，米汤送下。

· 治月经不通· 虎杖150克，凌霄花、没药各50克，共研为末。每5克，热酒送下。

· 治腹内突长结块，坚硬如石，痛如刺· 虎杖根500克，洗干，捣成末，倒好酒2升泡起来。每饮100毫升，忌食鲜鱼和盐。

· 治气奔怪病，皮肤下面发响声，遍身瘙痒不可忍，抓之血出亦不止痒· 虎杖、人参、青盐、细辛各50克，加水煎作一服饮尽。

· 治消渴· 虎杖、海浮石（烧过）、乌贼骨、丹砂，等分为末，渴时，以麦让冬汤冲服10克。一天服3次。忌酒、鱼、面、生冷食物、房事。

· 治月经不通· 虎杖30克，牛膝，加土瓜各50克，共煎水400毫升，分3次服用，以20毫升白酒送服，白天2次，夜间1次。

【选购保存】

选购虎杖时，应以根条粗壮、内芯不枯朽者为佳。置干燥处，防霉、防蛀。

养生药膳 虎杖解毒蜜

配方 虎杖15克，党参25克，红枣、莪术各10克，淮山15克，蜂蜜10克

制作

①将党参、淮山、虎杖、红枣、莪术洗净，用水浸泡1小时。②将党参、淮山、虎杖、红枣、莪术放入瓦罐，加适量水，小火慢煎1小时，滤出头汁500毫升。③加水再煎，滤出汁300克，将药汁与蜂蜜放入锅中，小火煎5分钟，冷却即可。

养生功效 本品可清热解毒、利胆止痛、破血散结。对慢性病毒性肝炎、肝癌、肝脏肿大疼痛有食疗作用。

适合人群 中气不足者、体虚倦怠者、经闭经痛者、湿热黄疸者、肺热咳嗽者、跌打损伤者。

不宜人群 实证者、热证者、气滞者、孕妇。

养生药膳 虎杖泽泻茶

配方 虎杖10克，泽泻10克，大枣15克，蜂蜜20克

制作

①大枣洗净，温水泡发30分钟，留浸泡液，去核，备用。②将泽泻、虎杖洗净，加水适量煎煮2次，每次30分钟，合并滤汁，回入砂锅中。③在砂锅中加入大枣及其浸泡液，小火煮15分钟，加入蜂蜜拌匀即可。

养生功效 本品可痰除湿，清热降脂。对痰湿内阻型脂肪肝、小便不利、水肿胀满、高脂血症有食疗作用。

适合人群 痰饮眩晕者、热淋涩痛者、经闭经痛者。

不宜人群 低血糖者、过敏体质者、孕妇。

香附

疏肝理气，调经止痛

香附为莎草科植物莎草的根茎。主产于山东、浙江、湖南、河南。前人称香附为"气病之总司，女科之主帅"，广泛应用于气郁所致的疼痛，尤其是妇科痛证和月经不调。临床上用于治疗月经不调、经痛。见证有肝郁气滞，与神经精神因素有关的月经期疼痛更适宜；治气郁疼痛。如属肝郁所致的胁痛，可用香附配逍遥散。此外，伏暑湿温所致的胁痛，或咳或不咳，可配旋覆花等行气舒肝解郁。

【性味归经】

性平，味辛、微苦甘。归肝、肺、脾、胃经。

【适合体质】

气郁体质、血瘀体质

【煲汤适用量】

4.5～9克

【别　　名】

雀头香、莎草根、香附子、香附米、猪通草茹、三棱草根、苦羌头。

【功效主治】

香附具有理气解郁、调经止痛、安胎的功效。用于肝郁气滞，胸、胁、脘腹胀痛，消化不良，胸脘痞闷，寒疝腹痛，崩漏带下，经行腹痛，胎动不安，乳房胀痛，月经不调，经闭痛经等症。

【应用指南】

·治一切气疾心腹胀满，胸膈噎塞，噫气吞酸· 香附子（炒，去毛）1600克，缩砂仁400克，甘草200克。上为细末。每服10克，用盐汤点下。

·治心腹刺痛，调中快气· 乌药（去心）500克，甘草（炒）50克，香附子（去皮毛，焙干）1000克。上为细末。每服10克，加盐少许，或不着盐，沸汤点服。

·治心气痛、腹痛、少腹痛、血气痛不可忍者· 香附子100克，蕲艾叶25克。以醋汤同煮熟，去艾，炒为末，米醋糊为丸梧子大。每白汤服50丸。

·治停痰宿饮，风气上攻，胸膈不利· 香附（皂荚水漫）、半夏各50克，白矾末25克。姜汁面糊丸，梧子大。每服30～40丸，姜汤随时下。

·治吐血· 童便调香附末或白及末服之。

·治小便尿血· 香附子、新地榆等份，各煎汤，先服香附汤3～5口，后服地榆汤至尽，未效再服。

【选购保存】

香附以个大、色棕褐、质坚实、香气浓郁者为佳。应置于阴凉通风干燥处密封保存，以免香气挥发殆尽。

养生药膳 莲心香附茶

配方 莲心3克，香附9克

制作

①将莲心、香附分别放入清水中冲洗干净，倒入洗净的锅中。②加入350毫升水，先以大火煮，水开后转小火慢煮至约剩250毫升，不必久煮久熬。③取茶喝饮。

养生功效 本品可理气解郁、强心降压、调经止痛。对抑郁症、高血压、月经不调、经闭、痛经有一定的食疗作用。

适合人群 肝郁气滞者、消化不良者、寒疝腹痛者、月经不调者、腰膝酸软者、胸脘痞闷者、虚烦者、心悸者，失眠者。

不宜人群 气虚无滞者、阴虚血热者、孕妇。

养生药膳 川芎香附茶

配方 香附（炒）9克，川芎10克，茶叶6克

制作

①炒香附、川芎洗净，晾干，研为细末，混匀，装入棉布袋中。②锅中加入适量清水，加入茶叶，大火煮沸。③转小火，放入棉布袋，闷煮15分钟，取清汁服用即可。

养生功效 本品可理气解郁、散瘀止痛。对因气郁日久以致头痛、疲劳、情绪波动有食疗作用。

适合人群 偏正头痛者、肝郁气滞者、消化不良者、胸脘痞闷者。

不宜人群 肺脾气虚者、阴虚血热者、气虚无滞者、阴虚火旺者、上盛下虚者。

郁金　疏肝、止痛的重要药物

郁金为姜科植物温郁金、姜黄、广西莪术、蓬莪术及川郁金的块根。主产四川、浙江。郁金是疏肝、止痛的重要药物，含挥发油，其中有茨烯、樟脑、姜黄烯；亦含姜黄素、脱甲氧基姜黄素、双脱甲氧基姜黄素、姜黄酮和芳基姜黄酮，还含有淀粉、脂肪油、橡胶、黄色染料、葛缕酮及水芹烯等成分。姜黄素可用于治疗胆结石，对于肝胆管结石而无严重梗阻或感染者有一定的疗效。

【性味归经】
性凉，味辛、苦。
归肝、心、肺经。

【适合体质】
血瘀体质、气郁
体质

【煲汤适用量】
4.5～9克

【别　　名】
黄郁。

【功效主治】

郁金具有活血止痛、行气解郁、清心凉血、利胆退黄的功效。主治胸胁脘腹疼痛、月经不调、痛经经闭、跌失损伤、热病神昏、惊痫、癫狂、血热吐衄、血淋、砂淋、黄疸等症。

【应用指南】

·治一切厥心痛、小肠膀胱痛不可忍者· 附子（炮）、郁金、干姜。上各等份为细末，醋煮糊为丸，如梧桐子大，朱砂为衣。每服30丸，男子温酒下，妇人醋汤下，食远服。

·治产后心痛，血气上冲欲死· 郁金烧存性为末10克，米醋一口，调灌。

·治癫狂因忧郁而得，痰涎阻塞包络心窍者· 白矾150克，郁金350克。米糊为丸，梧子大。每服50丸，水送下。

·治痫疾· 川芎100克，防风、郁金、猪牙皂角、明矾各50克，蜈蚣二条（黄、赤脚各一）。上为末，蒸饼丸，如桐子大。空心茶清下15丸。

·治衄血吐血· 郁金为末，水服10克，甚者再服。

·治尿血不定· 郁金50克，捣为末，葱白一握相和，以水200毫升，煎至100毫升，去滓，温服，每日须3服。

【选购保存】

黄郁金以个大、肥满、外皮皱纹细、断面橙黄色者为佳；黑郁金以个大、外皮少皱缩、断面灰黑色者为佳；白丝郁金以个大、皮细、断面结实者为佳。置于通风干燥处保存。

田七郁金炖乌鸡

配方 田七6克，郁金9克，乌鸡500克，姜、葱、盐各5克，大蒜10克

制作

①田七洗净，切成绿豆大小的粒；郁金洗净，润透，切片；乌鸡肉洗净；大蒜洗净去皮，切片；姜洗净，切片；葱洗净，切段。②乌鸡放入蒸盆内，加入姜、葱，在鸡身上抹匀盐，把田七、郁金放入鸡腹内，注入300毫升清水。③把蒸盆置蒸笼内，用大火蒸50分钟即成。

养生功效 本品可行气解郁、理气止痛、凉血破瘀。对胸腹胁肋诸痛、热病神昏、肝气郁结引起的消化性溃疡有食疗作用。

适合人群 体虚血亏者、肝肾不足者、脾胃不健者、胸腹胀痛者、刺痛者。

不宜人群 感冒发热者、咳嗽多痰者、阴虚失血、无气滞血瘀者，孕妇以及有出血倾向的患者。

郁金黑豆炖鸡

配方 鸡腿1只，黑豆150克，牛蒡100克，郁金9克，盐5克

制作

①黑豆洗净，用清水浸泡30分钟；牛蒡削皮，洗净，切块。②鸡腿剁块，入开水中氽烫后捞出备用；③黑豆、牛蒡、郁金先下锅，加6碗水煮沸，转小火炖15分钟，再下入鸡肉续炖30分钟，待肉熟豆烂，加盐调味即可。

养生功效 本品可温中益气、行气活血、补精添髓。对胸胁脘腹疼痛、月经不调、惊痫、癫狂、黄疸尿赤有食疗作用。

适合人群 胸腹胀痛者、刺痛者、月经不调者、神疲无力者、白带稀多者、脾虚水肿者、脚气水肿者、腰膝酸软者、夜间遗尿患者。

不宜人群 内火偏旺者、痰湿偏重者、感冒发热者、胆囊炎、胆石症患者。

天麻

定风止痉，平抑肝阳

天麻为兰科植物天麻的块茎。它含香夹兰醇、黏液质、天麻苷、结晶性的中性物质、维生素A等成分，是善于调和诸药的补气良药。天麻能抗惊厥，对面神经抽搐、肢体麻木、半身不遂、癫痫等有一定的疗效，还有缓解平滑肌痉挛、缓解心绞痛、胆绞痛的作用。天麻能治疗高血压症。久服可平肝益气、利腰膝、强筋骨，还可增加外周及冠状动脉血流量，对心脏有保护作用。

【性味归经】●
性平、味甘。归肝、脾、肾、胆、心、膀胱经。

【适合体质】●
痰湿体质

【煲汤适用量】
6～15克

【别　　名】
定风草、明天麻、冬彭。

【功效主治】

天麻具有平肝潜阳、息风定惊的作用，为治头晕目眩的要药。主治眩晕、头风头痛、肢体麻木、抽搐拘挛、半身不遂、语言蹇涩、急慢惊风、小儿惊痫动风等症。

【应用指南】

・治前额头痛・ 天麻3克，香白芷6克，防风4.5克，葛根4.5克，金银花6克，生石膏9克，川椒3克，乳香3克。水煎，洗之。

・治偏正头痛，头目昏重等・ 天麻3克，防风9克，川芎6克，白芷6克，薄荷3克，桑叶6克，甘菊4.5克。用水熬透，洗之。

・治满头作痛・ 天麻3克，川芎10克，白芷3克，春茶3克。用白酒1碗，将上4味药置酒中，煎至半碗，取渣再用酒1碗，煎至半碗。合并煎汁，睡前以茶饮之。

・治小儿诸惊・ 天麻25克，全蝎（去毒，炒）50克，天南星（炮，去皮）25克，白僵蚕（炒，去丝）10克。共为细末，酒煮面糊为丸，如天麻子大。1岁每服10~15丸。荆芥汤下，此药性温，可以常服。

・治妇人风痹，手足不遂・ 天麻（切）、牛膝、附子、杜仲各100克。上药细锉，以生绢袋盛，用好酒5升，浸经7日，每服温饮下150毫升。

【选购保存】

天麻以色黄白、半透明、肥大坚实、嚼之黏牙者为佳；色灰褐、外皮未去净、体轻、断面中空者为次。应置于通风干燥处保存，以防霉、防虫蛀。

养生药膳 天麻鱼头汤

配方 鱼头1个，天麻15克，茯苓2片，枸杞10克，葱段适量，米酒1汤匙，姜5片、盐少量

制作

①天麻、茯苓洗净，入锅中，加水5碗，煎汤，熬成3碗。②鱼头用开水汆烫一下，捞起，备用。③将鱼头和姜片放入煮开的天麻、茯苓汤中，待鱼煮置快熟，放入枸杞、米酒，微煮片刻，放入葱段，加盐调味即可。

养生功效 此汤可平肝熄风、健脑安神。对偏正头痛、眩晕、肢体麻木、癫痫抽搐、高血压有一定的食疗作用。

适合人群 头痛者、半身不遂者、神经衰弱者、眩晕眼花者、高血压、高血脂、心血管疾病、癫痫患者。

不宜人群 血液衰少者、非真中风者。

养生药膳 天麻黄精炖老鸽

配方 乳鸽1只，天麻、黄精、枸杞各少许，盐、葱各3克，姜3片

制作

①乳鸽收拾干净；天麻、黄精洗净稍泡；枸杞洗净泡发；葱洗净切段。②热锅注水烧沸，下乳鸽滚尽血渍，捞起。③炖盅注入水，放入天麻、黄精、枸杞、乳鸽，大火煲沸后改为小火煲3小时，放入葱段，加盐调味即可。

养生功效 本品可平肝养肾、息风降压。对高血压、动脉硬化、中风、老年痴呆有食疗作用。

适合人群 高血压患者、动脉硬化者、肢体麻木者、头晕头痛者、中风半身不遂者、帕金森患者、肾虚患者、老年痴呆患者、体质虚弱者。

不宜人群 食积胃热者、内热炽盛者、感冒未愈者。

钩藤

清肝热、止风痉之佳品

钩藤为茜草科植物钩藤或华钩藤及其同属多种植物的带钩枝条。主产广西、江西、湖南、浙江、广东、四川，贵州、云南、湖北等地。《本草新编》中有记载："钩藤，去风甚速，有风症者必宜用之。但风火之生，多因于肾水不足，以致木燥火炎，于补阴药中，少用钩藤，则风火易散，倘全不补阴，纯用钩藤以祛风散火，则风不能息，而火且愈炽矣。"

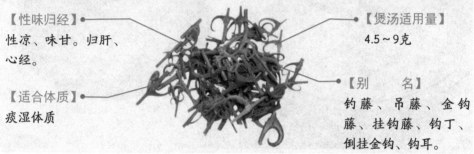

【性味归经】
性凉、味甘。归肝、心经。

【适合体质】
痰湿体质

【煲汤适用量】
4.5～9克

【别　　名】
钩藤、吊藤、金钩藤、挂钩藤、钩丁、倒挂金钩、钩耳。

【功效主治】

钩藤具有清热平肝、熄风定惊的功效。主治肝火上逆头痛目赤，肝阳上亢头晕目眩，热盛动风惊痛，小儿惊风，夜啼，子痫，中风瘫痪，肢节挛急，大人血压偏高，妇人子痫等症。

【应用指南】

·治小儿惊热· 钩藤50克，硝石25克，甘草（炙微赤，锉）15克。上药捣细，罗为散。每服，以温水调下2.5克，每天服3~4次。量儿大小，加减服之。

·治小儿惊痫，仰目嚼舌，精神昏闷· 钩藤25克，龙齿50克，石膏15克，栀子仁15克，子芩5克，川大黄（锉碎，微炒）25克，麦门冬（去心，焙）15克。上药粗捣，罗为散。每服5克，水200毫升，煎至100毫升，去滓，量儿大小分减，不计时候温服。

·治高血压，头晕目眩，神经性头痛· 钩藤10～25克，水煎服。

·治全身麻木· 钩藤茎枝、黑芝麻、紫苏各35克。煨水服，每日3次。

·治面神经麻痹· 钩藤100克，鲜何首乌藤200克。水煎服。

·治胎动不安，孕妇血虚风热，发为子痫者· 钩藤、人参、当归、茯神、桑寄生各5克，桔梗7.5克。水煎服。

【选购保存】

选购钩藤时，应以双钩形如锚状、茎细、钩结实、光滑、色红褐或紫褐者为佳。置于通风干燥处保存，防霉。

养生药膳 天麻钩藤饮

养生药膳 钩藤白术饮

配方 〉天麻10克，钩藤9克，黄芩9克，杜仲8克

制作 〉

①天麻、钩藤、黄芩、杜仲分别洗净，备用。②将天麻、钩藤、黄芩、杜仲一起放进锅内，加入600毫升水，大火将水煮开后续煮8分钟。③使用干净纱布，滤去药渣，将药汁倒入杯中后即可饮用。

养生功效 本品可平肝潜阳、熄风止痉。对小儿惊风、高热神昏有食疗作用。

适合人群 半身不遂者、神经衰弱者、经常头痛者、烦躁易怒者、头晕目眩者、中风、高血压患者、中老年人肾气不足者、腰脊疼痛者。

不宜人群 血液衰少者、非真中风者、气虚体弱者、无火者、阴虚火旺者。

配方 〉钩藤50克，白术30克，冰糖20克

制作 〉

①白术用清水洗净，放入洗净的锅中，注入300克水，以小火煎半小时。②钩藤用清水洗净，放入煮白术的锅中，以小火再煎煮10分钟。③加入冰糖，一边煮一边轻轻搅拌，煮至冰糖融化后关火，待凉后即可服用。

养生功效 本品可清肝明目、滋阴潜阳。对夜盲症、目赤眼花、维生素A缺乏有食疗作用。

适合人群 头晕者、自汗易汗者、痰饮眩悸者、倦怠无力者、小儿惊痫、小儿流涎、高血压患者。

不宜人群 气虚体弱者、阴虚燥渴者、胃胀腹胀者、气滞饱闷者。

牡蛎 兼具药食两性的平肝熄风药

为牡蛎科动物如近江牡蛎、长牡蛎或大连湾牡蛎等的贝壳。牡蛎有滋阴养血的作用，可治烦热失眠、心神不安以及丹毒等。《汤液本草》有记载："牡蛎，入足少阴，咸为软坚之剂，以柴胡引之，故能去胁下之硬；以茶引之，能消结核；以大黄引之，能除股间肿……本肾经之药也。" 中医药用是指牡蛎壳价值很高，长期服用能壮筋骨、益寿命，并可治疗和改善男人性无能及不育症。

【性味归经】
性凉，味咸、湿。
归肝、胆、肾经。

【适合体质】
阴虚体质

【煲汤适用量】
15～30克

【别　　名】
蛎蛤、左顾牡蛎、海蛎子壳、海蛎子皮、左壳。

【功效主治】

　　牡蛎具有敛阴、潜阳、止汗、涩精、化痰、软坚的功效。可用来治疗惊痫、眩晕、自汗、盗汗、遗精、淋浊、崩漏、带下、瘰疬、瘿瘤等症。其中煅牡蛎有收敛固涩的功效，主要用于自汗、盗汗、遗精崩带、胃痛吞酸的治疗。

【应用指南】

·治眩晕· 牡蛎30克，龙骨30克，菊花15克，枸杞20克，何首乌20克，水煎服。

·治百合病，渴不瘥者· 栝蒌根、牡蛎（熬），等份。为细末，饮服一小勺（约3克），日3服。

·治一切渴· 大牡蛎不计多少，黄泥裹煅通赤，放冷为末，用活鲫鱼煎汤调下2克，小儿服1克。

·治小便数多· 牡蛎250克（烧灰），童便3升。煎至2升，分3次服。

·治小便淋閟，服血药不效者· 牡蛎、黄柏（炒），等份。为末，每服5克，小茴香汤下取效。

·治崩中漏下赤白不止，气虚竭· 牡蛎、鳖甲各150克。上2味，治下筛，酒服2克，日3服。

·治盗汗及阴汗· 牡蛎研细粉，有汗处扑之。

【选购保存】

　　选购牡蛎时，以个体大、整齐、里面光洁者且是鲜活的为佳。宜置于干燥处保存。

养生药膳 龙骨牡蛎炖鱼汤

配方 鲭鱼1条，龙骨、牡蛎各50克，盐2克，葱段适量

制作

①龙骨、牡蛎冲洗干净，入锅加1500毫升水熬成高汤，熬至约剩3碗，捞弃药渣。②鱼去腮、肚后洗净、切段，拭干，入油锅炸至酥黄，捞起。③将炸好的鱼放入高汤中，熬至汤汁呈乳黄色时，加葱段、盐调味即成。

养生功效 此汤可平肝潜阳、补虚安神、敛汗固精。对惊痫眩晕、自汗盗汗、遗精、崩漏带下、溃疡久不收口有食疗作用。长期服用能壮筋骨、益寿命，并可治疗和改善男人性无能及不育症。

适合人群 怔忡健忘者、失眠多梦者、自汗盗汗者、遗精者。

不宜人群 病虚有寒者、肾虚无火者、精寒自出者。

养生药膳 牡蛎豆腐汤

配方 牡蛎肉、豆腐各100克，鸡蛋1个，韭菜50克，盐、味精、葱段、香油、高汤各适量

制作

①将牡蛎肉洗净泥沙；豆腐洗净切成细丝；韭菜洗净切末；鸡蛋打入碗中备用。②起油锅，将葱炝香，倒入高汤，下入牡蛎肉、豆腐丝，调入盐、味精煲至入味。③再下入韭菜末、鸡蛋，淋入香油即可。

养生功效 此汤可潜阳敛阴、清热润燥。对胃痛吞酸、自汗、遗精、崩漏带下、糖尿病有食疗作用。

适合人群 病虚多热者，自汗盗汗者、遗精崩漏者、心血管疾病、糖尿病、癌症患者。

不宜人群 病虚有寒者、肾虚无火者、精寒自出者、痛风者、肾病、缺铁性贫血、腹泻患者。

乌梅

生津止渴的酸味养肝药

乌梅为蔷薇科植物梅的干燥未成熟果实。含柠檬酸、谷固醇和齐墩果酸样物质，可润肤止痒、抗过敏，降血糖，对慢性肾炎、慢性非特异性结肠炎、霉菌性阴道炎、功能失调性子宫出血有一定的食疗作用。乌梅的酸味可刺激唾液分泌，生津止渴。常用来治疗口渴多饮的消渴（如糖尿病）以及热病口渴、咽干等。梅子中含多种有机酸，有改善肝脏机能的作用，故肝病患者宜食之。

【性味归经】
性平，味酸、涩。
归肝、脾、肺、大肠经。

【适合体质】
血瘀体质、气郁体质

【煲汤适用量】
4～7.5克

【别　　名】
梅实、熏梅、桔梅肉。

【功效主治】

乌梅具有收敛生津、安蛔驱虫的功效。主治久咳、虚热烦渴、久疟、久泻、痢疾、便血、尿血、血崩、蛔厥腹痛、呕吐、钩虫病、牛皮癣、胬肉等症。

【应用指南】

·治尿血· 乌梅烧存性，研末，醋糊丸，梧子大，每服40丸，酒下。

·治一切疮肉出· 乌梅烧为灰，杵末敷上，恶肉立尽。

·治小儿头疮 积年不差· 乌梅肉，烧灰细研，以生油调涂之。

·治久泻、久痢· 乌梅炭15克，捣碎后水煎服，每天3次。

·用于蛔厥腹痛，呕吐· 乌梅7个，苦楝树皮（白色、较薄而软的一层）6克，甘草6克，水煎，睡前服，小儿酌减。

·治胆囊炎、胆结石· 乌梅7个，五味子、四川金钱草各30克，水煎服。

·治鸡眼、疣· 乌梅250克，用水煮烂，去核后浓煎成膏，加适量食盐、食醋调成稀糊，敷患处，每天1次。

·治牛皮癣· 乌梅500克，白糖少许，乌梅去核加水熬成膏状，每日3次，每次9克。

·治细菌性痢疾· 乌梅18克压碎，配合香附12克，加水150毫升文火煎熬，待药液浓缩至50毫升时过滤，早晚分2次服。

【选购保存】

乌梅以个大、肉厚、核小、外皮乌黑色、不破裂露核、柔润、味极酸者为佳。置于阴凉干燥处，防霉、防虫。

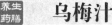

养生药膳 乌梅银耳鲤鱼汤

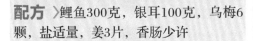

配方 鲤鱼300克，银耳100克，乌梅6颗，盐适量，姜3片，香肠少许

制作

①鲤鱼去鳞，去内脏，清洗干净；起油锅，放油少许，放入姜片，煎至香味出来后，再放入鲤鱼，煎至金黄。②银耳泡发，切成小朵，同鲤鱼一起放入炖锅，加水适量。③加入乌梅，以中火煲1小时，待汤色转成奶白色，加盐调味，最后撒上香菜即可。

养生功效 此汤可收敛生津、补脾健胃、滋阴润燥。对肺虚久咳、虚热烦渴、久泻久痢有食疗作用。

适合人群 小儿胆道蛔虫腹痛者、食欲不振、消化不良者、久泻久痢者、慢性萎缩性胃炎患者、前列腺增生患者。

不宜人群 热滞者、表邪未解者、胃酸过多者、消化性溃疡患者。

养生药膳 乌梅汁

配方 乌梅10颗，冰糖适量

制作

①将乌梅洗净备用；汤锅上火，加入适量清水，大火煮开。②转用小火慢慢炖煮，直至汤色变成深棕色透明、梅肉化开为止。③继续煎煮，将汤汁煮成浓缩汁，加少许冰糖调味即可。

养生功效 本品可健脾和胃、生津去火、补养肝肾。对夏日烦躁、预防中暑、食欲不振、降血压血脂，消除胆固醇有食疗作用。

适合人群 食欲不振者、消化不良者、血虚口干渴者、烦躁不安者、高血压、高血脂患者。

不宜人群 热滞者、表邪未解者、胃酸过多者。

猪肝
补肝、明目、养血的佳品

肝脏是动物体内储存养料和解毒的重要器官，含有丰富的营养物质，具有营养保健功能，是最理想的补血佳品之一。常食猪肝可预防眼睛干涩、疲劳，可调节和改善贫血病人造血系统的生理功能，还能帮助去除机体中的一些有毒成分。猪肝能增强人体的免疫力、抗氧化、防衰老。猪肝含蛋白质、脂肪、多种维生素、烟酸以及微量元素等。特别适宜气血虚弱，面色萎黄，缺铁性贫血者食用。

【性味归经】
性温、味甘、苦。
归肝经。

【适合体质】
各种体质

【煲汤适用量】
100～250克

【别　　名】
血肝。

【功效主治】

猪肝具有补肝、明目、养血的功效。用于血虚萎黄、夜盲、目赤、浮肿、脚气等症。

【应用指南】

·治痛经· 挑选颜色较浅的猪肝，切成小方块，姜丝少许，锅内放入香油，加热后放入姜丝、猪肝，将猪肝炒至外表变色出锅，锅内加水煮开，放入猪肝煮至熟透即可，不需加盐、味精。

·用于慢性肝炎· 猪肝100克，玄参15克，粳米100克，将猪肝切成小块。煎玄参约20分钟，去渣取汁，加入猪肝、粳米同煮为粥，再调以白糖、味精等即可服食。

·用于防治病毒性肝炎· 猪肝60克，珍珠草30克，共煮煎熟，可食肝饮汤，日服2次。

·治肺结核· 猪肝、白及各300克。猪肝切片，晒干，研成细粉，与白及粉相等量调匀。每服15克，每日3次，开水送下。

·用于闭经· 猪肝200克，红枣20枚，番木瓜1个。将红枣去核，番木瓜去皮，加水煮熟吃。

【选购保存】

选购猪肝时，应以质均软且嫩，手指稍用力，可插入切开处的为佳。最好现买现吃，不宜保存。

养生药膳 猪肝汤

配方 〉猪肝300克，小白菜适量，盐1/4茶匙，米酒2大匙，淀粉半杯，香油1茶匙，姜丝适量

制作 〉

①猪肝洗净，切成薄片，蘸淀粉，入水氽烫，捞出，备用。②锅上火，加入3杯清水，大火煮沸，放入小白菜、盐、姜丝，最后再把猪肝加入，稍沸熄火。③淋上米酒、香油即可。

养生功效 此汤可补血养肝、清热明目。对肺热咳嗽、口渴胸闷、目赤、浮肿、心烦有食疗作用。

适合人群 气血虚弱者、目赤浮肿者、面色萎黄者、缺铁患者、夜盲、癌症患者、从事电脑相关工作者。

不宜人群 脾胃虚寒、大便溏薄者、高血压、肥胖症、冠心病、高血脂以及糖尿病患者。

养生药膳 西红柿猪肝汤

配方 〉猪肝150克，金针菇50克，西红柿1个，鸡蛋1个，盐、酱油各5克，味精3克

制作 〉

①猪肝洗净切片；西红柿入沸水中稍烫，去皮、切块；金针菇洗净；鸡蛋打散。②将切好的猪肝入沸水中氽去血水。③锅上火，加入油，下猪肝、金针菇、西红柿，加入适量清水煮10分钟，淋入蛋液，调入盐、酱油、味精即可。

养生功效 此汤可凉血平肝、健脾降压、清热利尿。对肝血亏虚引起的两目干涩、目赤肿痛、口腔溃疡、口舌生疮有食疗作用。

适合人群 口渴心烦者、食欲不振者、习惯性牙龈出血者、高血压、急慢性肝炎、急慢性肾炎、夜盲症和近视患者。

不宜人群 急性肠炎、菌痢者。

鳝鱼　　养血祛风、温补肝脾

鳝鱼属合鳃鱼目，合鳃鱼科，黄鳝属。富含蛋白质、钙、磷、铁、维生素B_3、维生素B_1、维生素B_2及少量脂肪，特含降低血糖和调节血糖的"鳝鱼素"，且所含脂肪极少是糖尿病患者的理想食品。所含维生素A能增进视力，促进皮膜的新陈代谢。常吃鳝鱼有很强的补益功能，特别对身体虚弱、病后以及产后之人更为明显。

【性味归经】
性温，味甘。归肝、脾、肾经。

【适合体质】
湿热体质

【煲汤适用量】
150～250克

【别　　名】
黄鳝、长鱼。

【功效主治】

鳝鱼具有补气养血、去风湿、强筋骨、壮阳等功效，用于降低血液中胆固醇的浓度，预防因动脉硬化而引起的心血管疾病，还可用于辅助治疗面部神经麻痹、中耳炎、乳房肿痛等症。

【应用指南】

·用于气血不足而致的面色苍白，神疲乏力，久病体虚· 鳝鱼500克，当归15克，党参15克，黄酒，葱、姜、蒜、食盐适量。将鳝鱼宰杀后去头、骨、内脏，洗净切成丝备用；将党参、当归装入纱布袋中扎紧袋口；将鳝鱼及装有党参、当归的纱布袋放入锅中加入适量冷水，武火煎沸，打去浮沫，用文火煮1小时，捞去药袋，加入黄酒、葱、姜、蒜再煎沸15分钟，加入食盐即可。每周2次，佐餐，食鳝鱼喝汤。

·用于滋补气血、下乳· 鳝鱼5～6条，煮熟，竹篾划开肉和骨头备用；锅里放油，取一块生姜切片煎至两面金黄，捞起备用，放油，下鳝鱼骨头，煎10分钟，至金黄后加3～4碗水，大火熬开，下生姜，熬约10分钟，汤至奶白，熬至汤水约1～2碗，撇去骨头，留汤。另起锅，中火煎1～2个荷包蛋，放进汤内趁热喝。

【选购保存】

鳝鱼要挑选大而肥的、体色为灰黄色的活鳝。鳝鱼最好现杀现烹，不要吃死鳝鱼，特别是不宜食用死过半天以上的鳝鱼。

鳝鱼土茯苓汤

配方 鳝鱼100克，蘑菇100克，当归8克，土茯苓10克，赤芍10克，盐2小匙，米酒1/2大匙

制作

① 鳝鱼处理干净，切成小段；蘑菇洗净；当归、土茯苓、赤芍分别洗净。② 将锅上火，加入适量清水，并将全部食材以及米酒同时放入锅中，以大火煮沸，转小火续煮20分钟。③ 最后加入盐调味，拌匀即可。

养生功效 此汤可补气养血、清热利尿、降压降脂。对高血压、高血脂有食疗作用。

适合人群 肾炎水肿患者，尿路感染患者，前列腺炎患者，高血脂、高血压、肥胖等患者，肝炎、脂肪肝、肝硬化患者。

不宜人群 脾胃虚寒者、夜尿频多患者、瘙痒性皮肤病患者。

鳝鱼苦瓜枸杞汤

配方 鳝鱼300克，苦瓜40克，枸杞10克，高汤适量，盐少许

制作

① 将鳝鱼处理干净、切成小段，汆水；苦瓜洗净，去籽、切片；枸杞洗净备用。② 净锅上火，倒入高汤，下入鳝段、苦瓜、枸杞，大火烧开，适当熬煮，调入盐，煲至熟即可。

养生功效 此汤可清热解毒、养血祛风、降糖降压。对风湿痹痛、疮肿、热病烦渴、痱子、眼结膜炎、小便短赤、糖尿病、高血压有食疗作用。

适合人群 风湿痹痛者，四肢酸痛者，糖尿病、高血压、癌症、痱子患者。

不宜人群 脾胃虚寒者、孕妇、瘙痒性皮肤病患者。

海带

清肝火、破积湿的佳品

海带是褐藻的一种，生长在海底的岩石上，形状像带子，含有大量的碘质，可用来提制碘、钾等。中医入药时叫"昆布"，有"碱性食物之冠"一称。海带含有碘、铁、钙、甘露醇、胡萝卜素等人体所需要的成分，食疗专家介绍，在冬天食用海带还有防寒壮阳的作用。从中医角度来说，海水性属阴冷寒凉，味咸，长期食用还有温补肾气的作用。

【性味归经】
性寒，味咸。归肝、胃、肾经。

【适合体质】
痰湿体质

【煲汤适用量】
50～150克

【别　　名】
昆布、江白菜。

【功效主治】

海带具有化痰软坚、泄热利水、止咳平喘、祛脂降压、散结抗癌的功效。可用于瘿瘤、瘰疬、疝气下坠、咳喘、水肿、高血压、冠心病、肥胖病等症。能防治夜盲症、维持甲状腺正常功能。海带还有抑制乳腺癌的发生。另外，海带没有热量，对于预防肥胖症颇有益。

【应用指南】

·治高血压· 取海带、草决明各30克，水煎，吃海带喝汤，或取海带适量，将其烘干研末，开水冲服，每日3次，每次5克，连用1～3个月为1个疗程。

·治高血脂· 取海带、绿豆各150克，红糖适量。将海带、绿豆共煮至熟烂后，用红糖调味，每日2次，宜常服。

·治便秘· 取海带60克，将其浸泡后煮熟，加调味品适量，顿服，每日1剂。

·治慢性咽炎· 取海带300克，白糖适量。将海带洗净、切丝，用沸水烫一下捞出，加白糖腌3日，每日早晚各食30克。

【选购保存】

选购海带时，以质厚实、形状宽长、身干燥、色淡黑褐或深绿、边缘无碎裂或黄化现象的，才是优质海带。将干海带剪成长段，洗净，用淘米水泡上，煮30分钟，放凉后切成条，分装在保鲜袋中放入冰箱里冷冻起来。

养生药膳 海带海藻瘦肉汤

配方 瘦肉350克，海带、海藻各适量，盐6克

制作

①瘦肉洗净，切件，氽水；海带洗净，切片；海藻洗净。②将瘦肉氽一下，去除血腥。③将瘦肉、海带、海藻放入锅中，加入清水，炖2小时至汤色变浓后，调入盐即可。

养生功效 此汤可化痰利水、软坚散结、降压降脂。对动脉硬化、高血压、高血脂、水肿、预防肥胖、消除乳腺增生隐患有食疗作用。

适合人群 甲状腺肿大者、痰湿热重者、肥胖症患者、冠心病患者、动脉粥样硬化患者、急性肾衰竭患者。

不宜人群 孕妇、动脉硬化、甲状腺功能亢进患者。

养生药膳 海带炖排骨

配方 海带50克，排骨200克，黄酒、盐、味精、白糖、葱段、姜片适量

制作

①海带泡发，洗净切丝；排骨洗净，斩块。②锅烧热，下排骨煸炒，加入黄酒、盐、白糖、葱段、姜片和清水，烧至排骨熟透，加入海带烧至入味。③加味精调味即可。

养生功效 本品可软坚化痰、清热利尿。对甲状腺肿大、咳嗽痰多、湿热型肥胖症、皮肤瘙痒有食疗作用。

适合人群 痰湿热重者，甲状腺肿大、夜盲症、高血压、冠心病、动脉粥样硬化、急性肾衰竭、脑水肿患者。

不宜人群 孕妇、甲状腺功能亢进患者。

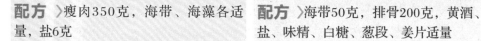

芹菜

清热平肝，凉血降压

芹菜为伞形科植物芹菜的茎叶。芹菜子中分离出的一种碱性成分，对动物有镇静作用，对人体能起安定作用；芹菜甘或芹菜素口服能对抗可卡因引起的小鼠兴奋，有利于安定情绪，消除烦躁。芹菜含酸性的降压成分，对兔、犬静脉注射有明显降压作用；血管灌流可使血管扩张；临床对于原发性、妊娠性及更年期高血压均有效。同时，芹菜含铁量较高，能补充妇女经血的损失。

【性味归经】
性凉，味甘、辛。
归肺、胃、经。

【适合体质】
湿热体质

【煲汤适用量】
50～100克

【别　　名】
蒲芹、香芹。

【功效主治】

芹菜具有清热除烦、平肝、利水消肿、凉血止血的作用，对高血压、头痛、头晕、暴热烦渴、黄疸、水肿、小便热涩不利、妇女月经不调、赤白带下、疬腮等病症有食疗作用。

【应用指南】

·治高血压、肝火头痛、头昏目赤· 粳米100克，煮粥，将熟时加入洗净切碎的芹菜150克同煮，食用时最好不加油盐，而用冰糖或白糖调味作晚餐食用。

·治产后腹痛· 干芹菜60克，水煎加红糖和米酒适量调匀，空腹徐徐饮服。

·治中风后遗症、血尿· 鲜芹菜洗净捣汁，每次5汤匙，每日3次，连服7天。

·治失眠· 芹菜茎90克，酸枣仁9克，水煎服，每日2次。

·治血丝虫病· 芹菜茎适量，水1碗煮沸，加适量白糖，每日早晚各服1次；或用芹菜茎同茶泡服，慢性患者可连服10~20天。

·治高血压、急性黄疸型肝炎、膀胱炎· 鲜芹菜300克，红枣60克，炖汤分次服用。

·治月经过多、功能性子宫出血· 鲜芹菜30克，鲜卷柏30克，鸡蛋2个。鸡蛋煮熟去壳置瓦锅，放入芹菜、卷柏，加清水浸没药渣，煮熟后去药渣吃蛋饮汤。每日1剂，连服2~3剂。

【选购保存】

选购芹菜时要选色泽鲜绿、叶柄厚、茎部稍呈圆形、内侧微想内凹的芹菜。贮存用新鲜膜将茎叶包严，根部朝下，竖直放入水中，水没过芹菜根部5厘米，可保持芹菜一周内不老不蔫。

养生药膳 芹菜金针菇响螺猪肉汤

配方 猪瘦肉300克，金针菇50克，芹菜100克，响螺适量，盐5克，鸡精5克

制作

①猪瘦肉洗净，切块；金针菇洗净，浸泡；芹菜洗净，切段；响螺洗净，取肉。②猪瘦肉、响螺肉放入沸水中余去血水后捞出备用。③锅中注水，烧沸，放入猪瘦肉、金针菇、芹菜、响螺肉，慢炖2.5小时，加入盐和鸡精调味即可。

养生功效 此汤可平肝明目、滋阴润肠。对黄疸、头痛头晕、消渴羸瘦、热病伤津、便秘有食疗作用。

适合人群 高血压患者、癌症患者、肝脏病患者、心脑血管疾病患者、缺铁性贫血患者。

不宜人群 脾胃虚寒者、风邪偏盛者、孕妇、体胖者、多痰舌苔厚腻者。

养生药膳 芹菜西洋参瘦肉汤

配方 芹菜、瘦肉各150克，西洋参20克，盐5克

制作

①芹菜洗净，去叶，梗切段；瘦肉洗净，切块；西洋参洗净，切丁，浸泡。②将瘦肉放入沸水中余烫，洗去血污。③将芹菜、瘦肉、西洋参放入沸水锅中小火慢炖2小时，再改为大火，调入盐调味，拌匀即可出锅。

养生功效 此汤可清热除烦、平肝明目、利水消肿。对高血压、头痛、头晕、暴热烦渴、黄疸、水肿、小便热涩不利有食疗作用。

适合人群 糖尿病患者、高血压患者、高血脂患者、动脉硬化患者、缺铁性贫血者。

不宜人群 脾胃虚寒者、肠滑不固者、孕妇、多痰舌苔厚腻者。

对症药膳，调理肝胆疾病

※不管是心脏的调理还是肝脏和胆的调理，药膳的选用都需根据不用的症状，对症选膳。只有合理选择，科学搭配，才能让食材具有药性，同时，变"苦口良药"为"可口药膳"，为我们身体的健康保驾护航。

▶ 调理肝胆，药膳有讲究

中医讲究"药食同源"，药膳是最能体现这一理念的养生方式。药膳"寓医于食"，不仅可以防病治病、强身健体。有疏肝、柔肝、补益胃阴等功效的中药，如五味子、板蓝根、连翘、大黄、何首乌、白术等对畏寒、发热、食欲减退、恶心疲乏、肝肿大及肝功能异常等患者来说较为适宜；有化痰祛湿、利水消肿等功效的中药，如薏米、山楂、菊花、决明子、枸杞等对有疲乏、食欲不振、腹胀、嗳气、肝区胀满等症状的患者较为适宜；有清热、利湿、退黄等功效的中药，如茵陈蒿、鸡骨草、溪黄草、金钱草、茯苓等对皮肤、眼睛巩膜等组织发黄、尿、痰、泪液及汗液变黄，伴有腹胀、腹痛等症状的患者较为适宜；有清热利湿、疏肝利胆功效的中药，如鸡内金、金钱草、车前子、海金沙、玉米须、金银花、菊花，对胆绞痛、中上腹或右上腹剧烈疼痛、大汗淋漓、恶心呕吐等症状的胆囊炎、胆结石患者较为适宜。

▶ 关注肝胆疾病，饮食调养很重要

肝胆疾病是常见多发慢性疾病，包括各类肝炎、肝硬化、脂肪肝、胆囊炎、胆石症等。特别是肝炎，具有一定的传染性，部分乙型、丙型和丁型肝炎患者可演变成慢性，并可发展为肝硬化和原发性肝细胞癌，对人的健康危害甚大，需引起关注。

肝胆疾病患者除了用药物治疗外，饮食调养对此类疾病的治疗和恢复有非常重要的作用。急性肝炎患者的饮食应该以清淡为主，适当补充B族维生素和维生素C。对身目俱黄、色泽鲜明、恶心等症状明显的患者，饮食宜进清淡流质和软食，可用薏苡仁、赤小豆、绿豆煮粥或熬汤食用，具有清热、利湿、健脾的作用，还有助于退黄。慢性肝炎患者的饮食宜进食高蛋白质、高维生素类食物，碳水化合物摄取要适量，不可过多，以免发生脂肪肝。重型肝炎患者的饮食需尽可能减少饮食中的蛋白质，以控制肠内氨的来源。肝硬化患者的饮食除了应注意以上事项外，已经出现食道或胃底静脉曲张的患者，应避免进食生硬、粗纤维、煎榨及辛辣等刺激不易消化的食品，吃饭不宜过急过快。此外，肝炎患者应保持清洁安静的环境，使空气处于良好的流通状态，室内保持适宜的温度和湿度，使病人能够安心休养，患有感冒的肝炎患者应避风，急黄者病室应凉爽；老年肝病病人的室温宜稍高。

甲肝

　　甲肝是由甲肝病毒引起的一种病毒性肝炎，主要是经粪口传播途径感染。临床上表现为急性起病，有畏寒、发热、食欲减退、恶心、疲乏、肝肿大及肝功能异常等症状。病毒性肝炎属于中医"黄疸""胁痛"范畴，认为是有湿热邪毒侵袭肌体，脾失健运，熏蒸肝胆所致。中医治疗肝病，可结合疏肝、柔肝、些益胃阴的药物进行治疗。常用药材和食材有：五味子、板蓝根、连翘、大黄、何首乌、灵芝、白术、薏米、红花、西红柿、绿豆、猪腰、藕粉、鸭子、西芹等。饮食上宜食用鸭子、乳鸽、猪瘦肉、豆制品、蔬果等。忌肥肉类、鹅肉、虾、蛋类、辣椒、胡椒、生姜等。日常保健上应切断传播途径，注意饮食、水源及粪便的处理，养成良好的卫生习惯，饭前便后勤洗手，共用餐具消毒，最好实行分餐，生食与熟食切菜板、刀具和贮藏容器均应严格分开，防止污染。

对症药膳 【女贞子蒸带鱼】

配　方 女贞子20克，带鱼1条，姜10克

制　作 ①将带鱼洗净，去内脏及头鳃，切成段；姜洗净切丝；女贞子洗净备用。②将带鱼放入盘中，入蒸锅蒸熟。③下女贞子，加水再蒸20分钟，下入姜丝即可。

养生功效 此汤具有增强体质、抗病毒的功效。对于各型肝炎的患者都有食疗作用。

对症药膳 【灵芝瘦肉汤】

配　方 黄芪15克，党参15克，灵芝30克，瘦肉100克，生姜、葱、盐各适量

制　作 ①将黄芪、党参、灵芝洗净；猪肉洗净，切块。②黄芪、党参、灵芝与猪肉、生姜一起入锅中，加适量水，文火炖至肉熟。③加入盐、葱调味即可。

养生功效 此汤有补气固表、保肝护肝、抗病毒的功效。对甲肝患者大有益处。

乙肝

乙肝是一种由乙型肝炎病毒引起的疾病，主要通过血液、母婴和性接触进行传播，症见面色晦暗或黝黑，食欲不振，恶心，厌油，腹胀。继而出现黄疸，皮肤小便发黄，右上腹肝区疼痛不适。部分患者手掌表面会出现充血性发红，皮肤出现蜘蛛痣。病毒性肝炎属于中医"黄疸""胁痛"范畴，认为是有湿热邪毒侵袭肌体，脾失健运，熏蒸肝胆所致。中医治疗肝病，可结合疏肝、柔肝、些益胃阴的药物进行治疗。常用药材和食材有：枸杞、茯苓、马齿苋、芡实、白术、板蓝根、薄荷、莲藕、鲫鱼、鳜鱼、豆腐、西红柿、荠菜、猪瘦肉、猕猴桃等。在饮食上，宜食用茯苓、马齿苋、芡实、薄荷、鲫鱼、豆制品、果仁类、瘦肉类等，忌肥肉类、辣椒、茴香、咸肉、腌制品、咸菜、鹅肉等。同时忌贪杯，最好戒酒，体内酒精多对肝脏伤害很大；饮食要洁净，不吃生冷食物，勤洗手。

对症药膳 【垂盆草粥】

配 方 垂盆草30克，冰糖15克，粳米30克

制 作 ①粳米洗净，备用；垂盆草洗净，锅上火，加入适量清水，加入垂盆草，煎煮10分钟左右，捞出药草。②将煎取的药汁与粳米一同熬煮成稀粥。③最后加入冰糖调味即成。

养生功效 此汤具有利湿退黄，清热解毒的功效。对小儿病毒性肝炎、肝功能异常有辅助治疗效果。

对症药膳 【五味子降酶茶】

配 方 五味子5克，矿泉水适量，清水适量

制 作 ①五味子洗净，晾干，研成细末，倒入杯中，用适量矿泉水微微化开，成浓稠药汁状，备用。②水烧沸，冲入杯中。③加盖焖10分钟左右即可，代茶频饮。

养生功效 本品具有益阴生津、降低转氨酶的功效。用于传染性肝炎所致的转氨酶升高。

黄疸

　　黄疸是一种由于血清中胆红素升高致使皮肤、黏膜和巩膜发黄的病症。主要症状：皮肤、眼睛巩膜等组织发黄。黄疸在中医上有专属的对症，该病症是有湿热邪毒侵袭肌体，脾失健运，熏蒸肝胆所致，中医治疗黄疸，以清热利湿，退黄为主。常用的药材和食材：茵陈蒿、鸡骨草、溪黄草、丹参、金钱草、茯苓、陈皮、甜瓜、猪肝、田鸡、鲫鱼、丝瓜、黄瓜、萝卜、西瓜等。饮食上宜食用猪肝、猪瘦肉、牛肉、鲫鱼、豆制品、薏米、蔬果等。忌胡萝卜、橘子、辣椒、肥肉、咸肉、酒、烟、咖啡等。日常保健还须注意预防，应饮食有节，不嗜酒，不进食不洁净、生冷未熟的食物。黄疸病人应注意休息，保持心情舒畅，饮食宜清淡。本病一旦发现，立即隔离治疗，并对患者的食具、用具、衣物进行消毒。经治疗黄疸消退后，不宜马上停药，应根据病情继续治疗，以免复发。

对症药膳 【茵陈炒花甲】

配　方 茵陈30克，花甲300克，盐、味精适量，姜片适量

制　作 ①花甲放入清水中，加适量盐，养24小时，经常换水，洗净；茵陈洗净备用。②锅烧热放油，下姜片爆香，再下花甲煸炒。③最后加茵陈及适量水，烧到花甲熟，加入盐、味精调味，起锅装盘即可。

养生功效 本品具有利湿退黄，抑制肝病毒的功效，可用于急、慢性肝炎及胆囊炎、黄疸等的辅助治疗。

对症药膳 【茵陈姜糖茶】

配　方 茵陈15克，红糖30克，生姜12克，水适量

制　作 ①茵陈洗净，备用；生姜去皮，洗净，用刀拍碎。②将茵陈、姜一同放入净锅内，加入适量清水，大火煮沸。③最后加入红糖即可。

养生功效 本品具有清热除湿，利胆退黄的功效。对黄疸及黄疸型肝炎的患者有较好的疗效。

脂肪肝

　　脂肪肝，是指由于各种原因引起的肝细胞内脂肪堆积过多的病变。轻度脂肪肝病人多无自觉症状，仅有轻度的疲乏。中度患者有疲乏、食欲不振、腹胀、嗳气、肝区胀满等感觉。脂肪肝属于中医"胁痛""积聚"等病症范畴，认为病因有内因和外因之分，外因为饮酒过度、过食肥甘厚味，内因为肝失疏泄、脾失健运、水谷不化，久聚成瘀。治疗应以化痰祛湿为主常用药材和食材有：山楂、荷叶、薏米、决明子、枸杞、海带、玉米、大蒜、燕麦、苹果、牛奶、洋葱、甘薯、胡萝卜等。饮食上宜食用植物油、燕麦、小米等粗粮，鱼、虾以及菜花等绿色蔬菜。忌动物内脏、鸡皮、肥肉、鱼子、煎炸食品等高脂食物及酒、烟等。日常保健上，脂肪肝患者应提高摄入蛋白质的质与量，蛋白质供给量每日为110～115克；控制碳水化合物的摄入；补充足够的维生素、矿物质、微量元素及膳食纤维。

对症药膳 【冬瓜豆腐汤】

|配　方| 泽泻15克，冬瓜200克，豆腐100克，虾米50克，盐少许，香油3毫升，味精3克，高汤适量

|制　作| ①将冬瓜去皮瓤洗净切片；虾米用温水浸泡洗净；豆腐洗净切片备用；泽泻洗净，备用。②净锅上火倒入高汤，调入盐、味精。③加入冬瓜、豆腐、虾米煲至熟，淋入香油即可。

养生功效 此汤具有利水、渗湿、泄热的功效。对脂肪肝、高血脂、肥胖症均有一定的疗效。

对症药膳 【柴胡白菜汤】

|配　方| 柴胡15克，白菜200克，盐、味精、香油各适量

|制　作| ①将白菜洗净，掰开；柴胡洗净，备用。②在锅中放水，放入白菜、柴胡，用小火煮10分钟。③出锅时放入盐、味精，淋上香油即可。

养生功效 此汤具有和解表里、疏肝理气、降低脂肪的功效，可辅助治疗脂肪肝、抑郁症等。

肝硬化

　　肝硬化是指由于多种有害因素长期反复作用于肝脏，导致肝组织弥漫性纤维化，以假小叶生成和再生结节形成为特征的慢性肝病。易发人群为35～48岁，长期酗酒、患有病毒性肝炎、有营养障碍者。中医学没有"肝硬化"这个名称，按其不同的病理阶段和主要临床表现，属于"积聚""膨胀"等病症范畴，治疗应以疏肝解郁、健脾养血、滋肾柔肝为主。常用药材和食材有：柴胡、枳壳、苍术、半边莲、车前子、黄芪、茯苓、桂枝、三棱、鲫鱼、甲鱼、莲子、乌鸡、兔肉、绿豆、鳜鱼、荠菜、莲藕、苦菜等。饮食上宜食用山药、莲子、冬虫夏草、海带、丝瓜、鲫鱼、兔肉、西瓜等。忌动物油、食盐、动物内脏、肥肉类、煎炸食物、烟酒等。同时，还应摄入低盐、适度蛋白质、低脂肪的饮食；进食富含维生素食物，选择易于消化的细软食物；避免暴饮暴食，避免饥饿，戒烟戒酒。

对症药膳 【黄芪蛤蜊汤】

| 配　方 | 黄芪15克，茯苓10克，蛤蜊500克，粉丝20克，辣椒2个，姜片10克，冲菜20克，盐4克

| 制　作 | ①粉丝泡发；冲菜洗净，切丝；辣椒洗净，切细条；黄芪、茯苓、蛤蜊洗净。②蛤蜊加水煮熟，沥干。③起油锅，爆香姜片、辣椒、冲菜丝，放入清水、蛤蜊、粉丝、黄芪、茯苓，加盐煮至粉丝软熟、蛤蜊入味即可。

养生功效 此汤具有益气健脾、化气行水的功效。可辅助治疗肝硬化。

对症药膳 【萝卜丝鲫鱼汤】

| 配　方 | 鲫鱼1条，萝卜200克，半枝莲30克，盐、香油、味精、葱段、姜片各适量

| 制　作 | ①鲫鱼洗净；萝卜去皮，洗净，切丝；半枝莲洗净，装入纱布袋，扎紧袋口。②起油锅，将葱段、姜片炝香，下萝卜丝、鲫鱼、药袋煮至熟。③捞起药袋丢弃，调入盐、味精，撒上葱花，淋入香油即可。

养生功效 此汤具有利尿通淋、利肝消肿、除腹水的功效，适合肝硬化腹水、肝癌患者食用。

胆结石

　　胆结石主要是指发生在胆囊内的结石所引起的疾病，是一种常见病。本病多发于成年人，女性多于男性。胆囊结石在早期通常没有明显症状，有时可伴有轻微不适，常被误认为是胃病。当胆囊结石发生嵌顿时可出现胆绞痛，中上腹或右上腹剧烈疼痛，大汗淋漓，恶心呕吐，甚至出现黄疸和高热。胆结石属中医"胆胀""胁痛""黄疸"等病症范畴，认为主要由情志失调、饮食不节、外感湿热及体虚久病、劳欲过度等引起。治疗应以清热利湿、疏肝利胆为主。常用药材和食材有：鸡内金、金钱草、车前子、海金沙、玉米须、菊花、山楂、萝卜、冬瓜、芹菜、瘦肉、鱼类等。饮食上宜食用植物油、豆浆、绿色蔬菜、山楂、水果等。忌蛋黄类、动物内脏、鹅肉、辣椒、菠菜、豆腐等。有胆结石高危因素的人群早餐按时合理，三餐规律，多进食高纤维饮食，减少高热量食物的摄入，适当增加运动。

对症药膳 【洋葱炖乳鸽】

|配　方| 海金沙、鸡内金各10克，乳鸽500克，洋葱250克，姜、白糖各5克，盐、高汤、味精适量，酱油10毫升

|制　作| ①乳鸽处理干净，剁块；洋葱洗净切角状；海金沙、鸡内金洗净；姜切片。②锅烧热放油，下洋葱片爆炒。③下乳鸽，加入高汤，小火炖20分钟，放白糖、盐、味精、酱油调味即可。

养生功效 此汤具有利胆除湿、固本扶正作用，适合胆结石、胆囊炎患者食用。

对症药膳 【玉米须煲蚌肉】

|配　方| 玉米须50克，蚌肉150克，生姜15克，盐适量

|制　作| ①蚌肉及玉米须洗净；生姜洗净，切片。②蚌肉、生姜和玉米须一同放入砂锅，加入适量清水，小火炖煮1小时。③最后加盐调味即成，饮汤吃肉。

养生功效 此汤具有清热利胆、利尿消肿的功效，适合胆结石、黄疸、小便不利等患者食用。

胆囊炎

胆囊炎是细菌性感染或化学性刺激（胆汁成分改变）引起的胆囊炎性病变，为胆囊的常见病。高发人群为35～55岁的中年人，女性发病较男性多。急性胆囊炎的症状主要有右上腹疼、恶心、呕吐和发热等。慢性胆囊炎常有腹胀、上腹或右上腹不适、胃灼热、吞酸等症状。中医认为，胆囊炎多为肝胆郁热、疏泄失常所致。治疗应以清利肝胆、疏肝行气、调理气机为主。常用药材和食材有：柴胡、金钱草、木香、虎杖、车前子、海金沙、玉米须、川楝子、茵陈、山楂、冬瓜、鲫鱼、丝瓜等。饮食上以清淡少渣易消化为宜，可选择鱼、瘦肉、奶类、豆制品等食物，忌食辣椒、洋葱、咖喱、咖啡、浓茶、鸡蛋、肥猪肉、羊肉、核桃等食物。日常保健上应少量多餐，多饮汤水，以利胆汁的分泌和排出，还可进行一些如太极拳、太极剑简单的体育活动，增强胆囊肌肉的收缩力，防止胆汁在胆囊内瘀积。

对症药膳 【川楝子利胆糖浆】

|配　方| 郁金、广木香各15克，川楝子9克，虎杖30克，玉米须20克，茵陈蒿10克，冰糖适量

|制　作| ①将郁金、广木香、川楝子、虎杖、玉米须、茵陈蒿洗净，入砂锅加清水煎，去渣取汁。②把滤好的药汁放入锅中再煎煮30分钟。③最后加冰糖拌匀即可。

> **养生功效** 本品具有清肝利胆、行气止痛、退黄的功效，适合肝胆气滞、胆囊炎、黄疸患者食用。

对症药膳 【玉米车前大米粥】

|配　方| 车前子适量，玉米粒80克，大米120克，盐2克

|制　作| ①玉米粒和大米一起泡发，再洗净；车前子洗净，捞起沥干水分。②锅置火上，加入玉米粒和大米，再倒入适量清水烧开。③放入车前子同煮至粥呈糊状，调入盐拌匀即可。

> **养生功效** 此粥具有清热利水、帮助排石的功效，适合胆结石、胆囊炎、水肿、尿路结石的患者食用。

第四章

药膳调养脾胃，爱护人体内的"粮食局长"

　　《黄帝内经》中记载："脾胃者，仓廪之官，五味出焉。"将脾胃的受纳运化功能比做仓廪，也就是人体内的"粮食局长"，身体所需的一切物质都归其调拨，可以摄入食物，并输出精微营养物质以供全身之用。如果脾胃气机受阻，脾胃运化失常，那么五脏六腑无以充养，精气神就会日渐衰弱。脾胃是消化食物的器官，由于它们的作用，人体才能得以益气生血，胃气和则后天营养自有来源，脾气健则水谷精微得以输布。因此，调理脾胃，滋养后天，是人们保持身体健康的根本。而利用药膳来调理脾胃，则是最安全、最有效，亦是最让人享受其中的方法。

《黄帝内经》中的脾胃养生

※俗话说："民以食为天。"但这句话并不是什么情况下都通用，若胃口不好，再美味的食物，也食之无味。脾胃的好坏不仅影响人们的食欲，还关乎人们的"面子"。都说胃是人体的第二张脸，它无时无刻都反映着人们的情绪变化。只有脾胃好，身体才会好。

▶ 脾胃有怎样的重要性

脾胃在人体中的地位非常重要，《黄帝内经·素问·灵兰秘典论》中里面讲到："脾胃者，仓廪之官，五味出焉。"将脾胃的受纳运化功能比做仓廪，也就是人体内的"粮食局长"，身体所需的一切物质都归其调拨，可以摄入食物，并输出精微营养物质以供全身之用。如果脾胃气机受阻，脾胃运化失常，那么五脏六腑无以充养，精气神就会日渐衰弱。

有人说脾胃是人体的能量之源头，和家里没电什么都干不了是一样的道理。此话不假，脾胃管着能量的吸收和分配，脾胃不好，人体电能就乏，电压低，很多费电的器官都要省电，导致代谢减慢，工作效率降低或干脆临时停工。五脏六腑都不能好好工作，短期还可以用蓄电池的能源，透支肝火，长期下去就不够用了，疾病就来了。由此看来，养好后天的脾胃"发电厂"有多么重要。

▶ 认识脾的生理功能

脾位于中焦，腹腔上部，在膈之下。脾的主要生理功能包括：

（1）脾主运化

一是运化水谷的精微。饮食入胃，经过胃的腐熟后，由脾来消化吸收，将其精微部分，通过经络，上输于肺，再由心肺输送到全身，以供各个组织器官的需要。二是运化水液。水液入胃，也是通过脾的运化功能而输布全身的。若脾运化水谷精微的功能失常，则气血的化源不足，易出现肌肉消瘦、四肢倦怠、腹胀便溏，甚至引起气血衰弱等症。若脾运化水液的功能失常，可导致水液潴留，聚湿成饮，湿聚生痰或水肿等症。

（2）脾主升清

脾主升清是指脾主运化，将水谷精微向上输送至心肺、头目，营养机体上部组织器官，并通

*脾主运化，主升清，主统血

过心肺的作用化生气血，以营养全身。

（3）脾主统血

所谓脾主统血，是指脾有统摄（或控制）血液在脉中运行而不致溢出脉外的功能。其实质是渊源于脾的运化功能，机制在于脾主运化、脾为气血生化之源，脾气健运，则机体气血充足，气对血液的固摄作用也正常。

▶ 认识胃的生理功能

"胃者，水谷之海，六腑之源也"，这是我们祖先对胃的生理理功能的总结。现代医学研究发现，胃具有接收、贮存、分泌、消化、运送等多种功能。

（1）接受功能

食物经口腔、食道而进入胃内。如果胃的贲门部功能障碍，食物可能难以顺利进人胃。

（2）贮存功能

胃的最大容积可达3000毫升。当我们进食的食物进入胃内，胃壁随之扩展，以适应容纳食物的需要，这种功能就是胃的贮存功能。同时，胃壁还具有顺应性，使胃内的压力与腹腔内的压力相等，当胃内容量增加到1500毫升以上时，胃腔内的压力和胃壁的张力才有轻度增高。此时，人就会感觉到已基本"吃饱"了。

（3）初步消化功能

胃壁能分泌胃酸和胃蛋白酶，在两者的共同作用下能使食物中的蛋白质初步分解消化，而且还能杀灭食物中的细菌等微生物。

（4）运送及排空功能

食物一旦进入胃内可刺激胃蠕动，起始于胃体以上，逐渐向幽门方向蠕动。一般进食后早期蠕动较弱，1小时之后按每分钟3次的频率蠕动。蠕动能使食物与胃液充分混合，使食物形成半液状的食糜。食糜进人胃窦时，胃窦起排空作用，将食糜排入十二指肠；由此完成胃的最后一项工作。胃窦部之所以能将食物排入十二指肠是因为窦部肌肉比较厚，收缩力强和蠕动速度快，所形成的压力比十二指肠球部高。

▶ 日常生活中的六大养脾护胃法

中医认为："脾胃内伤，百病由生。"脾胃为后天之本，气血生化之源，关系到人体的健康，以及生命的存亡。内伤脾胃，就容易感受外邪，招致百病。所以，中医十分强调脾胃对人体的重要作用，认为养生要以固护脾胃为主。怎么养护脾胃呢？

（1）多吃甘味和黄色食物养脾

《黄帝内经》言："甘入脾。"甘味食物能补脾。因为甘味属土，土应四季之气。所以，无论哪个季节，都要以吃甘味食物为主。特别是春天，更要多吃。这是因为春天是生发的季节，生长需要能量，甘味食品最能补气血。而且春天肝气旺，木克土，容易伤脾，甘味是脾的正味，能补脾。

甘味的食物有补中益气、调和脾胃的作用，春吃甘，并不是说就吃甜味的东西，比如吃甜食。这是不对的，甘味的东西包括两种：一种是甜，一种是淡。淡味，即没什么味道的东西，比如说米、面这些主食。性温味甘的食物首选谷类，如糯米、玉米、黑米、高粱、黍米、燕麦；蔬果类，如刀豆、南瓜、扁豆、红枣、桂圆、核桃、栗子；肉鱼类，如牛肉、猪肚、鲫鱼、花鲤、鲈鱼、草鱼、黄鳝、各种淡水鱼虾等。人体从这些食物中吸取丰富营养素，可使脾脏强健。

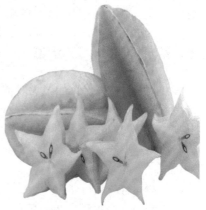

此外，《黄帝内经》言："黄色入脾。"除了多吃甘味食物外，还应多吃些黄色食物，如南瓜、木瓜、芒果、橘子、杨桃等，以补脾健脾。

需要注意的是，甘味食物中，淡味或是微甜的食物是我们应该常吃的。适当的甘味补脾，但过甜则太腻，反而阻滞脾的功能。孩子脾比较弱，需要吃甘味的东西补一下，但千万不能多吃甜食，吃多了，反而伤脾。孩子应该多吃米饭、面条、粗粮，这些才是真正养脾，养身体的。

*黄色入脾，多吃些黄色食物，如南瓜、杨桃等可以补脾健脾

（2）听音乐进餐有利于保养脾胃

近日，美国媒体报道，一项研究表明，伴随着优雅的音乐进餐，不但会使胃口大增，还有利于保养脾胃。

负责此项研究的专家称，音乐之所以能增强胃口，是因为神经高位中的大脑边缘系统和脑干网状结构对入体内脏的功能起着主要的调节作用，而音乐对这些神经机构都能产生直接影响，优美的音乐能促进唾液分泌，并让胃的蠕动变得有规律。

"音乐具有促进消化、调理情绪等多种保健功能，人们早已认识到，但利用这一优势人人却不多，现在MP3、MP4等音乐电子设备的普及以及携带方便，伴着音乐吃快餐对于上班族来说，既健康又时尚。"国内医生介绍，我国现存最早的医学典籍《黄帝内经》就有"脾在声为歌"的记载；《周礼》亦谓："乐以侑食，盖脾好闻声丝竹尔。"中医理论把食物的消化吸收归结为脾胃的运化功能，

*音乐可调节情绪，对消化功能有积极的促进作用

音乐既然有助于增强脾胃功能，自然对消化功能有积极的促进作用。

当然，要注意对音乐的选择，最好听一些节奏舒缓的钢琴曲或轻音乐，如：古典音乐《蓝色的多瑙河》《月光》等，以及我国民族音乐里的《茉莉花》《梁祝》等。而不宜选择打击乐、摇滚乐，因其节奏明快、铿锵有力，使心跳加快，情绪亢奋，会影响食欲，有碍消化。

（3）常按腹部和小腿，健脾和胃

中医一直提倡"腹宜常揉"的保健方法，按揉腹部有助于健脾和胃。在入体腹部，有多条经络通过，而肚脐更是入体精气比较集中的地方，对调整入体气血、改善脏腑功能都有好处。长期坚持按摩腹部，可以加强体内气血的运行，增加胃肠蠕动、增强脾胃功能。

具体的操作方法是：平躺在床上，两手重叠，右手掌心贴在肚脐上，左手掌心贴于右手的手背，两手均匀用力，由脐向腹部四周逐渐扩大揉至全腹，再从腹部四周逐渐缩小范围揉至脐部，如此循环往复50圈。按摩时，逆时针为补，顺时针为泻，脾胃虚弱的入要逆时针按摩，起到强健脾胃的作用，食积、腹部胀满的入要顺时针按摩，起到促进消化的作用。

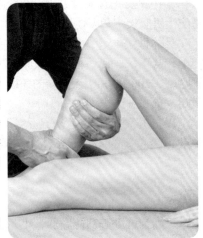

*经常按摩小腿，可刺激经络运行，起到健脾养胃的作用

（4）适度运动强化肠胃功能

运动可以通过改善腹腔血液循环，帮助消化，缓解炎症进程，从而达到增强脾胃功能，促进其康复的效果。可运动的种类如此多，什么样的运动比较适合健脾保胃呢？这里给大家推荐几个健脾保胃的锻炼方法，坚持锻炼，老胃病的症状就会慢慢消失。

①扭腰。扭腰锻炼不仅有健胃的功能而且对便秘、腰部痛、失眠也有很好的疗效。

具体做法：站立，双脚分开与肩同宽，放松上身；两手打开平举，左手叉腰，右臂上举，身体向左侧弯曲至最大限度，双足不可移动；然后换边练习，方法同上。左右共转腰60次，逐渐达到300次。

注意：高血压、头晕者要慢转，防止跌倒。

②揉腹。腹部按摩的养生原理是调整入体阴阳气血、改善脏腑功能。双手交替按摩腹部能治食物积滞于胃，滞化不行，胃脘胀痛，气滞不顺，血瘀欠畅，胃肠积满等症状。

具体做法：用左手掌自上而下（从胃口到直肠底端）先轻后重推摩36下；换右手掌推摩36下，然后用左手掌推摩全腹36下，最后用右手掌推摩全腹36下，直推到腹内无积块。

注意：每晚平卧在床上进行，按摩时不可过饱或过饥。

③仰卧起坐。仰卧起坐能使腹肌力量增强。

具体做法：首先仰卧于床上，两臂平伸，下肢不动，依靠腹肌的收缩力量坐起；然后躺下，

*经常进行扭腰等运动，可以改善腹腔血液循环，增强脾胃功能

反复进行，每天做2～3次，每次10分钟左右。

注意：为不影响消化，饭后40分钟内不宜进行此锻炼。

④托腹。托腹能对五脏六腑起到调理作用，是防治胃肠疾病和习惯性便秘的好方法。

具体做法：全身放松，两手叠在一起，手心在上，身下沉；两手托住小腹不动，两腿膝盖上下颤动，200～300次，颤动的速度不快不慢，眼微闭，意守丹田。

以上几种养胃的运动只是能达到一种辅助功效，最重要的是在日常生活中要有良好的生活习惯。

*托腹能对五脏六腑起到调理作用

（5）小儿脾胃虚弱的调理法

小儿脾虚证在临床中越来越多，"脾主运化"，因为脾虚脏功能虚弱，小儿表现出面色萎黄无华，体倦乏力，形体偏瘦，厌食或拒食，或稍微多食大便中即有不消化残渣，大便多不成形，易出汗，平时易反复感冒等症状。

对于脾胃虚弱的儿童，首先是喂养得当。脾胃虚弱的孩子不宜进补过多食物，避免增加其脾胃消化、吸收、利用的负担。孩子如果不吃，就不要强迫他吃，能吃多少算多少，避免伤食，同时要重视给孩子多喂水。

其次要挑选营养较高、容易吸收的食物，有助于补充小儿营养。在加辅食时，脾胃虚弱的孩子要比一般孩子晚加半个月左右，要先加米汤、米粥，再加米粉，然后再加蛋黄或其他辅食。水果方面不要早加，对于便秘的周岁以内的孩子，尤其注意不要加香蕉和蜂蜜水，以免加重病情。腹泻的孩子更要少加果泥及果汁等。

此外，在环境允许的情况下，可以增加孩子的活动量，以促进脾胃蠕动，增强小儿对营养的吸收。

（6）年老脾胃虚弱的调理法

人到老年，消化液减少、机械性消化功能减弱，很容易造成消化不良、脾胃虚弱。因此，老年人在养生方面，一定要注意日常饮食。

①节制饮食，不偏食。老年人由于脾胃虚弱故食物消化较为困难，吃完饭后常有饱胀的感觉。因此老年人每餐应以七八分饱为宜，尤其是晚餐要少吃。为平衡吸收营养，保持身体健康，各种食物都要吃一点，如有可能，每天的主副食品应保持10种左右。

②饮食宜清淡、宜慢。朱丹溪在《茹淡论》中说："胃为水谷之海，清和则能受；脾为消

*老年人应节制饮食，不偏食

化之器，清和则能运。"又说，五味之过，损伤阴气，饕餮厚味，化火生痰，是"致疾伐命之毒"。所以，老年人的饮食应该以清淡为主，要细嚼慢咽，这是老年人养阴摄生的措施之一。有些老年人口味重，殊不知，盐吃多了会给心脏、肾脏增加负担，易引起血压增高。为了健康，老年人一般每天吃盐应以6～8克为宜。另外，进食过快也对健康不利。细嚼慢咽可以减轻胃肠负担促进消化，而且吃得慢些也容易产生饱腹感，防止进食过多，影响身体健康。

*老年人饮食宜清淡、宜细嚼慢咽

③饭菜要烂、要热。老年人的生理特点是脏器功能衰退，消化液和消化酶分泌量减少，胃肠消化功能降低。故补益不宜太多，多则影响消化、吸收的功能。另外，老年人牙齿常有松动和脱落，咀嚼肌变弱，因此，要特别注意照顾脾胃，饭菜要做得软一些，烂一些。老年人对寒冷的抵抗力差，如吃冷食可引起胃壁血管收缩，供血减少，并反射性引起其他内脏血循环量减少，不利健康。因此，老年人的饮食应稍热一些，以适口进食为宜。

④多吃蔬菜、水果。新鲜蔬菜是老年人健康的朋友，它不仅含有丰富的维生素C和矿物质，还有较多的纤维素，对保护心血管和防癌防便秘有重要作用，每天的蔬菜摄入量应不少于250克。另外，各种水果含有丰富的水溶性维生素和

*多吃水果、蔬菜对保护心血管和防癌防便秘有重要作用

金属微量元素，这些营养成分对于维持体液的酸碱度平衡有很大的作用。为保持健康，老年人在每餐饭后应吃些水果。

▶ 提防现代生活方式中的"伤脾损胃元素"

日常生活中，有许多不良的习惯和生活方式会无形中损害我们的脾胃，如暴饮暴食、过量饮用寒凉饮料、饮食不洁、思虑过度、劳逸过度、偏食等，都会对我们的脾胃造成一定的伤害。因此，要想好好养护自己的脾胃，必须要提防生活中的"伤脾胃元素"。

（1）暴饮暴食

"饮食自倍，肠胃乃伤。"我们的脾胃有两个功能——胃纳和脾化。所谓"胃纳"，即胃主受纳，以摄取水谷食物之意；脾化，即脾主运化。正因这种特殊的功能，将饮食消化吸收，化生气血精微物质，输送到脏腑、组织、器官，以供它们活动

之需。暴饮暴食者超过了体内正常的需要，出现营养过剩，体内脂肪堆积，久之则气衰，痰湿内生，阻滞气血，遏伤阳气，导致肾阳虚；另一方面，还可以损伤脾胃，造成肾中积热，消谷耗液，致使五脏之阴液失其滋养，出现肾阴虚诸症。

（2）寒凉饮品，过度食纳

盛夏炎热，人们只注意防暑降温，全然不考虑自身的承受能力，尤其是小孩，对雪糕、冰淇淋等各种冷饮，好像"家常便饭"一样；大人们也常常将冰镇啤酒、冰镇西瓜等作为"美味佳肴"，殊不知这过量的冷冻品，会严重损害我们的脾胃。虽然脾胃有"运水化湿"的功能，但时间一长，加班加点的工作，即使是机器，也会失灵。要知道，寒凉不仅伤脾，也能败胃。脾胃一败，饮食得不到消化，不仅发生胃寒恶心、脘腹胀满、纳食不香，而且水谷精微之营养物质得不到输送，于是会出现贫血、头晕、心悸、失眠、水肿、腹泻、咳嗽、痰白等诸多病症。

（3）饮食不洁，忧思过度

饮食不洁，误食毒物，尤易伤害脾胃。许多肠道疾病，如"菌痢""肠炎""腹泻""食物中毒"等，大多是因为饮食不洁，伤害了脾胃所导致的病症。因此，早在汉代张仲景著《金匮要略》一书，就专设"禽兽鱼虫禁忌""果实菜谷禁忌"等篇以警戒世人，并明确指出："饮食之味以养生，食时有妨，反能为害。"此外，情志太过或不及，也能伤害脾胃。有的人稍遇挫折，或工作不顺，就想不通，殊不知，"思则气结""思伤脾""苦思难解，则伤脾胃"。脾胃一伤，气血功能紊乱，气机升降失司，常常发生腹胀纳呆、食少呕泄等病。

（4）劳逸过度

做任何事情都要有一个限度，过度劳累也可耗伤脾胃之气。随着生活水平的提高，人们的娱乐活动也越发丰富多彩，斗地主、打麻将、唱K，这些娱乐活动适量进行可以舒缓压力，但当毫无节制、通宵达旦的进行时，就会让人们劳神耗气、神疲乏力、四肢困倦、食欲不振，这就是劳倦过度所致。其实，前贤早就提醒过："劳则耗气""劳倦伤脾""劳役过度，则耗损元气"。与劳相反，过"逸"也可损伤脾胃之气。过度安逸，完全不参加劳动和体育锻炼，可使气血运行不畅，脾胃功能呆滞，食少乏力，精神萎靡。所谓"久卧伤气""久坐伤肉"，说的就是这个意思。若注意劳逸结合，脾胃之气自然充旺，疾病自然就会远离你。

（5）偏食偏嗜

俗话有"食不厌杂，饮食以养胃气"之说。五味偏嗜过度，亦可损伤脾胃。《黄帝内经》中说："五味入胃，各归其所喜，酸先入肝，苦先入心，甘先入脾，辛先入肺，咸先入肾。"现在的很多独生子女，由于家长溺爱，饮食任其随意，烧烤、饮料、巧克力，早也吃，晚也吃，小小年纪，就形体肥胖，或骨瘦如柴，或发生贫血现象。还有些小孩，饮食特别怪异，专吃方便面，或果冻，或炸鸡块，吃来吃去，营养失衡了，发育减缓了，脾胃也弱了，个子不高了。不仅小孩是这样，有些成年人也是，今天麻辣烫，明天火锅城，早晚都吃，天天如此，脾胃哪能不差。

本草药膳补益脾胃

※脾素被称为"后天之本"、"气血生化之源"，其运化功能直接关系到人体的整个生命活动。胃是人体的加油站，人体的健康以及需要的能量都来源于胃的摄取。因此，必须要好好爱护你的脾胃，才能拥有健康的身体！

▶ 本草帮你护脾胃

脾既为"后天之本"，说明其在防病与养生方面有着重要的意义。胃又被称为"太仓""水谷之海""水谷气血之海"，其生理作用主要是：主受纳、腐熟水谷，即指胃能接受食物，又能将食物作初步的消化运送到人体的下一个运作器官。中医藏象学以脾升胃降来概括机体整个消化系统的生理功能。中医学上还讲，胃主通降，以降为和。胃的通降作用指的是胃能将在机体中腐熟后的食物推入小肠作进一步消化；胃的通降是降浊，降浊是其收纳功能的前提条件。总体上来讲，胃是一个接纳外部又衔接内部器官的场所，如果胃的通降作用丧失，人的食欲不仅会受到影响，然会导致浊气上升而发生口臭、脘腹闷胀、大便秘结。古代医家皆认为"百病皆有脾衰而生也"，所以，日常生活中，尤其要注重保养脾胃，注意饮食营养，要忌口。

中医学认为"脾主肌肉""脾主四肢"，人的脾胃是人的体力产生的直接动力，如果脾不运化水谷、水液，就会导致人体营养缺乏、四肢无力、肌肉疲软，所以能够补脾、健脾、养胃的食物皆可增加力气。

▶ 健脾胃常用药材食材

日常生活中，用于健脾胃的药材和食材有黄芪、山药、党参、太子参、肉豆蔻、佛手、砂仁、陈皮、白术、高良姜、鸡内金、山楂、薏仁、猪肚、牛肉、鲫鱼、糯米、花生、玉米、南瓜。食用这些食物与中草药，可以有效地改善脾胃功能。而这些食物、药物又可以互相组合做出各种具有健脾益胃功效的药膳。另外，胃的脾性喜燥恶寒，因此冷饮和雪糕必须要少吃；对胃有好处的食物多以温热为主，吃热食是一个养胃的好习惯。脾胃的养护除了要注重饮食的选择外，饮食习惯也非常重要。例如，吃饭不要吃太饱，七八分饱已足够；吃饭不宜过快，要细嚼慢咽；少食多餐等。这对养护脾胃都有很好的帮助。

黄芪

补气升阳、益卫固表

黄芪为豆科植物膜荚黄芪或蒙古黄芪的干燥根。主产内蒙古、山西、河北、吉林、黑龙江等地，现广为栽培。黄芪富含多种氨基酸、胆碱、甜菜碱、苦味素、黏液质、钾、钙、钠、镁、铜、硒、蔗糖、葡萄糖醛酸、叶酸等成分。黄芪是最佳的补中益气之药。

【性味归经】
性温、味甘。归肺、脾、肝、肾经。

【适合体质】
气虚体质

【煲汤适用量】
9~30克

【别　　名】
北芪、绵芪、口芪、西黄芪。

【功效主治】

黄芪具有补气固表、利尿托毒、排脓敛疮、生肌的功效。药理实验也证明，黄芪有轻微的利尿作用，可保护肝脏、调节内分泌系统。主治气虚乏力，食少便溏，中气下陷，久泻脱肛，便血崩漏，表虚自汗，痈疽难溃，久溃不敛，血虚萎黄，内热消渴。适用于慢性衰弱，尤其表现有中气虚弱的病人，用于中气下陷所致的脱肛、子宫脱垂、内脏下垂、崩漏带下等病症。

【应用指南】

·治小便不通· 绵黄芪10克，水400毫升，煎至200毫升，温服，小儿减半。

·治气虚白浊· 黄芪盐炒25克，茯苓50克制成末，每次5克。

·治小便尿血· 黄芪、人参等份制成末，用大萝卜3个，切如指厚，蜂蜜100克拌炙令干，勿使焦糊，蘸末吃，再用盐水送下。

·治胎动不安· 黄芪、川芎各50克，糯米100克，水1升，煎至500毫升，分2次服。腹痛，下黄汁。

·治咳血· 黄芪200克，甘草50克制成末，每服10克。

·急性肾小球肾炎· 北芪30克，沸水冲泡当茶饮，1日1剂，20天为1个疗程。

·银屑病· 黄芪、当归、生地、白蒺藜各30克。水煎2次，早晚分服。

【选购保存】

以根条粗长、皱纹少、质坚而常、粉性足、味甜者为佳；根条细小、质较松、粉性小及顶端空心大者次之。应放在通风干燥处保存，以防潮湿、放虫蛀。

养生药膳 黄芪牛肉汤

配方 黄芪9克，牛肉450克，盐6克，葱段2克，香菜30克

制作

①将牛肉洗净，切块，汆水；香菜择洗净，切段；黄芪用温水洗净，备用。②净锅上火倒入水，下入牛肉、黄芪煲至熟。③然后撒入葱段、香菜、盐调味即可食用。

养生功效 此汤具有益气固表、敛汗固脱的功效。

适合人群 气血不足、气短乏力、久泻脱肛、便血崩漏、表虚自汗、血虚萎黄、内热消渴等患者。

不宜人群 急性病、热毒疮疡、食滞胸闷者；内热者、皮肤病、肝病、肾病患者不宜食用。

养生药膳 黄芪绿豆煲鹌鹑

配方 黄芪、红枣、白扁豆各适量，鹌鹑1只，绿豆适量，盐2克

制作

①鹌鹑收拾干净；黄芪洗净泡发；红枣洗净，切开去核；扁豆、绿豆均洗净，浸水30分钟。②锅内水烧开，将鹌鹑放入，煮尽表面的血水，捞起洗净。③将黄芪、红枣、扁豆、绿豆、鹌鹑放入砂锅，加水后用大火煲沸，改小火煲2小时，加盐调味即可。

养生功效 此汤具有益气固表、强身健体的功效。

适合人群 营养不良、体虚乏力、贫血头晕、胃病、高血压、肥胖症患者。

不宜人群 重症肝炎晚期、肝功能极度低下、感冒患者。

山药

补益脾胃的最佳之选

山药是薯蓣科植物薯蓣的干燥根茎。主产于河南、山西、河北、陕西等地。山药含有甘露聚糖、3，4－二羟乙胺、植酸、尿囊素、胆碱、多巴胺、山药碱等成分。山药是最佳的补脾良药。

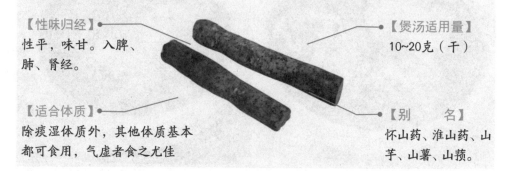

【性味归经】

性平，味甘。入脾、肺、肾经。

【适合体质】

除痰湿体质外，其他体质基本都可食用，气虚者食之尤佳

【煲汤适用量】

10~20克（干）

【别　　名】

怀山药、淮山药、山芋、山薯、山蓣。

【功效主治】

山药具有滋养润肺、益气、调节呼吸系统的功效。还能滋润血脉，能够防止脂肪积聚在心血管上。山药也有健脾补胃的功效，能促进肠胃蠕动，帮助消化以及治疗食欲不振、便秘等。山药祛风解毒，可减少皮下脂肪积聚，对美容、养颜、纤体有一定功效。还能清虚热、止渴止泻、消炎抑菌、调节细胞免疫力。适用于脾虚食少、久泻不止、肺虚喘咳、肾虚遗精、带下、尿频、虚热消渴等症。

【应用指南】

·噤口痢· 山药半生半炒，捣为末，每次服用6克，用米汤送下，每日2次。

·治脾胃虚弱· 山药、白术各50克，人参20克研为末，水糊成丸如小豆大，每次饮下40~50丸。

·治痰气喘急· 生山药半碗捣碎，加甘蔗汁半碗，和匀，热饮立止。

·治手足冻疮· 用一截山药磨烂，敷冻疮。

·再生障碍性贫血· 山药30克，大枣10个，紫荆皮9克。水煎服。每日1剂，分3次服用。

·先兆流产、习惯性流产· 鲜山药80克，杜仲6克（装入棉布袋），芒麻根15克（装入棉布袋），糯米适量。共煮成粥服用。

【选购保存】

山药以条粗、质坚实、粉性足、色洁白者、煮之不散、口嚼不黏牙为最佳。经烘干的山药要存放在通风干燥处，防潮、防蛀。

山药猪胰汤

配方 猪胰200克，山药100克，红枣、生姜各10克，葱15克，盐6克，味精3克

制作

①猪胰洗净，切块；山药洗净，去皮，切块；红枣洗净，去核；生姜洗净，切片；葱择洗净，切段。②锅上火，注入适量水烧开，放入猪胰，稍煮片刻，捞起沥水。③将猪胰、山药、红枣、姜片、葱段放入瓦煲内，加水煲2小时，调入盐、味精拌匀即可。

养生功效 此汤具有健脾补肺、益胃补肾的功效。

适合人群 脾胃虚弱、倦怠无力、食欲不振、久泻久痢、糖尿病腹胀、病后虚弱者。

不宜人群 大便燥结者不宜食用。

 山药麦芽鸡肫汤

配方 鸡肫450克，山药100克，麦芽、蜜枣各10克，盐和鸡精适量

制作

①鸡肫洗净，切块，汆水；山药洗净，去皮，切块；麦芽洗净，浸泡。②锅中放入鸡肫、山药、麦芽、蜜枣，加入清水，加盖以小火慢炖。③1小时后揭盖，调入盐和鸡精稍煮，出锅即可。

养生功效 此汤具有行气消食，健脾开胃的功效。

适合人群 糖尿病腹胀、病后虚弱、慢性肾炎、长期腹泻者；食积不消、脘腹胀痛、脾虚食少者。

不宜人群 痰火哮喘、大便燥结者不宜服用；孕妇、无积滞者慎服，妇女哺乳期禁服。

党参 补气健脾，生津养血的佳品

党参为桔梗科植物党参的干燥根，据产地分西党参、东党参、潞党参三种。西党参主产陕西、甘肃；东党参主产东北等地；潞党主产山西。党参含有葡萄糖、果糖、菊糖、蔗糖、磷酸盐和17种氨基酸以及皂苷、生物碱、蛋白质、维生素B$_1$、维生素B$_2$和钾、钠、镁、锌、铜、铁等14种矿物质。党参为中国常用的传统补益药，是气血不足者之上品。

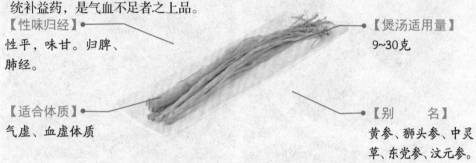

【性味归经】
性平，味甘。归脾、肺经。

【适合体质】
气虚、血虚体质

【煲汤适用量】
9~30克

【别　　名】
黄参、狮头参、中灵草、东党参、汶元参。

【功效主治】

党参具有补中益气、健脾益肺的功效。适用于脾肺虚弱、气短心悸、食少便溏、虚喘咳嗽、内热消渴等症。党参有良好的补血作用，能使血液中的红细胞数和血红蛋白显著增加，可用于贫血症；其还有明显的降压作用，能提高心排血量而不增加心率，并能增加脑、下肢和内脏的血液量，可有效预防动脉硬化和冠心病。

【应用指南】

· 治小儿口疮 · 党参50克，黄柏25克。共研为细末，撒于患处。

· 中气不足，内脏下垂 · 党参、炙黄芪各15克，白术9克，升麻5克。水煎服，每日1剂。

· 原发性低血压 · 党参6克，黄芪6克，五味子、麦冬、肉桂各3克。研粉吞服，每次6克，每日3次，连服30日。

· 热病口渴，口干舌燥 · 党参与枸杞（2:1的比例）混合制成参杞冲剂服用，有益气生津之效。

【选购保存】

各种党参中以野生台参为最优。西党以根条肥大、粗实、皮紧、横纹多、味甜者为佳；东党以根条肥大、外皮黄色、皮紧肉实、皱纹多者为佳；潞党以独支不分叉、色白、肥壮粗长者为佳。党参含糖分及黏液质较多，在高温和高湿度的环境下极易变软发黏，应慎防贮藏时霉变和虫蛀。贮藏前，应挑走发霉、虫蛀、带虫卵的劣品。并且要充分晾晒党参，然后用纸包好装入干净的密封袋内，置于通风干燥处或冰箱内保存。

党参生鱼汤

配方 党参20克，生鱼1条，胡萝卜50克，料酒、酱油各10毫升，姜片、葱段各10克，香菜30克，盐5克，高汤200毫升

制作

①将党参洗净泡透，切成段；胡萝卜洗净，切成块。②生鱼宰杀洗净，切段，放入六成熟的油中煎至两面金黄后捞出备用。③锅置火上，下入油烧热，下入姜片、葱段爆香，再下入生鱼、料酒、党参、胡萝卜及剩余调味料，烧煮至熟，盛盘，加入香菜即成。

养生功效 此汤具有补中益气、补脾利水的功效。

适合人群 病后康复和体虚者，气血两虚、面色苍白、头昏眼花、胃口不好、大便稀软、容易感冒者。

不宜人群 正在减肥者，便秘火旺者。

青豆党参排骨汤

配方 党参25克，青豆50克，排骨100克，盐适量

制作

①青豆浸泡洗净；党参润透后洗净，切段备用。②排骨洗净，斩块，下入热水中汆烫后捞起，备用。③将青豆、党参、排骨放入煲内，加水以小火煮约1小时，再加盐调味即可食用。

养生功效 此汤具有健脾宽中，益精补血的功效。

适合人群 脾肺虚弱、气短心悸、食少便溏、虚喘咳嗽、内热消渴者适宜食用。

不宜人群 实证、热证患者，正虚邪实证患者。

太子参 补脾肺之气，养阴生津

太子参为石竹科孩儿参的干燥块根。主产江苏、山东、安徽等地。含有皂苷、果糖、淀粉、多种维生素、棕榈酸、亚油酸，同时还含有磷脂、16种氨基酸、挥发油以及锰、铁、铜、锌等微量元素。太子参是阴虚血热者的补气良药。

【性味归经】
性平，味甘、微苦。
归脾、肺经。

【煲汤适用量】
15~30克

【适合体质】
气血两虚

【别　　名】
孩儿参、童参、
双批七、米参。

【功效主治】

太子参具有补肺、健脾的功效。实验证实，太子参有抗衰老的作用，还对淋巴细胞有明显的刺激作用。主治肺虚咳嗽、脾虚食少、心悸自汗、精神疲乏、益气健脾、生津润肺等症。用于脾虚体弱、病后虚弱、气阴不足、自汗口渴、肺噪干咳等症。

【应用指南】

·盗汗· 太子参24克，浮小麦30克，大枣5枚。水煎服。

·治病后气血亏虚，神疲乏力· 太子参15克，黄芪12克，五味子3克，炒白扁豆9克，大枣4枚。煎水代茶饮用。

·脾虚便溏，饮食减少· 太子参12克，白术、茯苓各9克，陈皮、甘草各6克。水煎服，有较好疗效。

·神经衰弱、失眠· 太子参15克，当归、酸枣仁、远志、炙甘草各9克。水煎服。

·病后虚热，津伤口干· 太子参、生地、白芍、玉竹各9克。水煎服。有清热生津止渴之效。

·治糖尿病· 太子参、葛根、天花粉各15克，生鸡内金10克，古瓦（打碎）150克（房上陈旧的老瓦、年代越久越好）。先煎古瓦1小时，取其水煎液，再合其他药同煎。有较好疗效。

【选购保存】

太子参以表面黄白色，半透明，有细皱纹，无须根者为佳。置通风干燥处，防潮、防蛀。

太子参无花果炖瘦肉

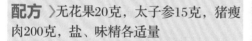

配方 无花果20克，太子参15克，猪瘦肉200克，盐、味精各适量

制作

①太子参略洗；无花果洗净；猪瘦肉洗净切片。②把全部用料放入炖盅内，加滚水适量，盖好，隔滚水炖约2小时，加盐、味精调味即可食用。

养生功效 此汤具有补气益血、健脾生津的功效。

适合人群 肺虚久咳气喘者、神疲乏力者、面色萎黄者、食欲减退者、脾虚腹泻者、口干咽燥者、癌症患者、慢性消耗性疾病患者、贫血患者、自汗盗汗患者、产后病后体虚者。

不宜人群 感冒未愈者；表实邪盛者不宜食用。

太子参黄芪浮小麦茶

配方 浮小麦30克，太子参15克，黄芪8克，玉竹6克，冰糖适量

制作

①将太子参、黄芪、浮小麦、玉竹分别用清水漂洗干净备用。②净锅置火上，加水适量，大火煮开，放入太子参、黄芪、浮小麦、玉竹煮沸后转小火煮30分钟即可关火，滤去药渣，留汁，再加入冰糖烊化即可。

养生功效 此茶具有益气固表、健脾止汗的功效。

适合人群 气虚自汗盗汗者、五心潮热者、脾虚食欲不振者、便溏久泻者、气虚内脏下垂者、抵抗力差易感冒者、更年期综合征患者、糖尿病患者（不加冰糖）适宜饮用。

不宜人群 风寒感冒未愈者不宜饮用。

肉豆蔻 温中下气的消食常用药

肉豆蔻为肉豆蔻科植物肉豆蔻的种子。主产马来西亚及印度尼西亚，中国广东、广西、云南亦有栽培。肉豆蔻是文中下气的消食常用药。

【性味归经】
性温、味辛。归脾、胃、大肠经。

【适合体质】
阳虚体质

【煲汤适用量】
10~30克

【别　　名】
迦拘勒、豆蔻、肉果。

【功效主治】

肉豆蔻具有温中下气、消食固肠的功效。治心腹胀痛、虚泻冷痢、呕吐、宿食不消。固涩、温中，其作用为收敛、止泻、健胃、排气。用于虚冷、冷痢，如慢性结肠炎、小肠营养不良、肠结核等。用于虚冷、冷痢，偏于肾阳虚弱者，可配补骨脂、五味子等，方如四神丸。偏于脾阳虚弱者，配党参、白术、茯苓、大枣；脾胃皆虚者用养脏汤，此方治脱肛亦有良好的效果。肉豆蔻还能止呕，可用来治疗小儿伤食吐乳和消化不良，常配香附、神曲、麦芽、砂仁、陈皮等同用。

【应用指南】

·治脾肾俱虚所致的虚泻、冷痢· 煨肉豆蔻、罂粟壳（蜜炙）、煨诃子肉各4.5克，白芍、白术、当归各15克，党参、炙甘草各8克，肉桂、木香各3克。共研为粗末，每服6克，加生姜2片，大枣1枚，水煎服。

·治水泻无度，肠鸣腹痛· 肉豆蔻末30克，生姜汁2毫升，白面60克。上3味，将姜汁和面作饼子，裹肉豆蔻末煨令黄熟，研为细散，每服4克。空心米饮调下，日午再服。

【选购保存】

肉豆蔻商品以个大、体重、坚实、表面光滑、油足、破开后香气强烈者为佳。反之，个小、体轻、瘦瘪、表面多皱、香气淡者为次。置通风干燥处，防蛀。

养生药膳 肉豆蔻陈皮鲫鱼羹

配方 肉豆蔻、陈皮各适量，鲫鱼1条，葱段15克，盐少许

制作

①鲫鱼宰杀收拾干净，斩成两段后下入热油锅煎香；肉豆蔻、陈皮均洗净浮尘。②锅置火上，倒入适量清水，放入鲫鱼，待水烧开后加入肉豆蔻、陈皮煲至汤汁呈乳白色。③加入葱段继续熬煮20分钟，调入盐即可食用。

养生功效 肉豆蔻可温中行气，涩肠止泻，开胃消食；陈皮可理气开胃、燥湿化痰；鲫鱼调中益气。此汤具有温中行气，开胃消食的功效。

适合人群 寒凝气滞、脘腹胀痛、饮食积滞、食少纳呆者。

不宜人群 体内火盛、中暑热泄、肠风下血、胃火齿痛及湿热积滞、滞下初起者不宜食用。

养生药膳 肉豆蔻补骨脂猪腰汤

配方 肉豆蔻、补骨脂各9克，猪腰100克，红枣、姜各适量，盐少许

制作

①猪腰洗净，切开，除去白色筋膜；肉豆蔻、补骨脂、红枣洗净；姜洗净，去皮切片。②锅注水烧开，入猪腰氽去表面血水，倒出洗净。③用瓦煲装水，在大火上滚开后放入猪腰、肉豆蔻、补骨脂、红枣、姜，以小火煲2小时后调入盐即可。

养生功效 此汤具有补肾壮阳、安胎止泻的功效。

适合人群 肾阳亏虚引起的阳痿、早泄、遗精、腰膝酸软、形寒肢冷、胎动不安的患者；以及虚寒腹泻（如慢性结肠炎）者适宜食用。

不宜人群 湿热泻痢及阴虚火旺者。

佛手

芳香理气，健脾止呕

佛手为芸香科柑橘属植物佛手的干燥果实。主产于闽、粤、川、江浙等地。佛手不仅有较高的观赏价值，而且具有珍贵的药用价值。

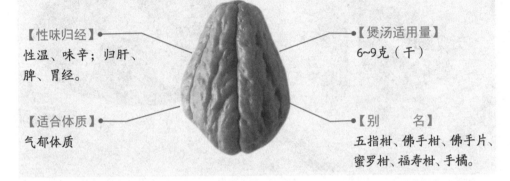

【性味归经】
性温、味辛；归肝、脾、胃经。

【适合体质】
气郁体质

【煲汤适用量】
6~9克（干）

【别　　名】
五指柑、佛手柑、佛手片、蜜罗柑、福寿柑、手橘。

【功效主治】

佛手具有芳香理气、健胃止呕、化痰止咳的功效。用于消化不良、舌苔厚腻、胸闷气胀、呕吐咳嗽以及神经性胃痛等。用于胸闷气滞，胃脘疼痛，呕吐，食欲不振等症。佛手全身都是宝，其根、茎、叶、花、果均可入药，辛、苦、甘、温、无毒，有理气化痰、止咳消胀、舒肝健脾、和胃等多种药用功能。用于胸闷气滞，胃脘疼痛，呕吐，食欲不振等症。本品功近香橼，清香之气尤胜，有和中理气、醒脾开胃的功效，对于胸闷气滞、胃脘疼痛、食欲不振或呕吐等症，可配合木香、青皮等药同用。据《归经》等载，佛手还可治疗肿瘤病，在女性白带病及醒酒的药剂中，佛手是其中的主要原料。

【应用指南】

·治肝气郁结、胃腹疼痛· 佛手、青皮各6克，川子3克，水煎服。

·治恶心呕吐· 佛手9克，陈皮6克，生姜1.5克，水煎服。

·治哮喘· 佛手9克，藿香6克，姜皮1.5克，水煎服。

·治白带过多· 佛手12克，猪小肠适量，共炖，食肉饮汤。

·治慢性胃炎、胃腹寒痛· 佛手25克，洗净，清水润透，切片，放入瓶中，加低度优质白酒500毫升。密封，泡10日后饮用，每次15毫升，每日1次。

·治老年胃弱、消化不良· 佛手25克，粳米100克，共煮成粥，早晚分食。

【选购保存】

干佛手以质硬而脆、干燥者为佳；佛手应置于阴凉干燥处保存，防霉、防蛀。

养生药膳 佛手合欢酒

配方 〉佛手、合欢皮各9克，白酒1000毫升

制作 〉

①将佛手洗净，用清水润透后切片，再切成正方形小块，待风吹略收水气。②合欢皮洗净与佛手一同放入瓶内，然后注入白酒，密封浸泡。③每隔5天，将坛搅拌或摇动一次，10天后即可开封，滤去药渣即成。一日2次，一次30克。

养生功效 此品具有疏肝理气、解郁安神的功效。

适合人群 痰多咳嗽、慢性胃炎、胃腹寒痛者，消化不良、食欲不振、嗳气呕吐、失眠多梦者，气管炎、哮喘病患者适宜食用。

不宜人群 阴虚血燥、气无郁滞者慎服佛手，孕妇忌用。

养生药膳 佛手元胡猪肝汤

配方 〉佛手、元胡各9克，制香附、甘草各6克，猪肝100克，盐、姜丝、葱花各适量

制作 〉

①将佛手、元胡、制香附、甘草洗净；猪肝洗净，切片。②将佛手、元胡、制香附、甘草放入锅内，加适量水煮沸，再用小火煮15分钟左右。③加入猪肝片，放适量盐、姜丝、葱花，熟后即可食用。

养生功效 此汤具有行气止痛、疏肝和胃的功效。

适合人群 痛经、经闭、症瘕、产后瘀阻、跌扑损伤、疝气作痛者。

不宜人群 高血脂患者，阴虚有火、无气滞症状患者不宜食用。

砂仁

药材中的养胃专家

砂仁为姜科植物阳春砂或缩砂的成熟果实或种子。阳春砂种子含挥发油，油中含乙酸龙脑酯、樟脑、樟烯、柠檬烯、β-蒎烯、苦橙油醇及α-蒎烯、桉油精、芳樟醇、α-胡椒烯、愈创木醇、黄酮类等成分。春砂仁是驰名中外的名贵中药材，主要作用于人体的胃、肾和脾，能够行气调味，和胃醒脾。

【性味归经】
性温、微辛。归胃、肾、脾经。

【适合体质】
气郁体质

【煲汤适用量】
3~6克

【别　　名】
缩砂仁、缩砂蜜、缩砂。

【功效主治】

砂仁具有行气调中、和胃醒脾的功效。主治腹痛痞胀、胃呆食滞、噎膈呕吐、寒泻冷痢、妊娠胎动等症。砂仁所含的挥发油具有促进消化液分泌、增强胃肠蠕动的作用，并可排除消化管内的积气。另外，它还有一定的抑菌作用。用于治疗消化不良、寒湿泻痢、虚寒胃痛，还可治疗妊娠呕吐、胎动不安而与脾胃虚寒有关者。砂仁常与厚朴、枳实、陈皮等配合，治疗胸脘胀满、腹胀食少等病症。

【应用指南】

·治疗妊娠呕吐、胃口不佳· 取砂仁2克，细嚼后并随唾液咽下，每日3次。一般1日见效。

·治痰气膈胀· 砂仁捣碎，以萝卜汁浸透，焙干研为细末。每次服3~6克。

·治牙齿疼痛· 取适量缩砂常嚼之。

·治一切食毒· 缩砂仁研成末，以温开水送服，每次3~6克。

·治湿阻气滞，脘腹胀满，饮食减少· 砂仁、佛手各15克，以白酒250毫升浸泡。每次于饭后饮1小杯。

·治疗胸脘胀满、腹胀食少· 砂仁、厚朴、枳实、陈皮等配合煎水服用。

【选购保存】

砂仁以个大、坚实、仁饱满、气味浓厚者为佳。以阳春砂质量为优。砂仁应置阴凉干燥处保存，防潮、防蛀。

养生药膳 春砂仁北芪猪肚汤

养生药膳 春砂仁花生猪骨汤

配方 春砂仁6克，北芪10克，猪肚1个，姜片、盐各适量

配方 春砂仁8克，猪骨250克，花生30克，盐适量

制作

①猪肚洗净，翻转去脏杂，以生粉洗净后加清水冲净。②将洗净的北芪、春砂仁放入猪肚内，以线缝合。③将猪肚和姜片放入炖盅内，加入冷开水，盖上盖子，隔水炖3小时，调入盐调味即可。

制作

①花生、春砂仁均洗净，入水稍泡；猪骨洗净，斩块。②锅注水烧沸，下猪骨，滚尽猪骨上的血水，捞起洗净。③将猪骨、花生、春砂仁放入瓦煲内，注入清水，以大火烧沸，改小火煲2小时，加盐调味即可。

养生功效 砂仁可行气调中、和胃醒脾；北芪可益气调中；猪肚健脾益胃。此汤具有补气健脾、益胃生津的功效。

养生功效 此汤具有健脾益胃、益气养血的功效。

适合人群 脾胃虚寒、食积不消、呕吐泄泻、妊娠恶阻、胎动不安者。

适合人群 脾胃失调、脾胃虚弱、气血不足之神疲乏力、食欲减退、消化不良、大便秘结者。

不宜人群 阴虚火旺，脾胃伏火的患者；急性病、热毒疮疡、食滞胸闷者不宜服用。

不宜人群 胆囊炎、慢性胃炎、骨折慢性肠炎、脾虚便溏者。

陈皮

理气调中，燥湿化痰

陈皮为芸香科植物橘的果皮。全国各产橘区均产。它含橙皮苷、川陈皮素、柠檬烯、a-蒎烯、β-蒎烯、β-水芹烯等成分。陈皮是航期镇咳的化痰良药。

【性味归经】
性温，味苦、辛；归脾、胃、肺经。

【适合体质】
脾胃气虚和脾胃气滞者

【煲汤适用量】
5~10克

【别　　名】
川橘。

【功效主治】

陈皮具有理气健脾、燥湿化痰的功效。主要用于治疗脾胃气滞之脘腹胀满或疼痛、消化不良；湿浊阻中之胸闷腹胀、纳呆便溏；痰湿壅肺之咳嗽气喘等病症。陈皮具有促进胃排空和抑制胃肠蠕动的作用，其所含的挥发油对胃肠道有温和的刺激作用，能促进正常胃液的分泌，有助于消化。陈皮还具有一定的利胆、排石作用。此外，还能兴奋心脏，能增强心肌收缩力、扩张冠状动脉、升高血压、抗休克。陈皮挥发油能抗过敏、松弛气管平滑肌，对过敏性哮喘有一定的疗效。

【应用指南】

·治婴儿吐乳· 用少妇的乳汁200毫升，加入丁香10枚，去白陈皮3克，放在石器中煎后喂下。

·治老人秘塞· 绵黄者、陈皮去白各25克，研为末，每次服用3克，用大麻子100克，研烂，以水滤浆，煎到有白乳时，加入白蜜1匙，再煎至沸腾，调药空心服，情况严重的也不过2服即愈，此药不冷不热，常服无秘塞之患，效果神奇。

·治伤寒腹胀· 此为阴阳不和所致。桔梗、半夏、陈皮各9克，干姜5片，水60毫升，煎为30毫升。

·治突发性心痛· 如果在旅途中，用药不便，只要用陈皮去白后，煎水喝，就可缓解。

【选购保存】

陈皮以选择完整、干燥的陈皮为宜。置于通风干燥处保存。

绿豆陈皮排骨汤

配方 陈皮10克，绿豆60克，排骨250克，盐少许，生抽适量

制作

①绿豆除去杂物和坏豆子，清洗干净，备用。②排骨洗净斩件，汆水；陈皮浸软，刮去瓤，洗净。③锅中加适量水，放入陈皮先煲开，再将排骨、绿豆放入煮10分钟，改小火再煲3小时，最后加入适量盐、生抽调味即可食用。

养生功效 此汤具有开胃消食、降压降脂的功效。

适合人群 食欲不振、湿热有痰者适宜食用。

不宜人群 脾胃虚弱、肾气不足、易泄者、体质虚弱和正在吃中药者；气虚、阴虚燥咳者忌服，吐血症患者慎服。

陈皮鸽子汤

配方 陈皮10克，淮山30克，干贝15克，鸽子1只，瘦肉150克，蜜枣3枚

制作

①陈皮、淮山、干贝洗净，浸泡；瘦肉、蜜枣洗净。②鸽子去内脏，洗净，斩件，汆水。③将清水2000毫升放入瓦煲内，煮沸后加入以上用料，大火煮沸后，改用文火煲3小时，加盐调味即可。

养生功效 此汤具有补脾健胃、调精益气的功效。

适合人群 消化不良、痰多黏白、胸脘闷者。

不宜人群 气虚体燥、阴虚燥咳、吐血及内有实热者；干咳无痰、口干舌燥等症状的阴虚体质者。

白术

补气健脾，燥湿利水

白术为菊科植物白术的干燥根茎。主产浙江、安徽。它含挥发油、苍术酮、苍术醇、白术内酯A、白术内酯B等。白术是健脾益气、燥湿利水的良药。

【性味归经】
性温，味苦、甘。归脾、胃经。

【适合体质】
脾虚湿阻引起的腹胀、食少、大便稀溏、气虚自汗者

【煲汤适用量】
6~12克

【别　名】
山蓟、山芥、天蓟、山姜、冬白术。

【功效主治】

白术有健脾益气、燥湿利水、止汗、安胎的功效。常用于脾胃气弱，倦怠少气，虚胀腹泻，水肿，黄疸，小便不利，自汗，胎气不安等病症的治疗。白术可促进肠胃运动，帮助消化，还对呕吐腹泻有一定的作用，但常需配消导药或利水渗湿药同用。白术能抑制子宫平滑肌，对自发性子宫收缩以及益母草等引起的子宫兴奋性收缩有显著抑制作用，所以有较好的安胎作用。此外，白术还有抗氧化、延缓衰老、利尿、降血糖、抗菌、保肝、抗肿瘤等药理作用。

【应用指南】

·治胸膈烦闷· 白术末，温水送服，每次5克。

·治中风口噤· 不省人事者，可用白术200克、酒3升，合煮成1升，顿服。

·治产后中寒· 全身寒冷强直，口不能言，不识人，用白术200克，泽泻50克，生姜15克，水1升，煎服。

·治脾虚盗汗· 白术200克，切片，取50克与黄耆炒，50克同牡蛎炒，50克同石斛炒，50克与麦麸炒，将白术拣出，研末，每次服用9克，用粟米汤送下，每日3次。

·治脾虚泄泻· 白术25克，白芍药50克，冬月用肉豆蔻煨为末，用米饭做成梧桐子大小的丸，每次用米汤饮下50丸，每日2次。

【选购保存】

白术选购以体大、表面灰黄色、断面黄白色、有云头、质坚实者为佳，置于阴凉、干燥处，防蛀。

养生药膳 陈皮白术粥

配方 〉陈皮、白术各适量，大米100克，盐2克

制作 〉

①大米泡发洗净；陈皮洗净，切丝；白术洗净，加水煮好，取汁待用。②锅置火上，倒入熬好的汁，放入大米，以大火煮开。③加入陈皮，再以小火煮至浓稠状，调入盐拌匀即可。

养生功效 此粥具有健脾益气、燥湿利水的功效。

适合人群 脾虚食少、腹胀泄泻、痰饮眩悸、水肿、自汗者。

不宜人群 高热、阴虚火盛、津液不足、口干舌燥、烦渴、小便短赤、温热下痢（如菌痢、细菌引起的急性肠炎等）、肺热咳嗽等情况的患者。

养生药膳 白术猪肚粥

配方 〉白术12克，升麻10克，猪肚100克，大米80克，盐3克，鸡精2克，葱花5克

制作 〉

①大米淘净，浸泡半小时后，捞起沥干水分；猪肚洗净，切成细条；白术、升麻洗净。②大米入锅，加入适量清水，以旺火烧沸，下入猪肚、白术、升麻，转中火熬煮。③待米粒开花，改小火熬煮至粥浓稠，加盐、鸡精调味，撒上葱花即可。

养生功效 此粥具有补脾益气、健胃消食的功效。

适合人群 脾胃虚弱、自汗易汗、小儿流涎、倦怠无力者。

不宜人群 阴虚燥渴、胃胀腹胀、气滞饱闷者。

高良姜 益脾胃、助消化、止呕的良药

高良姜为姜科植物高良姜的干燥根茎，是一种热带多年生长的山姜属食药兼用的植物资源。

【性味归经】
味辛，性大温。归脾、胃经。

【煲汤适用量】
3~6克

【适合体质】
阳虚体质

【别　　名】
风姜、小良姜、高凉姜、良姜、蛮姜、佛手根、海良姜。

【功效主治】

高良姜具有温胃散寒，消食止痛的功效。用于脘腹冷痛，胃寒呕吐，嗳气吞酸等症。凡中焦寒凝，或冷物所伤，脘腹冷痛者，可与干姜同用；若脾胃虚弱而脘腹冷痛者，可与人参、白术配伍，以补虚温中止痛。若痰饮内停而致呕吐清水痰涎者，可与党参、胃肠饮组合。凡肝郁气滞，胃有寒凝，症见脘腹疼痛者可与香附组合。

【应用指南】

·治脚气· 高良姜50克，水3升，煮1升，一次服完，臭气即消。

·养脾温胃，去冷消痰，治心脾痛及一切冷物所伤· 用高良姜、干姜各等份，炮制研末，制成面糊丸如梧桐子大小，每次饭后，用橘皮汤服下十五丸。孕妇紧服。

·治头痛流涕· 高良姜生研，多次吃下。

·风牙痛肿· 用高良姜50克、全蝎（焙）1只，共研为末，擦痛处，吐出涎水，以盐汤漱口。

·寒多热少，不思饮食· 用高良姜（麻油炒）、干姜（炮）各50克，共研为末。每服15克，以猪胆汁调成膏，临发病前，热酒调服。

·治心脾痛· 高良姜、槟榔等分，各炒。上为细末，米调下。

【选购保存】

高良姜以色红棕、香气浓、味症者为佳。炮制后贮干燥容器内，置阴凉干燥处，防蛀。

话梅高良姜汤

配方 〉高良姜6克，话梅50克，冰糖8克

制作 〉

①将话梅洗净切成两半；高良姜洗净后，去皮切片。②净锅上火倒入矿泉水，下入话梅、姜片稍煮。③最后调入冰糖煮25分钟即可（可按个人喜好增减冰糖的分量）。

养生功效 高良姜有温脾胃、祛风寒、行气止痛的作用；话梅可健胃、敛肺、温脾、止血涌痰、消肿解毒、生津止渴。此汤具有健胃温脾、生津止渴的功效。

适合人群 食欲不振、消化不良、伤风感冒、晕车晕船者。

不宜人群 阴虚内热及邪热抗盛者、患痔疮者不宜食用；高血压病人亦不宜多食。

高良姜山楂粥

配方 〉高良姜26克，大米90克，山楂30克，鲜枸杞叶少许，盐2克，味精少许

制作 〉

①大米泡发洗净；高良姜洗净，切片；山楂洗净，切片；枸杞叶洗净。②锅置火上，注水后，放入大米、高良姜、山楂，用大火煮至米粒开花。③放入枸杞叶，改用小火煮至粥成，调入盐、味精入味，即成。

养生功效 高良姜温胃散寒、消食止痛；山楂开胃消食、化瘀止痛。此粥具有温胃消积、减肥祛瘀的功效。

适合人群 女性月经不调或产后瘀血腹痛、肥胖症、消化不良、肠道感染者适宜食用。

不宜人群 糖尿病患者、胃酸过多者、气虚便溏者、儿童、孕妇不宜食用。

鸡内金 消食健脾，治疗厌食的良药

鸡内金为雉科动物家鸡的干燥砂囊内膜。全国各地均产。该品为传统中药之一，用于消化不良、遗精盗汗等症，效果极佳，故而以"金"命名。

【性味归经】
性平、味甘。归脾、胃、小肠、膀胱经。

【适合体质】
食积、消化不良者

【煲汤适用量】
3~10克

【别　名】
肫皮、鸡黄皮、鸡食皮、鸡中金、化骨胆。

【功效主治】

鸡内金具有消积滞、健脾胃的功效。可治食积胀满、呕吐反胃、泻痢、疳积、消渴、遗溺、喉痹乳蛾、牙疳口疮。临床上用于治疗消化不良，尤其适宜于因消化酶不足而引起的胃纳不佳、积滞胀闷、反胃、呕吐、大便稀烂等。鸡内金对消除各种消化不良的症状都有帮助，可减轻腹胀、肠内异常发酵、口臭、大便不成形等症状。治小儿遗尿，或成人之小便频数、夜尿，还可治体虚遗精，尤其对肺结核患者之遗精有较好的效果。

【应用指南】

·治结石· 胆、肾、尿道结石，可用鸡内金、玉米须50克，煎1碗汤1次服下，1日2~3次，连服10天。

·治小便淋沥，痛不可忍· 鸡内金15克，阴干烧存性，作1服，白汤下，立愈。

·治一切口疮· 鸡内金烧灰敷上，立即见效。

·治脾胃厌食，面黄、发枯、肌肉不实或消瘦· 炙鸡内金、炙甘草各3克，黄芪、白术、茯苓、黄精各9克，陈皮、青黛各6克。将上药用水煎服，每日1剂，分2~3次服用。

·治小儿厌食症· 炒鸡内金3克，麦芽9克，莪术3克，苍术3克，山楂6克，神曲6克，党参6克，茯苓7.5克，陈皮3克。将以上诸药水煎取汁150毫升，分3次服，每日1剂。6天为1个疗程。

【选购保存】

鸡内金以干燥、完整、个大、色黄者为佳。置通风干燥处。

养生药膳 鸡内金核桃燕麦粥

养生药膳 鸡内金山药炒甜椒

配方 核桃10个，海金沙15克，鸡内金粉10克，粳米100克，白糖适量

制作

①桃仁去壳留仁，捣碎，海金沙用布包扎好。②置锅火上，加水600毫升，大火煮开，加入海金沙小火煮20分钟后，拣去海金沙，加入粳米煮至米粒开花，再加入鸡内金粉、核桃煮成稠粥，加入适量白糖即可。③每日早、晚空腹温热服食。

养生功效 此粥具有利尿排石、和胃消食的功效。

适合人群 结石病患者（如肾结石、尿路结石、膀胱结石、胆结石等）；尿路感染患者；慢性肝炎患者；胃痛患者；食积腹胀、食欲不振者；便秘患者。

不宜人群 肾阴亏虚者慎服。

配方 新鲜山药150克，鸡内金、天花粉各10克，红甜椒、新鲜香菇各60克，玉米粒、毛豆仁各35克，清水200毫升，色拉油半匙

制作

①鸡内金、天花粉放入棉布袋和清水置入锅中，煮沸，约3分钟后关火，滤取药汁备用。山药去皮洗净，切薄片；红甜椒洗净，去蒂头和籽，切片；香菇洗净，切片；炒锅倒入色拉油加热，放入所有材料翻炒2分钟。②倒入药汁，盖上锅盖以大火焖煮约2分钟，打开锅盖加入盐调味，拌匀即可食用。

养生功效 开胃消食、消积除胀。

适合人群 脾胃气虚引起的食积腹胀、食欲不振、消化不良者；小儿营养不良者；便秘患者；胃痛患者；糖尿病患者、高血压患者。

不宜人群 脾虚无积者。

山楂 消食化积，活血散瘀

　　山楂为蔷薇科植物山楂或野山楂的果实。北山楂主产山东、河北、河南、辽宁等省；南山楂主产江苏，浙江、云南、四川等地。它含表儿茶精、槲皮素、金丝桃苷、绿原酸、山楂酸、柠檬酸、苦杏仁苷等成分。山楂是消食健胃的好帮手，老少皆宜。

【性味归经】
性微温，味酸、甘。
归脾、胃、肝经。

【适合体质】
食积、消化不良者

【煲汤适用量】
10~15克（大剂30克）

【别　　名】
映山红果、酸查。

【功效主治】

　　山楂具有消食化积、行气散瘀的功效。山楂所含成分对杆菌及绿脓杆菌有明显的抑制作用，且可缓慢而持久地降低血压，并能使血管扩张，又能收缩子宫、强心、改善动脉粥样硬化等。山楂可改善消化不良，同时也用于高血压、冠心病和肥胖症的治疗。另外，泻痢、肠风、疝气，或者血瘀、经闭、产后恶露不止也可以用山楂来改善。当食太多的肉类及脂肪难以消化时，也可煮山楂食用，并饮其汁。

【应用指南】

·治老人腰痛、腿痛· 用棠木求子、鹿茸（炙）各等份为末，制蜜丸如梧桐子大。每次服用100丸，空腹白汤水送服。

·食肉不消· 山楂肉200克，水煮吃下，并把汤汁喝下。

·妇女难产· 取山楂核49粒，用百草霜为胞衣，酒服下。

·降血压· 山楂15克，罗布麻叶6克，五味子5克，冰糖适量。制成降压茶，久服。

·治高血压、冠心病· 山楂、丹参各10克，加麦冬5克，煎水服用。

·治月经延期、痛经· 山楂10克、肉桂6克，红糖适量，煎水服用。

【选购保存】

　　北山楂以个大、皮红、肉厚者为佳；南山楂以个匀、色红、质坚者为佳。保存时可放，木箱内，并置于通风干燥处，以防尘、防虫蛀。炮制品贮于干燥容器中，密闭。

养生药膳 麦芽山楂饮

配方 ▷炒麦芽10克，炒山楂片10克，红糖适量

制作 ▷

①取炒麦芽、炒山楂放入锅中，加1碗水煮。②煮15分钟后加入红糖稍煮。③滤去渣，取汁饮。

养生功效 炒麦芽善消食，除积滞；山楂解肉食油腻，行积滞；二药合用，既消食又开胃，且味酸甜美，儿童乐于饮用。

适合人群 儿童、老年人；伤风感冒、食欲不振、儿童软骨缺钙症、儿童缺铁性贫血者；消化道癌症患者，高血脂、高血压及冠心病患者，消化不良，血瘀型痛经患者。

不宜人群 痰火哮喘者，孕妇、哺乳期妇女；脾胃虚弱者。

养生药膳 山楂苹果大米粥

配方 ▷山楂干15克，苹果50克，大米100克，冰糖5克，葱花少许

制作 ▷

①大米淘洗干净，用清水浸泡；苹果洗净切小块；山楂干用温水稍泡后洗净，备用。②锅置火上，放入大米，加适量清水煮至八成熟。③再放入苹果、山楂干煮至米烂，放入冰糖熬融后调匀，撒上葱花即可。

养生功效 山楂消食化积、行气散瘀；苹果能生津止渴、益脾止泻、和胃降逆。此粥具有益气和胃、消食化积的功效。

适合人群 贫血患者，维生素C缺乏者，食欲低下者。

不宜人群 胃寒病者，糖尿性患者；孕妇忌食。

薏仁

利水消肿，健脾美容

薏仁为禾本科植物薏苡的种仁。我国大部分地区均产，主产福建、河北、辽宁。它含糖颇丰富，同粳米相当。蛋白质、脂肪为粳米的2～3倍，并含有人体所必需的氨基酸。其中有亮氨酸、赖氨酸、精氨酸、酪氨酸，还含薏苡仁油、薏苡素、三萜化合物及少量B族维生素。薏米不仅是治病良药，亦是食疗佳品。

【性味归经】
性凉，味甘、淡。归脾、胃、肺经。

【煲汤适用量】
50～100克

【适合体质】
一般人都可以用，痰湿体质效果尤佳

【别　名】
薏米、米仁、薏苡仁、催生子、益米。

【功效主治】

薏米具有利水渗湿、抗癌、解热、镇静、镇痛、抑制骨骼肌收缩、健脾止泻、除痹、排脓等功效，还可美容健肤，常食可以保持人体皮肤光泽细腻，消除粉刺、色斑，改善肤色，并且它对于由病毒感染引起的赘疣等有一定的治疗作用。薏米还有增强人体免疫功能、抗菌抗癌的作用。可入药，用来治疗水肿、脚气、脾虚泄泻，也可用于肺痈、肠痈等病的治疗。

【应用指南】

·青年性扁平疣、寻常性赘疣· 薏仁60克，紫草6克。加水煎汤。分2次服，连服2～4周。

·治水肿、小便不利、喘息胸满· 郁李仁60克，研烂，用水滤取药汁；薏苡仁200克，用郁李仁汁煮成饭。分2次食用。

·治脾虚水肿、风湿痹痛、四肢拘挛· 薏仁研为粗末，与粳米等分。加水煮成稀粥，每日1～2次，连服数日。

·脾肺阴虚、食欲不振、虚热劳嗽· 薏苡仁、山药各60克，捣为粗末，加水煮至烂熟，再将柿霜饼25克，切碎，调入融化，随意服食。

·脾胃虚寒性慢性浅表性胃炎· 薏苡仁30克，黄芪、白术各12克，桂枝、干姜各6克，大米克，白糖适量。黄芪、白术、桂枝、干姜水煎取汁，入薏苡仁、大米煮成粥，加白糖调味即可。每日1剂，分2次食用。

【选购保存】

薏米以粒大、饱满、色白、完整者为佳。薏米夏季极易生虫，贮藏前要筛除薏米中的粉粒、碎屑，以防止生虫或生霉。

养生药膳 薏米红枣茶

配方 〉薏米50克，红枣25克，绿茶2克

制作 〉

①将绿茶用沸水冲泡；红枣洗净，去核备用。②把薏米与红枣混合，放入锅中，注入适量清水一起煮至软烂。③放入绿茶汁，再一起煮3分钟，待稍凉即可饮用。

养生功效 此茶具有清热利湿、益气生津的功效。常饮可以保持人体皮肤光泽细腻，消除粉刺、雀斑、老年斑、妊娠斑、蝴蝶斑，对脱屑、痤疮、皲裂、皮肤粗糙等都有良好疗效。

适合人群 水肿、贫血、脾胃虚弱、面色萎黄者；肿瘤患者、放疗、化疗而致骨髓抑制不良反应者。

不宜人群 便秘、尿多者及怀孕早期的妇女忌饮。

养生药膳 薏米银耳补血汤

配方 〉薏米适量，桂圆肉、红枣各少许，银耳适量，红糖6克，莲子少许

制作 〉

①将薏米、莲子、桂圆肉、红枣洗净浸泡；银耳泡发，洗净，撕成小朵，备用。②汤锅上火倒入水，下入薏米、水发银耳、莲子、桂圆肉、红枣煲至熟。③最后调入红糖搅匀即可。

养生功效 此汤具有健脾益胃、益气补血的功效。常食能护肤养颜、滋补生津，可辅助治疗脾胃虚弱、肺胃阴虚等。

适合人群 脾胃虚弱、面色萎黄、皮肤粗糙者。

不宜人群 怀孕早期妇女，尿多者，风寒者不宜食用。

猪肚

补虚损、健脾胃

猪肚为猪科动物猪的胃。它含有大量的钙、钾、钠、镁、铁等元素和维生素A、维生素E、蛋白质、脂肪等成分。是人们健脾胃的佳品。

【性味归经】
味甘，性微温。
归脾、胃经。

【煲汤适用量】
50~250克

【适合体质】
气虚体质

【别　　名】
猪胃。

【功效主治】

　　猪肚不仅可供食用，而且有很好的药用价值。有补虚损、健脾胃的功效，多用于脾虚腹泻、虚劳瘦弱、消渴、小儿疳积、尿频或遗尿。猪肚与黄豆芽同食，可增强免疫力；猪肚与莲子同食，可补脾健胃；猪肚与金针菇同食，可开胃消食；猪肚与生姜同食，可阻止胆固醇的吸收；猪肚与糯米同食，可益气补中。

【应用指南】

·治男子肌瘦气弱，咳嗽渐成劳瘵· 白术、牡蛎（烧）各200克，苦参150克。研为细末，以猪肚一个，煮熟研成膏，和丸如梧桐子大。每次服用30~40丸，以米汤送服，每日3~4次。

·治疗胃寒，心腹冷痛· 猪肚1只，白胡椒15克。把白胡椒打碎，放入猪肚内，并留少许水分。然后把猪肚头尾用线扎紧，慢火煲1个小时以上（至猪肚酥软），加盐调味即可。

·治消渴，日夜饮水数斗，小便数，瘦弱· 猪肚1只，洗净，以水500毫升，煮至烂熟，留200毫升去肚，放少量豆豉，渴即饮之，肉亦可吃。

·治疳劳· 木香5克，黄连15克，银柴胡25克，生地25克，鳖甲（童便浸，醋炙）50克。上为末，入猪肚内，扎口，放锅内，倒童便、酒适量煮至猪肚烂熟，水份煮干，捣烂和丸如梧桐子大，每服50丸。

【选购保存】

　　新鲜猪肚黄白色，手摸劲挺、黏液多，肚内无块和硬粒，弹性足。呈淡绿色，黏膜模糊，组织松弛、易破，有腐败恶臭气味的不要选购。用盐腌好，放于冰箱保存。

养生药膳 竹香猪肚汤

配方 〉熟猪肚100克，水发腐竹50克，色拉油25毫升，味精3克，香油4毫升，姜末5克，精盐6克

制作 〉

①将熟猪肚切成丝；水发腐竹洗净，切成丝备用。②净锅上火倒入色拉油，将姜末炝香，下入熟猪肚、水发腐竹煸炒，然后倒入水，调入精盐、味精烧沸，淋入香油即可食用。

养生功效 此汤具有补脾健胃、健脑降脂的功效。

适合人群 脾虚腹泻者，虚劳瘦弱者，消渴、小儿疳积者，尿频或遗尿者适宜食用。

不宜人群 肾炎患者，肾功能不全、糖尿病酮症酸中毒者、痛风患者及正在服四环素、尤降灵等药的人。

养生药膳 健胃肚条煲

配方 〉猪肚500克，薏米300克，枸杞20克，姜、蒜各5克，高汤200毫升，盐3克，鸡精1克

制作 〉

①猪肚洗净切条，氽水沥干；薏米、枸杞洗净；姜、蒜洗净切碎。②锅倒油烧热，加入姜、蒜爆香后，倒入高汤、猪肚、薏米、枸杞大火烧开，关火。③加入盐、鸡精炖至入味即可。

养生功效 此汤具有健胃补虚、除湿利水的功效。

适合人群 虚劳羸弱、脾胃虚弱、中气不足、气虚下陷、小儿疳积、腹泻、胃痛者。

不宜人群 湿热痰滞内蕴者及感冒者不宜食用。

牛肉

补中益气，滋养脾胃

牛肉是牛科动物黄牛或水牛的肉，它含蛋白质、脂肪、维生素B$_1$、维生素B$_2$、钙、磷、铁，还含有多种特殊成分，如肌醇、黄嘌呤、次黄质、牛磺酸、肽类、氨基酸、尿酸、尿素氨等。

【性味归经】
性平，味甘。归脾、胃经。

【适合体质】
气虚体质

【煲汤适用量】
50~250克

【别　　名】
黄牛肉。

【功效主治】

牛肉有补中益气、滋养脾胃、强健筋骨、化痰息风、止渴止涎的功效。对虚损羸瘦、消渴、脾弱不运、癖积、水肿、腰膝酸软、久病体虚、面色萎黄、头晕目眩等病症有食疗作用。多吃牛肉，对肌肉生长有好处。牛肉与土豆同食，可保护胃黏膜；牛肉与洋葱同食，可补脾健胃；牛肉与鸡蛋同食，可延缓衰老；牛肉与枸杞同食，可养血补气；牛肉与芹菜同食，可降低血压；牛肉与白萝卜同食，可补五脏、益气血；牛肉与芋头同食，可治疗食欲不振、防止便秘；牛肉与食用仙人掌同食，可补脾健胃。

【应用指南】

·治脾胃久冷，不思饮食· 牛肉500克，以胡椒、砂仁各3克，荜茇、橘皮、草果、高良姜、生姜各6克，共研成细末；姜汁、葱汁、食盐和水适量。一同将肉拌匀，腌2天，煮熟收汁。取出切片食，或切片后烘干食。

·治脾胃虚弱，气血不足，虚损羸瘦，体倦乏力· 牛肉250克，切块，山药、莲子、茯苓、小茴香（布包）、大枣各30克。加水适量，小火炖至烂熟，酌加食盐调味，饮汤吃肉。

·治腹中癖积· 黄牛肉一斤，恒山9克。同煮熟，食肉饮汁，癖必自消。

【选购保存】

新鲜牛肉有光泽，红色均匀，脂肪洁白或淡黄色；外表微干或有风干膜，不粘手，弹性好。如不慎买到老牛肉，可急冻再冷藏一两天，肉质可稍变嫩。

养生药膳 ## 胡萝卜煲牛肉

养生药膳 ## 家常牛肉煲

配方 〉酱牛肉250克，胡萝卜100克，高汤适量

制作 〉

①将酱牛肉洗净、切块，胡萝卜去皮、洗净，切块备用。②净锅上火倒入高汤，下入酱牛肉、胡萝卜煲至成熟即可。

养生功效 胡萝卜有补肝明目，清热解毒的作用；牛肉可补中益气、滋养脾胃、强健筋骨、化痰息风、止渴止涎。此汤具有补脾益胃、补肝明目的功效。

适合人群 高血压、冠心病、血管硬化和糖尿病患者，老年人、儿童以及身体虚弱者。

不宜人群 内热者、皮肤病、肝病、肾病患者不宜食用。

配方 〉酱牛肉200克，西红柿150克，土豆100克，高汤适量，精盐少许，香葱5克

制作 〉

①将酱牛肉、西红柿、土豆收拾干净，均切块备用。②净锅上火倒入高汤，下入酱牛肉、西红柿、土豆，调入精盐煲至成熟，撒入香葱即可。

养生功效 牛肉可补中益气、强健筋骨、滋养脾胃；西红柿可生津止渴、健胃消食；土豆可缓急止痛，通利大便。此汤具有和胃调中、健脾益气的功效。

适合人群 老年人，脾胃虚弱者，免疫力低下者。

不宜人群 糖尿病患者、腹胀者；急性肠炎、菌痢及溃疡活动期病人忌食。

鲫鱼

健脾开胃，益气利水

鲫鱼属淡水鱼系，体型侧扁，上脊隆起。它富含蛋白质、脂肪、钙、铁、锌、磷等矿物质以及各种维生素。其中锌的含量很高。

【性味归经】
味甘，性平。归脾、胃、大肠经。

【适合体质】
血虚、气虚体质

【煲汤适用量】
50~200克

【别　　名】
鲋鱼。

【功效主治】

鲫鱼可补阴血、通血脉、补体虚，还有益气健脾、利水消肿、清热解毒、通络下乳、祛风湿病痛之功效。鲫鱼肉中富含极高的蛋白质，而且易于被人体所吸收，氨基酸也很高，所以对促进智力发育、降低胆固醇和血液粘稠度、预防心血管疾病有明显作用。鲫鱼与木耳同食，可润肤抗老；鲫鱼与花生同食，有利于营养吸收；鲫鱼与红枣同食，可祛头风、改善体质；鲫鱼与豆腐同食，可预防更年期综合征；鲫鱼与西红柿同食，营养丰富；鲫鱼与蘑菇同食，可起到利尿美容的功效。

【应用指南】

·治脾胃虚寒，食欲不振，饮食不化，虚弱无力· 大鲫鱼1尾，草豆蔻6克，研末，撒入鱼肚肉，用线扎定，再加生姜10克，陈皮10克，胡椒5克，用水煮熟食。亦可酌加适量食盐。

·治久泻久痢，不思饮食，脾胃虚弱，大便不固· 鲫鱼1尾，不去鳞、鳃，腹下作一孔，去内脏，装入白矾2克，用草纸或荷叶包裹，以线扎定，放火灰中煨至香熟。取出，随意食之，亦可蘸油盐调味食。

【选购保存】

鲫鱼要买身体扁平颜色偏白的，肉质会很嫩。新鲜鱼的眼略凸，眼球黑白分明，眼面发亮，用浸湿的纸贴在鱼眼上，防止鱼视神经后的死亡腺离水后断掉。这样死亡腺可保持一段时间，从而延长鱼的寿命。

豆豉鲫鱼汤

配方 〉风味豆豉150克，鲫鱼100克，清汤适量，精盐5克，姜片3克

制作 〉

①将豆豉剁碎；鲫鱼洗净，斩块，备用。

②净锅上火倒入清汤，调入精盐、姜片，下入鲫鱼烧开，打去浮沫，再下入风味豆豉煲至熟即可。

养生功效 〉豆豉能和胃除烦，解腥毒；鲫鱼益气健脾、利水消肿、清热解毒。此汤具有温中健脾、消谷除胀的功效。

适合人群 〉慢性肾炎水肿，肝硬化腹水、营养不良性水肿、孕妇产后乳汁缺少以及脾胃虚弱、饮食不香、小儿麻疹初期、痔疮出血、慢性久痢等病症者适宜食用。

不宜人群 〉感冒患者、高脂血症患者不宜食用。

蘑菇豆腐鲫鱼汤

配方 〉豆腐175克，鲫鱼1条，蘑菇45克，清汤适量，精盐4克，香油5毫升

制作 〉

①豆腐洗净，切块；鲫鱼收拾干净，斩块；蘑菇洗净，切块备用。②净锅上火，倒入清汤，调入精盐，下入鲫鱼、豆腐、蘑菇烧开，煲至熟，淋入香油即可。

养生功效 〉鲫鱼可补阴血、通血脉、补体虚；豆腐可补中益气、清热润燥、生津止渴、清洁肠胃。此汤具有健脾开胃、通络下乳的功效。

适合人群 〉孕妇产后乳汁缺少，脾胃虚弱，饮食不香、小儿麻疹初期、痔疮出血、慢性久痢等病症者。

不宜人群 〉通风、肾病、便溏者；感冒者、高脂血症患者。

糯米

补养体气，温补脾胃

糯米是糯稻的种仁，其主要成分是蛋白质、脂肪、钙、磷、铁、维生素B_1、维生素B_2、烟酸等。它可以煮粥食用，也可以用来酿酒。糯米是一种有黏性的、柔润的稻米，所产的热量比面粉和一般粮谷都高，特别适宜老年人晨间食用，因此自古被列为营养上品。

【性味归经】
性温，味甘。归脾、肺经。

【适合体质】
气虚体质

【煲汤适用量】
30~100克

【别　　名】
元米、江米。

【功效主治】

糯米能够补养体气，主要功能是温补脾胃，还能够缓解气虚所导致的盗汗，妊娠后腰腹坠胀，劳动损伤后气短乏力等症状。糯米适宜贫血、腹泻、脾胃虚弱、神经衰弱者食用。不适宜腹胀、咳嗽、痰黄、发热患者。

【应用指南】

·治乏力疲劳· 糯米500克，黄酒1000毫升，鸡蛋2个，三者放碗中隔水蒸熟，一天分多次吃，必要时一周后再吃，疗效甚佳。

·治慢性结肠炎· 糯米500克，淮山药50克，共炒熟，研成细末，每早晨用小半碗，加白糖、胡椒末少许，开水冲服。

·治头晕、目眩、腰膝酸软· 糯米30克、枸杞15克，水煮食用，喝汤食糯米及枸杞，每日食两次。

·治气短、须发早白、脱发、病后虚弱· 糯米50克、黑芝麻30克。两者分开用文火炒成微黄色，共研成末，每天吃几勺。

·治疗贫血· 赤小豆50克、白扁豆15克煮烂，再加入大枣20枚、莲子30克、糯米30克同煮，最后将山药50克去皮切片放入粥中，以熟烂为度，常食。

·治疗神经衰弱症· 糯米100克、薏米50克、红枣10枚，煮成粥，每天食用1次。

【选购保存】

糯米以放了三四个月的为最好，因为新鲜糯米不太容易煮烂，也较难吸收作料的香味。将几颗大蒜头放置在米袋内，可防止米因久存而长虫。

养生药膳 糯米莲子粥

配方 莲子30克，糯米100克，蜂蜜少许

制作

①将糯米、莲子洗净后，用清水浸泡1小时。②把糯米、莲子放入锅内，加适量清水，置火上煮。③煮至莲子熟后，再放入蜂蜜调匀即可。

养生功效 糯米可补中益气、健脾养胃、止虚汗；莲子可清心醒脾，补脾止泻，养心安神。此粥具有健脾止泻、开胃消食的功效。

适合人群 体倦无力、食少便溏、血虚萎黄、夜寐多梦、遗精淋浊、崩漏带下诸症者。

不宜人群 儿童、糖尿病患者、体重过重或其他慢性病如肾病、高血脂的人，大便燥结者不宜食用。

养生药膳 酸枣玉竹糯米粥

配方 酸枣仁、玉竹、灯心草各适量，糯米100克，盐2克

制作

①糯米洗净，浸泡半小时后，捞出沥干水分备用；酸枣仁洗净；玉竹、灯心草均洗净，切段。②锅置火上，倒入清水，放入糯米，以大火煮开。③加入酸枣仁、玉竹、灯心草同煮片刻，再以小火煮至浓稠状，调入盐拌匀即可。

养生功效 此粥具有清心降火、生津益胃的功效。

适合人群 虚烦不眠、惊悸怔忡、体虚自汗、盗汗者，脾胃气虚、常常腹泻者宜食。

不宜人群 实邪郁火及患有滑泄症者。

花生

健脾胃的"植物肉"

花生是豆科植物落花生的种子，因为是在花落以后，花茎钻入泥土而结果，所以又称"落花生"，又由于营养价值高，吃了可延年益寿，故又称为"长寿果"。花生含有蛋白质、脂肪、糖类、维生素A、维生素B_6、维生素E、维生素K，以及矿物质钙、磷、铁等营养成分，可提供8种人体所需的氨基酸及不饱和脂肪酸，含卵磷脂、胆碱、胡萝卜素、粗纤维等有利于人体健康的物质。

【性味归经】
性平，味甘。归脾、肺经。

【煲汤适用量】
10~50克

【适合体质】
平和体质

【别 名】
长生果、长寿果、落花生。

【功效主治】

花生可以促进人体的新陈代谢、增强记忆力，可益智、抗衰老、延长寿命，适用营养不良、脾胃失调、咳嗽痰喘、乳汁缺少等症。此外，花生还具有止血功效，其外皮含有可对抗纤维蛋白溶解的成分，可改善血小板的质量。而且花生对于预防心脏病、高血压和脑溢血的产生有食疗作用。花生与红枣同食，可健脾、止血；花生与芹菜同食，可预防心血管疾病；花生与猪蹄同食，可补血催乳；花生与大米、冰糖同食，可健脾开胃、润肺止咳；花生与醋同食，可增食欲、降血压。

【应用指南】

·久咳气短、干咳少痰· 花生、甜杏仁各15克，蜂蜜适量。将花生、甜杏仁捣烂成泥状。每次取10克，加蜂蜜，开水冲服。早饭前，晚饭后食用。

·脾虚血少、贫血、血小板减少性紫癜、血友病· 花生120克，大枣30克，加水煎服。亦可嚼食花生，用大枣煎汤送服。

·脾胃虚弱、气血不足、食欲减退、消化不良、大便秘结· 花生、甜杏仁、黄豆各15克。将花生、甜杏仁、黄豆装入盆中，加水浸泡4小时后，用磨浆机研磨成稠浆，再用双层纱布滤取浆液，倒入砂锅中煮熟即可。

【选购保存】

以果荚呈土黄色或白色、色泽分布均匀一致为宜。果仁以颗粒饱满、形态完整、大小均匀、肥厚而又光泽、无杂质为好。应晒干后放在低温、干燥地方保存。

养生药膳 牛奶炖花生

配方 〉花生米50克，枸杞20克，银耳30克，牛奶1500毫升，冰糖适量

制作 〉

①将银耳、枸杞、花生米洗净。②锅上火，放入牛奶，加入银耳、枸杞、花生米，煮至花生米烂熟。③调入冰糖即可。

养生功效 花生米补脾胃、养血增乳，具有抗衰老，增强记忆力的作用；枸杞、银耳养阴增乳；牛奶味甘性微寒，具有生津止渴、补益气血、补虚健脾等功效，奶中的纯蛋白含量高，常喝牛奶还可美容。

适合人群 营养不良者、气血不足者、病后体虚者、脾胃失调者、燥咳、反胃、脚气病、咳嗽痰喘、乳汁缺乏者适宜食用。

不宜人群 胆囊炎、慢性胃炎、骨折慢性肠炎、脾虚便溏患者。

养生药膳 花生香菇鸡爪汤

配方 〉鸡爪250克，花生米45克，香菇4朵，高汤适量，盐4克

制作 〉

①将鸡爪洗净；花生米洗净，浸泡；香菇洗净，切片备用。②净锅上火倒入高汤，下入鸡爪、花生米、香菇煲至熟后，加入盐调味即可食用。

养生功效 此汤具有养血催乳、活血止血的功效。花生可调节脾胃功能、化痰止咳、增加乳汁分泌；香菇益气不饥、治风破血、益胃助食；鸡爪中含有大量的胶原蛋白，可延缓衰老、滋润皮肤。

适合人群 气虚、贫血、乳汁缺乏者。

不宜人群 慢性畏寒型胃炎患者、痘疹初发之人。

玉米

开胃益智，调理中气

玉米是一种常见的粮食作物，主要生产于北方，有黄玉米、白玉米两种，其中黄玉米含有较多的维生素A，对人的视力十分有益。玉米主要成分是蛋白质、脂肪、维生素E、钾、锰、镁、硒及丰富的胡萝卜素、B族维生素、钙、铁、铜、锌等多种维生素及矿物元素。

【性味归经】
味甘、性平，归脾、肺经。

【适合体质】
平和体质

【煲汤适用量】
50~200克

【别　　名】
粟米、苞米、包谷、珍珠米。

【功效主治】

玉米有开胃益智、宁心活血、调理中气等功效，还能降低血脂肪，预防脑功能退化增强记忆力。玉米中含有一种特殊的抗癌物质——谷胱甘肽，它进入人体内可与多种致癌物质结合，使其失去致癌性。玉米中还含有大量的植物纤维素能加速排除体内毒素，其中天然维生素E则有促进细胞分裂、延缓衰老、降低血清胆固醇、防止皮肤病变的功能。所以玉米对治疗青春痘和痘痘肌肤恢复也有一定的作用。

【应用指南】

·治动脉硬化、梗死、中风、高血脂症· 玉米粉50克，粳米50克。将玉米粉用适量的冷水调和，再将淘洗干净的粳米入锅，加水适量，用武火烧开。加入玉米粉，转用文火熬煮成稀粥。每日早、晚温热服用。

·治疗脾肺气虚、干咳少痰、皮肤干燥· 玉米100克，松子80克，两者炒食。

·治便秘· 取玉米渣100克，凉水浸泡半天，慢火炖烂，加入白薯块，共同煮熟，喝粥吃白薯，可缓解老年人习惯性便秘。

·降血糖· 干燥玉米须50~60克，加10倍的水，文火煎开，每天分3次口服，对糖尿病患者降低血糖十分有益，只是作用迟缓，以经常饮用为宜。

【选购保存】

玉米以整齐、饱满、无缝隙、色泽金黄、表面光亮者为佳。保存玉米需将外皮及毛须去除，洗净后擦干，用保鲜膜抱起来放入冰箱中冷藏。

养生药膳 玉米猪肚汤

配方 猪肚200克，玉米1条，姜1片，盐、味精各适量

制作

①猪肚洗净余水；玉米切段。②将所有原材料放入盅内加水，用中火蒸2个小时。③最后放入调味料即可。

养生功效 玉米可开胃益智、宁心活血、调理中气；猪肚可补虚损、健脾胃。此汤具有健脾补虚，防治便秘的功效。

适合人群 高血压、高血脂、动脉硬化、老年人习惯性便秘、脾胃虚弱、慢性胆囊炎、小便晦气等患者；爱美人士适宜食用。

不宜人群 遗尿患者、糖尿病患者不宜食用。

养生药膳 玉米山药猪胰汤

配方 猪胰1条，玉米1条，山药15克，盐5克

制作

①猪胰洗净，去脂膜，切件；玉米洗净，斩成2~3段。②山药洗净，浸20分钟。③把以上全部材料放入煲内，加清水适量，大火煮沸后，文火煲2小时即可食用。

养生功效 此汤具有健脾益阴，降糖止渴的功效。

适合人群 糖尿病、高血脂属脾肾不足者。症见口渴多饮，咽干舌燥，神疲乏力，或便溏，水肿，舌淡红少苔，脉细者宜食。

不宜人群 脾胃虚弱腹胀者；糖尿病患者不宜食用。

南瓜

健胃消食的高手

南瓜为葫芦科南瓜属一年生草本植物，它含蛋白质、钾、磷、钙、铁、锌、钴、糖类、淀粉、胡萝卜素、维生素B_1、维生素B_2、维生素C和膳食纤维等。

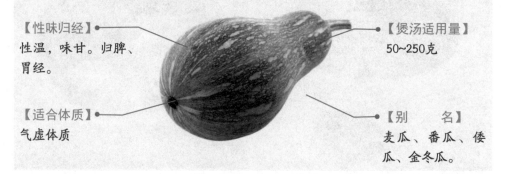

【性味归经】
性温，味甘。归脾、胃经。

【适合体质】
气虚体质

【煲汤适用量】
50~250克

【别　　名】
麦瓜、番瓜、倭瓜、金冬瓜。

【功效主治】

南瓜具有润肺益气、化痰、消炎止痛、降低血糖、驱虫解毒、止喘、美容等功效。可减少粪便中毒素对人体的危害，防止结肠癌的发生，对高血压及肝脏的一些病变也有预防和治疗作用。另外，南瓜盅胡萝卜素含量较高，可保护眼睛。南瓜与牛肉同食，可补脾健胃、解毒止痛；南瓜与绿豆同食，可清热解毒、生津止渴；南瓜与莲子同食，可降低血压；南瓜与山药同食，可提神补气。

【应用指南】

·降血糖· 取南瓜250克，将南瓜去皮、瓤，洗净切小块，入锅中加水500毫升，煮至瓜熟，加入调料可。饮汤食瓜，早、晚各服食1次。

·夜盲症· 猪肝、南瓜各250克，精盐、味精、麻油适量。先将南瓜去皮、瓤，洗净切块；猪肝洗净切片；以上二物同入锅中，加水1000毫升，煮至瓜烂肉熟，加入作料匀即成。

·肝肾功能不全· 老南瓜100克，紫菜20克，虾皮20克，鸡蛋1枚，酱油、黄酒、醋、味精、油各适量。先将紫菜水泡，洗净，鸡蛋打入碗内搅匀，虾皮用黄酒浸泡，南瓜去皮、瓤，洗净切块；再将锅放火上，倒入油烧热后，放入酱油炝锅，加适量的清水，投入虾皮、南瓜块，煮约30分钟，再把紫菜投入，10分钟后，将搅好的蛋液倒入锅中，加入作料调匀即成。

【选购保存】

挑选外形完整，最好是瓜梗蒂连着瓜身，这样的南瓜说明新鲜。南瓜切开后，可将南瓜子去掉，用保鲜袋装好后，放入冰箱冷藏保存。

养生药膳 南瓜虾皮汤

配方 南瓜400克，虾皮20克，食用油、盐、葱花、汤各适量

制作

①南瓜洗净，切块。②食油爆锅后，放入南瓜块稍炒，加盐、葱花、虾皮，再炒片刻。③添水煮成汤，即可吃瓜喝汤。

养生功效 此汤具有健脾益胃、润肺补中的功效。虾皮中含有丰富的蛋白质和矿物质，尤其是钙的含量极为丰富，有"钙库"之称，是缺钙者补钙的较佳途径。

适合人群 糖尿病、营养不良、各种贫血、慢性支气管炎、哮喘等病人适宜食用。

不宜人群 气滞湿阻病症患者、有脚气、黄疸、时病疮症、下痢胀满、产后痧痘者。

养生药膳 南瓜薏米粥

配方 南瓜40克，薏米20克，大米70克，盐2克，葱8克

制作

①大米、薏米均泡发洗净；南瓜去皮洗净，切丁。②锅置火上，倒入清水，放入大米、薏米，以大火煮开。③加入南瓜煮至浓稠状，调入盐拌匀，撒上葱花即可。

养生功效 南瓜可润肺益气、化痰、消炎止痛；薏米可利水消肿、健脾去湿、舒筋除痹、清热排脓。此粥具有降糖止渴、健脾祛湿的功效。

适合人群 脾胃虚弱者，泄泻者，湿痹患者，水肿患者，肠痈、肺痈患者，淋浊患者适宜食用。

不宜人群 怀孕早期妇女、尿多者不宜食用。

对症药膳，调理脾胃疾病

※脾胃疾病是日常生活中最常遇到的。一不小心吃错东西就能患上急性肠胃炎；不按时吃饭、忍受饥饿就会胃痛。除此之外，常见的脾胃疾病还有胃及十二指肠溃疡、胃下垂、胃癌、痢疾、便秘、直肠癌等。既然脾胃如此的"脆弱"，那我们就更要好好的呵护它！

▶ 脾胃疾病知多少

脾胃疾病属于消化系统疾病。消化系统由消化道和消化腺两部分组成，消化道（由上往下）包括口腔、咽、食管、胃、肝、胆、小肠和大肠等。消化科疾病多为慢性病，病程较长，容易反复发作，对病人的影响较大。

消化系统常见的不适症状有：厌食、腹胀、呃逆（打嗝）、呕吐、便秘、腹泻、便血、腹水等。常见的消化系统疾病有：慢性胃炎、胃及十二指肠溃疡、胃下垂、慢性病毒性肝炎、脂肪肝、肝硬化、胆结石、便秘、痢疾、痔疮、胃癌、食道癌、直肠癌等。我们常说调理脾胃，这里的"调理"，一般为中药调理。但中药大多味苦难咽，若单单喝中药茶似乎太不符合人们追求美味的特性，若能把中药与食材搭配在一起，既可享受食物的美味，又能发挥药物的疗效，那就太完美了！而药膳，正是拥有着这样强大的威力。

▶ 调理脾胃，需"对症下药"

脾胃疾病一直以来都颇受人们的关注与重视，但往往也是人们最容易忽略的。在我们的周围，受脾胃疾病困扰的人群实在是太多了，偶发急性肠胃炎的，胃胀、胃闷痛的，胃酸过多的等等，其实这大多与人们不规律的生活饮食习惯有关。在当代，生活节奏越来越快，有相当一部分人，忙到连早餐也来不及吃，另外，还有些人不能按时进食或饮食过急过饱、饮食不注意卫生等，这些因素都可能引发脾胃疾病，因此，想有健康的脾胃，首先要养成良好的生活饮食习惯。其次，要配合适当的中药调理。下文详细介绍了消化科常见的不适症状和疾病，并根据各个症状

和疾病的特点搭配了合理的药膳进行调理，辩证施治，以帮助患者早日康复。

慢性胃炎

慢性胃炎是指由各种原因引起的胃黏膜炎症，是一种常见病，其发病率在各种胃病中占据首位。本病可发生于各年龄段，十分常见，男性多于女性，而且随年龄增长发病率逐渐增高。现代科学认为，幽门螺旋杆菌感染、经常进食刺激性食物或药物引起胃黏膜损伤、高盐饮食、胃酸分泌过少以及胆汁反流等，都是引起慢性胃炎的因素。主要表现为中上腹疼痛，多为隐痛，常为饭后痛，因进冷食、硬食、辛辣或其他刺激性食物引起症状或使症状加重。上腹饱胀，患者进少量食物，甚至空腹时，都觉上腹饱胀。偶尔伴有烧心、恶心、呕吐、食欲不振、乏力等。慢性胃炎者最重要的是保护胃黏膜，具有此功效的中药和食材有车前草、蒲公英、甘草、黄芪、党参、白术、大黄、丹参、川芎、人参、茯苓、青皮、南瓜、酸奶等。

对症药膳 【党参鳝鱼汤】

| 配 方 | 鳝鱼200克，党参20克，红枣10克，佛手、半夏各5克，盐适量

| 制 作 |
①将鳝鱼去鳞及内脏，洗净切段。②党参、红枣、佛手、半夏洗净，备用。③把党参、红枣、佛手、半夏、鳝鱼加适量清水，大火煮沸后，小火煮1小时，调入盐即可。

养生功效 此汤具有温中健脾、行气止痛的功效。

对症药膳 【白果煲猪小肚】

| 配 方 | 猪小肚100克，扁豆15克，白术10克，白果5颗，盐适量

| 制 作 |
①猪小肚洗净，切丝；白果炒熟，去壳。②扁豆、白术洗净，装入纱布袋，扎紧袋口。③将猪小肚、白果、药袋一起放入砂锅，加适量水，煮沸后改小火炖煮1小时，捞出药袋丢弃，加盐调味即可。

养生功效 此汤具有补气健脾、化湿止泻的功效。

胃及十二指肠溃疡

本病多发于中青年，胃溃疡多发于男性，十二指肠溃疡多发于女性，是极为常见的疾病。临床特点为慢性、周期性、节律性的上腹疼痛，胃溃疡的痛多发生在进食后0.5~1小时；十二指肠溃疡的痛则多出现于食后3~4小时。轻微者有反胃、呕吐、疼痛等症状，严重者可因消化道大量出血（呕血或便血）导致休克。发病原因为：感受外邪，内伤饮食，情志失调，劳倦过度，伤及于胃则胃气失和，气机郁滞（气滞血瘀，宿食停滞，胃气郁滞）则为胃络失于温养，胃阴不足。如果胃失濡养，则脉络拘急，气血运行不畅。胃及十二指肠溃疡常用的药材和食材有：白及、田七、山楂、砂仁、甘草、白芍、白术、山药、豆浆、豆腐、鸡蛋、瘦肉、软饭、油菜、水果、牛奶、牛肉、蜂蜜等。宜吃绿色蔬菜、水果等。忌玉米、高粱、荞麦、芹菜、花生、火腿、腊肉、咖啡、浓茶、辣椒等。

对症药膳 【白芍椰子鸡汤】

|配方| 白芍10克，椰子100克，母鸡肉150克，菜心30克，盐5克

|制作|

①将椰子洗净，切块；白芍洗净备用。②母鸡肉洗净斩块，汆水备用；菜心洗净。③煲锅上火倒入水，下入椰子、鸡块、白芍，煲至快熟时，调入盐，下入菜心煮熟即可。

养生功效 此汤具有益气生津、清热补虚的功效。

对症药膳 【白芍山药鸡汤】

|配方| 莲子及山药各50克，鸡肉40克，白芍10克，枸杞5克，盐适量

|制作|

①山药去皮，洗净，切块状；莲子洗净，与山药一起放入热水中稍煮，备用；白芍及枸杞洗净，备用。②鸡肉洗净，放入沸水中汆去血水。③锅中加入适量水，将山药、白芍、莲子、鸡肉放入；水沸腾后，转中火煮至鸡肉熟烂，加枸杞，调入盐即可食用。

养生功效 补气健脾、敛阴止痛。

胃下垂

　　胃下垂是指站立时，胃下缘达盆腔，胃小弯弧线最低点降至髂嵴连线以下。临床诊断以X线、钡餐透视、B超检查为主，可以确诊。该病的发生多是由于膈肌悬吊力不足，肝胃、膈胃韧带功能减退而松弛，腹内压下降及腹肌松弛等因素，加上体形或体质等因素，使胃呈极底低张的鱼勾状，即为胃下垂所见的无张力型胃。临床表现为：腹胀及上腹不适、腹痛、恶心、呕吐等。胃下垂患者大多脾胃气虚，无力升举内脏，造成内脏下垂，所以宜吃具有健脾、益气、升提作用的药材和食物，如升麻、人参、党参、白术、山药、柴胡、猪肚、牛肚、鸡肉、鱼肉、牛奶、豆腐、豆奶、红枣、蘑菇、香菇等；促进胃肠食物消化，减轻腹胀也是缓解胃下垂的一个重要治疗方法，常用的药材和食材有：山楂、麦芽、神曲、鸡内金、苹果、南瓜等。

对症药膳 【补胃牛肚汤】

配　方 牛肚1000克，鲜荷叶半张，白术、黄芪、升麻、神曲各10克，生姜3片，桂皮2片，茴香、胡椒粉、黄酒、盐、醋各适量

制　作

①将鲜荷叶垫于锅底，放入洗净的牛肚和药材。加水烧沸后中火炖30分钟，取出切小块后复入砂锅，加黄酒、茴香和桂皮，小火煨2小时。②加调料继续煨2~3小时，直至肚烂即可。

养生功效 升阳举陷、健脾补胃。

对症药膳 【枣参茯苓粥】

配　方 红枣、白茯苓、人参各适量，大米100克，白糖8克

制　作

①大米泡发，洗净；人参洗净，切小块；白茯苓洗净；红枣去核洗净，切开。②锅置火上，注入清水后，放入大米，用大火煮至米粒开花，放入人参、白茯苓、红枣同煮。③改用小火煮至粥浓稠闻见香味时，放入白糖调味，即可食用。

养生功效 益脾和胃、益气补虚。

胃癌

　　胃癌是常见的恶性肿瘤，也是最常见的消化道恶性肿瘤，乃至名列人类所有恶性肿瘤之前茅。在我国其发病率居各类肿瘤的首位。分为肠型胃癌、胃型胃癌。胃脘疼痛是胃癌最早出现的症状，早期不明显，仅有上腹部不适、饱胀感或重压感。到一定程度，还有恶心、呕吐、呕血、便血、食欲减退、腹泻。晚期因肿瘤消耗及畏食等，常出现恶液质，病人极度消瘦。后期在上腹部能触及包块，压痛，肿物可活动也可固定，坚硬有时呈结节状。有慢性胃炎、慢性胃溃疡等癌前病变患者，饮食习惯不良、长期酗酒及吸烟者，有胃癌或食管癌家族史者均为本病的易发人群。患者宜多吃能增强免疫力、抗胃癌作用的药材和食物，如大白菜、西蓝花菜、夏枯草、白鲜皮、洋葱、山豆根、黄连、白芍、黄芪、桂枝、大黄、山药、扁豆、薏米、菱角、黄花菜、蘑菇、葵花子、猕猴桃、沙丁鱼等。

对症药膳 【山楂消食汤】

|配 方| 花菜200克，土豆150克，瘦肉100克、山楂、桂枝、白芍各10克，盐适量，黑胡椒粉少许

|制 作|
①将药材煎汁备用，花菜掰小朵；土豆切小块；瘦肉切小丁。②放入锅中，倒入药汁煮至土豆变软，加盐、黑胡椒粉，再次煮沸后关火即可食用。

养生功效 此汤具有健胃消食、温胃止痛的功效。

对症药膳 【佛手娃娃菜】

|配 方| 娃娃菜350克，佛手10克，红甜椒10克，盐3克，生抽8毫升，味精2克，香油10毫升

|制 作|
①娃娃菜洗净切细条，入水汆熟，捞出沥干水分，装盘；红甜椒洗净，切末。佛手洗净，放进锅里加水煎汁，取汁备用。②用盐、生抽、味精、香油、佛手汁调成味汁，淋在娃娃菜上即可。

养生功效 防癌抗癌、开胃消食。

急性肠炎

急性肠炎是由细菌及病毒等微生物感染所引起的疾病，多在进食后数小时突然出现，腹泻每日数次至10余次，大便呈黄色水样，夹杂未消化食物。腹痛，呈阵发性钝痛或绞痛。或伴呕吐、发热、头痛、周身不适等症状。严重者会脱水甚至休克。急性肠炎常用的药材和食材有：马齿苋、薏米、菊花、金银花、黄连、秦皮、蒲公英、荷叶、白扁豆、猪瘦肉、鸭肉、荷叶、薏米、苋菜、草莓、无花果、茶叶、西瓜、绿豆、冬瓜、丝瓜、大蒜头等。忌辣椒、胡椒、桂皮、羊肉、狗肉、海鲜类、荔枝、龙眼、蜂蜜、坚果类等。肠炎患者要注意平时的饮食卫生。不要进食病死牲畜的肉和内脏，肉类、禽类、蛋类等要煮熟后才能食用。少食生冷，不吃不新鲜、隔夜食物，尤其对生吃的水果蔬菜应彻底清洗，洗后再食用。平时要少喝酒，忌一切辛辣刺激性食物。

对症药膳 【黄连白头翁粥】

| 配 方 | 川黄连10克，白头翁50克，粳米30克

| 制 作 |

① 将川黄连、白头翁洗净，入砂锅，加水600毫升，大火煎煮10分钟，去渣取汁。② 另起锅，加清水400毫升，入淘洗过的粳米煮至米开花。③ 加入药汁，煮成粥，待食。每日3次，温热服食。

养生功效 清热燥湿、泻火解毒。

对症药膳 【苹果番荔枝汁】

| 配 方 | 苹果1个，番荔枝2个，蜂蜜20毫升

| 制 作 |

① 将苹果洗净，去皮，去核，切成块，备用。② 番荔枝去壳，去籽。③ 将苹果、番荔枝放入搅拌机中，再加入蜂蜜，搅拌30秒即可。

养生功效 此品具有涩肠止泻、健胃生津的功效。

慢性肠炎

　　慢性肠炎泛指肠道的慢性炎症性疾病，其病因可为细菌、霉菌、病毒、原虫等微生物感染，亦可为过敏反应等原因所致。临床表现为长期慢性反复发作的腹痛腹泻、顽固不化、面色不华、精神不振、少气懒言、四肢乏力、喜温怕冷等，重者可有黏液便或水样便。慢性肠炎常用的药材和食材有：白术、红枣、肉豆蔻、五倍子、诃子、黄芪、党参、金樱子、陈皮、山药、瘦肉、石榴、柿子、苹果、糯米、乌骨鸡、板栗、扁豆、菱角等。宜蛋类、水果、粗粮等。忌辣椒、胡椒、芥末、浓茶、咖啡、酒、生蚝、虾蟹类等。预防慢性肠炎要加强锻炼，增强体质，使脾旺不易受邪；不吃腐败变质的食物，不喝生水，生吃瓜果要烫洗，要养成饭前便后洗手的良好习惯。慢性肠炎患者要注意休息和增加营养，给予易消化的食物，如米汤、粥汤等。

【对症药膳】蒜肚汤

配方 芡实、山药各15克，猪肚1000克，大蒜、生姜、盐各适量

制作

①将猪肚洗净，去脂膜，切块，大蒜、生姜洗净。②芡实洗净，备用；山药去皮，洗净切片。③将所有材料放入锅内，加水煮2小时，至大蒜被煮烂、猪肚熟，调入盐即可。

养生功效 此汤具有健脾益胃、清肠排毒的功效。

【对症药膳】双花饮

配方 金银花30克，白菊花20克，冰糖适量

制作

①将金银花、白菊花洗净。②将以上材料放入净锅内，加水600毫升，水开再煎煮3分钟即可关火。③最后调入冰糖，搅拌溶化即可饮用。可分两次服用。

养生功效 此饮具有解暑散热、润肠排毒的功效。

痢疾

痢疾，古称肠辟、滞下，为急性肠道传染病之一。若感染疫毒，发病急剧，伴突然高热、神昏、惊厥者，为疫毒痢。痢疾主要是由饮食不节或误食不洁之物，伤及脾胃，湿热疫毒趁机入侵、壅滞肠胃、熏灼脉络，致使气血凝滞化脓而发病。发病症状为：①湿热性痢疾表现为腹痛、腹泻、里急后重、下痢浓血、肛门灼热、小便短赤等。②疫毒痢表现为发病急骤、高热口渴、腹痛烦躁、里急后重等。③寒湿痢疾表现为腹痛、里急后重等。④休息痢表现为痢疾时止时作、临厕腹痛、里急后重、大便夹有黏液、精神倦怠、食少畏寒等。痢疾多是由于痢疾杆菌引起，以腹泻为主要表现症状。所以痢疾患者宜选用具有杀灭抑制痢疾杆菌、缓解腹泻作用的药材和食材，如鱼腥草、金银花、柴胡、茯苓、黄连、山楂、谷芽、附子、大黄、蒲公英、杜仲、马齿苋、洋葱、蒜、干姜、苹果等。

 【大蒜银花茶】

| 配 方 | 金银花30克，甘草3克，大蒜20克，白糖适量

| 制 作 |

①将大蒜去皮，洗净捣烂。②金银花、甘草洗净，一起放入锅中，加水600毫升，用大火煮沸即可关火。③最后调入白糖即可服用。

养生功效 此品具有清热解毒、止痢的功效。

 【黄花菜马齿苋汤】

| 配 方 | 苍术20克，干黄花菜30克，鲜马齿苋50克

| 制 作 |

①将黄花菜洗净，泡软；马齿苋洗净，备用；苍术洗净，备用。②先将苍术放入锅中加水800毫升煮10分钟，再放入黄花菜、马齿苋煮成汤，捡去苍术药渣即可。可分两次食用。

养生功效 此汤具有清热解毒、消肿止痛的功效。

便秘

　　所谓便秘，从现代医学角度来看，它不是一种具体的疾病，而是多种疾病的一个症状。便秘在程度上有轻有重，在时间上可以是暂时的，也可以是长久的。中医认为，便秘主要由燥热内结、气机郁滞、津液不足和脾肾虚寒所引起。认为："血虚，则肠失濡润；气虚，则传送无力。"故气血虚弱就容易便秘。便秘是指排便不顺利的状态，包括粪便干燥排出不畅和粪便不干亦难排出两种情况。一般每周排便少于2~3次（所进食物的残渣在48小时内未能排出）即可称为便秘。患者应选择具有润肠通便作用的食物，常吃含粗纤维丰富的各种蔬菜水果，如番薯、芝麻、南瓜、芋头、香蕉、桑葚、杨梅、甘蔗、松子仁、柏子仁、胡桃、蜂蜜、韭菜、苋菜、马铃薯、慈姑、空心菜、落葵、茼蒿、青菜、甜菜、海带、萝卜、牛奶、海参、猪大肠、猪肥肉、梨、无花果、苹果、榧子、肉苁蓉等。

对症药膳 【大黄通便茶】

|配 方| 大黄10克，番泻叶10克，蜂蜜20毫升

|制 作|

①番泻叶用清水洗净，备用。②锅洗净，置于火上，注入适量清水，将大黄放入锅中煎煮半小时。③熄火加入番泻叶、蜂蜜，加盖焖10分钟，取出即可。

养生功效 此品具有清热泻火、润肠通便的功效。

对症药膳 【黄连杏仁汤】

|配 方| 黄连5克，杏仁20克，萝卜500克，盐适量

|制 作|

①黄连用清水洗净备用；杏仁放入清水中浸泡，去皮备用；萝卜用清水洗净，切块备用。②将萝卜与杏仁、黄连一起放入碗中，然后将碗移入蒸锅中，隔水炖。③待萝卜炖熟后，加入盐调味即可。

养生功效 此品具有润肠通便、清热泻火、止咳化痰的功效。

直肠癌

　　直肠癌是由于直肠组织的细胞发生恶变而成，它是大肠癌中最常见的病症，发病率仅次于胃癌和食道癌。有家族史者，患有直肠息肉、慢性炎症肠病者为此病的易发人群。病因目前尚不明确，但是多数专家认为，直肠癌的发病与社会环境、遗传因素、饮食习惯有关，同时，某些疾病如直肠息肉、慢性炎症肠病等，也是引发直肠癌的高危因素。患者早期多无症状，当发展到一定程度，可出现脓血、黏液血便等便血症状，有不同程度的便不尽感、肛门下坠感、排便前腹痛等。随着肿瘤的生长，可导致肠腔狭窄，此时患者可出现腹痛、腹胀、排便困难等肠梗阻的症状。另外，患者还可有乏力、体重下降等症状。患者宜食具有抗直肠癌作用的药材和食物，如大蒜、白茅根、白菜、包菜、鸡内金、麦芽、山楂、神曲、甲鱼、芦荟、芋头、菱角、鹌鹑、芦笋、核桃、薏米、胡萝卜、荞麦等。

对症药膳 【银花茅根猪手汤】

| 配　方 | 猪手1只，黄瓜35克，灵芝8克，金银花、茅根各10克，盐6克

| 制　作 |

①将猪手洗净，切块，汆水；黄瓜去皮、籽，洗净，切滚刀块；灵芝洗净，备用。金银花、茅根洗净，装入纱布袋中，扎紧袋口。②汤锅上火倒入水，下入猪手、药袋，调入盐、灵芝烧开，煲至快熟时，下入黄瓜即可。

养生功效 清热解毒、消炎抗癌。

对症药膳 【山药大蒜蒸鲫鱼】

| 配　方 | 鲫鱼350克，山药100克，大蒜、葱、姜、盐、味精、黄酒各适量

| 制　作 |

①鲫鱼收拾干净，用黄酒、盐腌15分钟；大蒜、葱洗净，切小段；姜洗净，切小片。②山药去皮洗净切片，铺于碗底，放入鲫鱼。③加调味料上笼蒸30分钟即可。

养生功效 此品具有益气健脾、消炎抗癌的功效。

第五章

药膳润肺益气，
养好人体内的"相傅之官"

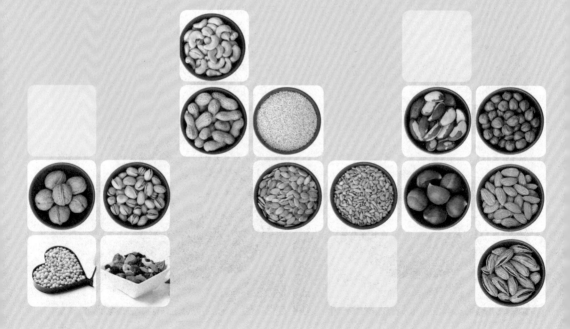

　　《黄帝内经》中记载："肺者，为相傅之官。"肺与心同居膈上，上连气管，通窍于鼻，与自然界之大气直接相通。肺主气、司呼吸；负责气的宣发萧降。肺主呼吸能使自然界的新鲜空气通过肺进入体内，而体内的污浊气体就会通过肺排出体外，让身体的气机畅通无阻。中医有"肺为水之上源"的说法，一旦肺热或肺寒，宣发萧降功能失调，人的气机运行就会受阻，人就会生病，最典型的症状就是咳嗽。因此，在日常生活中，人们可以运用药膳来调养自己的肺脏，以保身体健康。

《黄帝内经》中的肺脏养生

※肺主一身之气，是由于肺主呼吸作用而决定。肺主呼吸能使自然界的清气，通过肺进入体内，而体内的浊气通过肺呼于体外，肺吸进的清气与水谷之气组合成宗气，所以说"肺为宗气之化源"。宗气贯注心脉，又通过心主血脉而布散周身，从而维持各脏腑组织器官的功能活动。

▶ 为何说肺是"相傅之官"

《黄帝内经》中说肺是"相傅之官"，也就是说，肺相当于一个王朝的宰相，它必须了解五脏六腑的情况，这也是为什么中医一号脉就能知道五脏六腑的情况的原因。医生要知道人身体的情况，首先就要问一问肺经，问一问"寸口"。因为全身各部的血脉都直接或间接地汇聚于肺，然后散布全身。所以，各脏腑的盛衰情况，必然在肺经上有所反映，而寸口就是最好的一个观察点，通过这个点可以了解全身的状况。肺为华盖，其位置在五脏六腑的最高处，负责气的宣发肃降。中医有"肺为水之上源"之说。一旦肺热或肺寒，宣发肃降功能失调，人的气机运行就会受阻，人就会生病，最典型的症状就是咳嗽。

▶ 认识肺的生理功能

肺为"相傅之官"，是因为肺有以下三大功能，即肺主气，主肃降，主皮毛。肺的第一大功能是主气，主全身之气。肺不仅是呼吸器官，还可以把呼吸之气转化为全身的一种正气、清气而输布到全身。《黄帝内经》提到"肺朝百脉，主治节"。百脉都朝向于肺，因为肺是一人之下，万人之上，它是通过气来调节治理全身的。肺的第二大功能是主肃降。肺居在西边，就像秋天。秋风扫落叶，落叶簌簌而下。因此肺在人身当中，起到肃降的作用，即可以肃降人的气机。肺是肺循环的重要场所，它可以把人的气机肃降到全身，也可以把人体内的体液肃降和宣发到全身各处，肺气的肃降是跟它的宣发功能结合在一起的，所以它又能通调水道，起到肺循环的作用。肺的第三大功能是主皮毛。人全身表皮都有毛孔，毛孔又叫气门，是气出入的地方，都由肺直接来主管。呼吸主要是通过鼻子，所以肺又开窍于鼻。

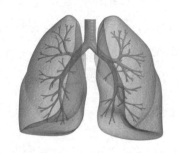

*肺主气，主肃降，主皮毛

▶ 日常生活中的七大养肺法

人们的生活离不开两样东西，一是空气，二是食物。而呼吸空气需要通过肺的运化，可见肺脏的重要性。以下列举了日常生活中的七大养肺法，让人们更好的养护自己的肺！

（1）多吃辛味和白色食物养肺气

《内经》载："辛入肺"。肺属金，味主辛，中医五行学说认为，火克金，火旺容易刑金，导致肺虚，应该多吃辛辣味养护肺气。辛味食物，如生姜、大蒜等都具有增进食欲、祛风散寒、解毒杀菌的功效。

由于辛味是入肺和大肠的，能宣发肺气。气行则血行，气血瘀滞的人就要用辛味，让气血流动起来，一潭死水变成活水，才能有生机。肺系统的病，最常见的就是感冒，而感冒是必用辛味来治疗的。风寒感冒需要辛温的药物来发汗，风热感冒需要辛凉的药物来解表。

俗话说，"冬吃萝卜夏吃姜"。最适合食用辛味食物补养肺脏的季节是夏季，夏天虽热，但阳气在表，阴气在里，内脏反而是冷的，容易腹泻，所以要吃有暖胃作用的辛味食物。而冬天阳气内收，内脏是燥热的，则要吃萝卜清胃火。

*多吃生姜、大蒜等辛味食物，有助养护肺气

而一天之内，应该早吃姜，晚吃萝卜，即"上床萝卜下床姜。"清晨之时，人的胃气有待升发，吃点姜可以健脾温胃，鼓舞阳气升腾。到夜间，人是阳气收敛、阴气外盛，吃点萝卜，润喉消食，清肺虚燥之热，有利于休息。

《内经》又言：白色入肺。养肺除了食用辛味食物外，一些白色食物常常起到补肺作用，如莲藕、百合、梨、荸荠、萝卜、山药、莲子、薏米等。只要食用得当，均可以滋阴润肺、化痰止咳、清热平喘。如果加上补气的中药做成药膳，如人参莲肉汤、黄芪猴头汤、参芪焖鸭等，滋补效果更好。

（2）正确呼吸提升肺能量

肺活量是指在不限时间的情况下，一次最大吸气后再尽最大能力所呼出的气体量，这代表肺一次最大的机能活动量。下面几种有利于健康的呼吸方法，经常练习，可使肺部得到锻炼，有助于保持呼吸道通畅，提升肺活量，从而向血液提供更多的氧气，使精力更加充沛。

腹式呼吸法：放松身体，两鼻孔慢慢吸气，横膈膜下降，将空气吸入腹部，手能感觉到腹部越抬越高，将空气压入肺部底层。吐气时，慢慢收缩腹部肌肉，横膈膜上升，将空气排出肺部。吐气的时间是吸气的1倍时间。这种呼吸方式的目的是增加肺容量，尤其有利于慢阻肺和肺气肿病人病情的恢复。

蒲公英呼吸法：快速吸满一口气，呼气时像吹口哨一样慢慢"吹"出，目的是让空气在肺里停留的时间长一些，让肺部气体交换更充分，支气管炎病人可常做。用鼻子深吸一口气，嘴唇缩拢，轻轻地吹气，就好像在吹蒲公英，不停的通过嘴短促呼气直到空气全部被呼出。重复练习8～12次，然后正常呼吸。这是一个柔和的呼吸练习，有助于加强个人对呼吸的控制，可有效镇静安神。

经络呼吸法：坐姿，将右手食指和中指按在眉心上，大拇指按紧右鼻孔，只用左鼻孔深长、缓慢地进行5次完全呼吸，仔细体会气体在身体里的运行。右手大拇指松开，以无名指按紧左鼻孔，用右鼻孔深长、缓慢地进行5次完全呼吸。这是一个回合，重复练习3～5个回合。练习时不能屏息，初期练习时，自然呼吸，不要刻意延长呼吸时间，保持吸气与呼气时间1：1的比例。坚持练习3个月以上，呼吸技巧较为熟练后，可将呼吸比例调整为1：2，并保持这个比例不变。但儿童与老年人只宜保持呼吸练习1：1的比例。

运动呼吸法：在行走或是慢跑中主动加大呼吸量，慢吸快呼，慢吸时随着吸气将胸廓慢慢的拉大，呼出要快。每次锻炼不要少于20次，每天可若干次。

另外，也可直接用吸入水蒸气的办法使肺脏得到滋润。方法很简单：将热水倒入茶杯中，用鼻子对准茶杯吸入，每次10分钟左右，可早晚各一次，有气管炎的患者不宜。

（3）适当运动增强肺功能

几乎的运动都可以锻炼肺活量的，因为人在运动中，血液循环加快，肺就会加快血氧交换，从而增加肺功能，提升肺活量，但是最有效的，也许就是除此之外，最好做些适当的运动，如以下的运动方式。

扩胸运动：双臂伸直，手掌向下，向前平举，保持手掌向下，缓慢而有力地分别向两侧做展胸动作，然后从两侧收回到身体两侧。双臂上举时吸气，双臂收回时呼气，开始练习时，可反复做50次，逐渐增加到100次。

伸展运动：双臂伸直向前上方举，缓慢而有力地向头后方伸展。上体也可轻微地向后弯，尽量让肩关节达到最大活动幅度，使肩关节有明显的"后震"感，随后双臂收回到身体两侧。双臂上举时吸气，双臂收回时呼气，反复做30～50次。

慢跑：慢跑是锻炼肺部功能的有效简便方法。每次慢跑300～500米。跑步时注意做到呼吸自然，跑和呼吸配合，距离适当，强度不宜大，千万不要憋气。另外，一定要坚持经常进行此练习。

潜水或游泳：由于压力和阻力原因，游泳能对肺脏进行很好的锻炼，可以增强呼吸系统的功能，加大肺活量；还能使皮肤血管扩张，改善对皮肤血管供血，长期坚持能加强皮肤的血液循环。

此外，锻炼提高肺活量的方法还有：踢足球、打篮球、折返跑等等很多。需要注意的是不管选择那一种方法，都要持之以恒经常练习才能有

*经常进行一些运动，可以增加呼吸肌的力量，提高肺活量

效。经常进行以上一种或两种运动方式，都可以增加呼吸肌的力量，提高肺的弹性，使呼吸的深度加大、加深，提高和改善肺呼吸的效率和机能，从而达到提高肺活量检测数值的目的。

（4）耐寒锻炼强健肺部

风凉秋意浓。民间有"春捂秋冻"的说法，这是因为人体内有一套完善的体温调节系统，外界气温的变化能激发人体自身的体温调节系统，从而增强它的功能。气温稍有改变就被动地添减衣服来保暖消暑，会削弱人体体温调节系统的能力，反而不易适应气候的变化。正因如此，秋季正是进行耐寒锻炼的好时候。

耐寒锻炼的方法很多，最常用的如用冷水洗脸、浴鼻，或冷天穿单衣进行体育锻炼、少穿或穿短衣裤到户外进行冷空气浴等。身体健壮的人还可用冷水擦身、洗脚甚至淋浴。

*天凉时进行耐寒锻炼，如用冷水浴脸有利于增强肺部防御功能

以最为典型的耐寒锻炼冷水浴为例，秋天气温、水温对人体的刺激小，此时开始冬泳或冷水浴锻炼最为适宜。冷水浴即用5～20℃的冷水洗澡，可分为脸头浴、足浴、擦身、冲洗、浸浴和天然水浴等，应根据个人情况，可练单项，也可按以上顺序，分阶段逐渐由局部过渡到全身冷水锻炼。冷水浴水温由高渐低，洗浴时间由短渐长。浴后及时用毛巾擦干、擦热。体质差、平时锻炼少的，可先洗温水澡，以后慢慢地降低水温。

除了冷水锻炼外，还可选择一些有助于提高抗寒锻炼的有氧运动项目，如登山、冷空气浴、坚持秋冬泳等。

有研究表明，适当的耐寒锻炼对人体的心血管、呼吸、消化系统等都有帮助。专家发现，耐寒锻炼可使慢性伤风、感冒、咳嗽、鼻炎、鼻窦炎、咽喉炎、牙周炎、慢性气管炎、支气管炎等呼吸道疾病的发病率明显下降。

需要注意的是，在耐寒锻炼上要因人而异，比如一些对肺功能损伤不大的呼吸道疾病患者，如慢性支气管炎或急性支气管炎、经常感冒、慢性咽炎等患者，通过耐寒锻炼，可以提高人对疾病的抵抗力和免疫力，在秋冬季节减少这些疾病的发作程度和发作次数。但对慢性肺患者来说，因为平时吸烟过多，肺部防御功能受损，怕的就是冷空气，因此秋冬季节需要保温或保暖，外出时戴上围巾、口罩，保护气管免受冷空气侵袭。即便要进行耐寒锻炼，也只能在疾病缓解期用冷水洗鼻。

此外，无论采用哪种耐寒锻炼方式，都要遵循循序渐进、持之以恒的科学原则，以让身体充分适应。

（5）养肺适宜秋季

中医认为，秋令与肺气相应，秋天燥邪与寒邪最易伤肺。呼吸系统的慢性疾病也多在秋末天气较冷时复发，所以秋季保健以养肺为主。秋季养肺，主要需要做到以下几点：

固护肌表：内经认为，肺主一身肌表。而风寒之邪最易犯肺，诱发或加重外感、咳嗽、哮喘等呼吸系统疾病，或成为其他系统疾病之祸根。故在秋季天气变化之时，应及时增减衣服，适当进补，增强机体抵抗力，预防风寒等外邪伤肺，避免感冒，是肺脏养生之首要。

滋阴润肺： 秋天气候干燥，空气湿度小，尤其是中秋过后，风大，人们常有皮肤干燥、口干鼻燥、咽痒咳嗽、大便秘结等症。因此，秋令养肺为先肺喜润而恶燥，燥邪伤肺。中秋后气候转燥时，应注意室内保持一定湿度，避免剧烈运动使人大汗淋漓，耗津伤液。饮食上，则应以"滋阴润肺""少辛增酸""防燥护阴"为原则，可适当多吃些梨、蜂蜜、核桃、牛奶、百合、银耳、萝卜、秋梨、香蕉、藕等益肺食物，少吃辣椒、葱、姜、蒜等辛辣燥热与助火之物。

防忧伤肺： 惊思惊恐等七情皆可影响气机而致病，其中以忧伤肺最甚。现代医学证实，常忧愁伤感之人易患外感等症。特别到了深秋时节，面对草枯叶落花零的景象，在外游子与老人最易伤感，使抗病能力下降，致哮喘等宿疾复发或加重。因此，秋天应特别注意保持内心平静，以保养肺气。

补脾益肺： 中医非常重视补脾胃以使肺气充沛。故平时虚衰之人，宜进食人参、黄芪、山药、大枣、莲子、百合、甘草等药食以补脾益肺，增强抗病能力，利于肺系疾病之防治。

宜通便：《内经》认为肺与大肠相表里，若大肠传导功能正常则肺气宣降；若大肠功能失常，大便秘结，则肺气壅闭，气逆不降，致咳嗽、气喘、胸中憋闷等症加重，故防止便秘，保持肺气宣通十分重要。

（6）保持空气流通，预防肺部结核病

肺脏疾病多由空气中的细菌侵入人体引起，尤其是肺结核。肺结核是由结核杆菌侵入人体引起的一种具有较强传染性的疾病，可以通过呼吸道、消化道和皮肤等途径传染。而长时间处在空气不流通的人员密集场所，感染肺结核等传染性疾病的几率比较大。

为了预防肺结核，居家一定要注意空气流通，最好环境卫生。要注意做到，一天打开两次窗户，一次20分钟或30分钟，以保持通风，这样可以有效稀释空气中结核杆菌的含量。这样也有助于结核病的治愈。

为了预防肺结核，被子衣服要常在太阳底下暴晒，注意一定是在太阳下直晒，而别隔着玻璃，因为玻璃可以隔离太阳光中的紫外线，而紫外线是杀死结核杆菌的关键。另外，对于肺结核病人的生活用品一定要进行消毒。一可用煮沸法，比如内衣可用煮沸法消毒；二可用干热法，比如碗筷可以直接在火上加热，起到迅速杀菌的作用。专家特别强调，病人咳出的痰液，一定要用纸包裹住并用火烧掉。

*保持通风，有助减少空气中细菌的含量，可预防肺结核

（7）警惕厨房油烟伤肺

长期以来，人们对厨房的空气质量不是太

关心，认为烟熏火燎是厨房的正常现象，殊不知正是这种认识埋下了隐患。研究表明，浓重的厨房油烟，再加通风设施不佳，是中国妇女肺癌发生率高的主要原因。那么如何避免厨房油烟的危害呢？

在非吸烟女性肺癌危险因素中，超过60%的女性长期接触厨房油烟，做饭时烟雾刺激眼和咽喉；有32%的女性烧菜喜欢用高温油煎炸食物，同时厨房门窗关闭，厨房小环境油烟污染严重。近几年，许多青年女性喜欢吃煎炸食物，调查认为，这同样危险，路边煎炸食物常常使用劣质油，而且反复高温加热，产生的高温油烟有毒有害气体浓度特别大，损伤了呼吸系统细胞组织。

此外，研究人员发现，雌激素在促进肺癌肿瘤细胞生长方面扮演着重要角色，女性体内所具有的雌激素天生就比男性高，这种差异会使妇女增加对肺癌的易感性。需指出的是，现在的女性以瘦为美，盲目节食，这样会使具有防癌作用的

*厨房油烟多，对肺脏的危害很大，因此一定要做好厨房的通风换气工作

维生素摄入量减少，例如维生素C、维生素E及胡萝卜素等。还有另外一部分的原因是女性性格相对男性较内向、高节奏的生活造成压力等。

对于广大女性朋友来说，要在生活细节处预防肺癌的发生，降低肺癌的发病率。如在烹饪时应尽量采用花生油较为安全，炒菜时不要把油锅烧得太热，油温尽可能控制在180℃左右，同时保持良好的厨房通风条件；增加食物中蔬菜、水果的摄入量，尤其多食富含胡萝卜素、维生素C、维生素E、叶酸、微量元素硒等食品；不可滥用雌激素及盲目节食；生活规律，心情愉快，劳逸结合，锻炼身体，增加防病抗病的能力。

因此，一定要做好厨房的通风换气，在烹饪过程中，要始终打开抽油烟机，如果厨房内没有抽油烟机也一定要开窗通风，使油烟尽快散尽。烹调结束后最少延长排气10分钟。

▶ 提防现代生活方式中的"伤肺元素"

肺主气、呼吸，使体内气体得到交换，维持人体清浊之气的新陈代谢。而日常生活中的许多不良习惯对我们的肺会造成一定的伤害，因此，必修要谨记生活中的"伤肺元素"并远离之。

（1）吸烟

烟草燃烧的烟雾中含有 20 多种化学物质，其中一氧化碳和焦油强烈刺激、毒害呼吸道，会减弱气道的净化作用，同时损坏气管壁及肺泡，破坏呼吸系统。据国内外大规模的研究发现，吸烟会引起非常多的疾病，如心脏病、肺癌、消化道肿瘤等，尤其是肺癌，吸烟的发病率比不吸烟的会高出很多倍的，这说明了吸烟与肺癌

是相关的，另外吸烟的时间越长，发病率越高，及时戒烟后可以使这种发病迅速下降，通常情况下戒烟两年后发病率就与普通人一样了，有的人戒烟几年后肺部还是出现了问题，那是因为之前吸太多的烟早已导致了身体的损害，此时再戒烟就根本起不了太大的作用，因此，最好是在还未发生疾病的情况下戒烟，这样才能对肺起到最大的保护作用。

（2）环境污染

空气污染对肺的影响更是让人担忧不已。有专家曾形象地把现代人的肺比喻成了永不清洗的"吸尘器"。一个成年人每天呼吸2万多次，吸入超过20千克的空气。当这些空气受到污染时，肺也成了人所有器官中最脏的一个。空气污染对肺，乃至整个呼吸道系统的危害是综合性的。汽车尾气、油烟、粉尘、花粉、装修后散发出的苯和甲醛、猫狗等动物身上细小的绒毛，甚至被褥上的螨虫和新家具上的油漆味道，都会伤害到肺。先是导致咳嗽、气喘，之后，这种对气管的刺激会直接影响与它紧密相连的肺，让肺泡发生变化，最严重的后果是引发一系列疾病：肺气肿、慢阻肺、肺心病，最终导致心衰和呼吸衰竭。

（3）悲伤肺

中医学认为，肺"主气"。这里的气，有两个概念，一是肺主呼吸之气，即吸入大自然的空气，呼出人体内的废气。二是肺主全身之气，即肺将吸入的新鲜空气供应给全身各个脏腑器官，从而保持全身功能活动充沛有力。当肺为悲伤的情绪所伤，就会出现呼吸之气与全身之气两个方面的变化。例如，当一个人因悲伤而哭泣不停，这个人的呼吸往往会加快，我们常说一个小孩子哭的"上气不接下气"。这就是因为悲伤而伤肺，肺气损伤则需要更多空气的补充，故表现为呼吸加快，也就是摄气过程的加快。我们还常见到，有时一个人悲哭过度过久，全身软得像面条一般，旁边人拉都拉不起来，这就是全身之气都因为肺气损伤而生虚损。从症状来看，悲伤肺的主要症状是气短，咳嗽、有痰或无痰，全身乏力、皮肤怕冷。

（4）过量运动

研究表明，过量的运动不仅达不到减肥健身的目的，还会令呼吸系统受到损伤。若运动量加大，人体所需的氧气和营养物质及代谢产物也就相应增加，这就要靠心脏加强收缩力和收缩频率，增加心脏输出血量来运输。做大运动量时，心脏输出量不能满足机体对氧的需要，使机体处于缺氧的无氧代谢状态。无氧代谢运动不是动用脂肪作为主要能量释放，而主要靠分解人体内储存的糖元作为能量释放。因在缺氧环境中，脂肪不仅不能被利用，而且还会产生一些不完全氧化的酸性物质，如酮体，降低人体运动耐力。血糖降低是引起饥饿的重要原因，短时间大强度的运动后，血糖水平降低，人们往往会食欲大增，这对减肥是不利的。

本草药膳润肺益气

※肺脏是人体呼吸的枢纽，顺畅的呼吸能使人们容光焕发、精神爽朗。若肺部功能失常，就会导致身体各方面的不适。因此，好好的养护肺脏，对人体来说具有重要的意义。而药膳则是人们润肺益气的不二之选。

▶ 肺 ——气体交换的场所

肺是体内外气体交换的场所，人体通过肺的呼吸运动，将自然界的清气吸进体内，又将体内的浊气呼出。人体通过肺气的宣发和肃降，使气血津液得以遍布全身。若肺的功能失常，就会导致肌肤干燥、面色憔悴苍白。所以，肺虚的人，皮肤往往干燥无光泽，肺热体质的人显露在皮肤上的问题便是出油，毛孔粗大，痘痘、粉刺接连冒出。

不仅如此，肺部的功能失常还会导致我们身体其他方面的不适，如出现咳嗽、口干等一系列症状。而肺部的养护，主要从饮食方面入手。

▶ 润肺常用的药材和食材

"以食润燥"是从饮食上调理肺脏的原则，生津润肺、养阴清燥的食品最适合在干燥的时候食用。

养肺润肺的食养法则，总的一点，是要多吃鲜蔬水果，因为水果和蔬菜中含有的大量的维生素和胡萝卜素能增加肺的通气量。这些鲜蔬果有：花菜、香芹、菠菜、香菜、青椒、橄榄、山楂、鲜枣、胡萝卜、芒果、南瓜、西红柿、西瓜、紫葡萄。还应该多吃含脂鱼类，如鲑鱼、沙丁鱼、金枪鱼等，这些具有丰富鱼脂的鱼类都能有效防止哮喘的发生。

日常生活中，用于润肺的药材和食材有川贝母、百合、麦冬、沙参、白果、罗汉果、西洋参、天冬、鱼腥草、玉竹、杏仁、枇杷叶、银耳、猪肺、老鸭、蜂蜜、冰糖、梨、丝瓜等。这些药材和食材都能起到提高机体免疫力，祛燥润肺的作用。

此外，常吃各种坚果如花生、核桃、榛子、松子、瓜子、莲子等，都能起到提高机体免疫力，防止呼吸道感染的作用。

川贝母 润肺止咳、清热化痰佳品

川贝母为百合科植物卷叶贝母、乌花贝母或棱砂贝母等的鳞茎。分布云南、四川、西藏等地。它含甾体生物碱（川贝碱）、西贝碱等成分。川贝母是润肺止咳的名贵中药材，应用历史悠久，疗效卓著，驰名中外。

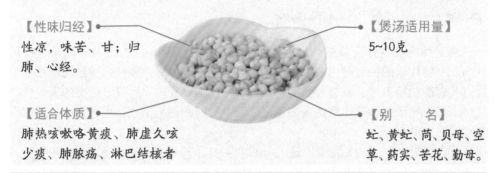

【性味归经】
性凉，味苦、甘；归肺、心经。

【适合体质】
肺热咳嗽咯黄痰、肺虚久咳少痰、肺脓疡、淋巴结核者

【煲汤适用量】
5~10克

【别 名】
虻、黄虻、苘、贝母、空草、药实、苦花、勤母。

【功效主治】

川贝母具有清热化痰、润肺止咳、散结消肿的功效，尤其是清热润肺疗效显著。常用于肺热燥咳，干咳少痰，阴虚劳嗽，咯痰带血。除了止咳化痰功效，川贝母还能养肺阴、宣肺、润肺而清肺热，是一味治疗久咳痰喘的良药。

【应用指南】

·治小儿肺阴虚咳嗽· 川贝母3克，冰糖适量，梨1个，将川贝母、冰糖置于去核梨中，文火炖煮后使用。

·治百日咳，肺虚症· 川贝3克，鸡蛋1个，将川贝磨成粉，装入鸡蛋内，用湿纸封口，蒸熟食用，每次1个，早、晚各吃1次。

·治痰湿阻络型颈椎病· 川贝母、木瓜、陈皮、丝瓜络各6克。将上药洗净，木瓜、陈皮、丝瓜络先煎，去渣取汁，加入川贝母（粉末）、冰糖，服用。

·下乳· 牡蛎、知母、贝母，三物为细末，同猪蹄汤调下。

·治忧郁不伸，胸膈不宽· 贝母去心，姜汁炒研，姜汁面糊丸，每次70丸。

【选购保存】

贝母据产地不同有川贝母、浙贝母、土贝母之分。川贝母长于清热润肺，浙贝母长于宣肺清热，土贝母长于散结消肿。购买时要问清品种。以质坚、色白、粉性足者为佳。川贝母宜虫蛀，受潮后发霉、变色，宜置于低温干燥通风处，防霉、防蛀。

养生药膳 川贝母炖鸡蛋

配方 川贝母6克，鸡蛋2枚，盐少许

制作

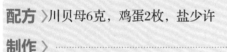

①川贝母洗净备用。②鸡蛋打入碗中，加入少许盐，搅拌均匀。③将川贝母放入鸡蛋中，入蒸锅蒸6分钟即可。

养生功效 川贝母可清热化痰、润肺止咳、散结消肿；鸡蛋富含蛋白质，还能补肺养血、滋阴润燥，用于气血不足、热病烦渴、胎动不安等，是扶助正气的常用食品。此品具有清热化痰、生津止渴的功效。

适合人群 小儿百日咳、咳嗽痰多黄稠、阴虚劳咳者。

不宜人群 脾胃虚寒、寒痰、湿痰等病症患者。

养生药膳 川贝母炖豆腐

配方 豆腐300克，川贝母10克，冰糖适量

制作

①川贝母打碎或研成粗米状；冰糖亦打成粉碎。②豆腐放炖盅内，上放川贝母、冰糖，盖好，隔滚水文火炖约1小时，吃豆腐及川贝。

养生功效 豆腐能宽中益气、调和脾胃、消除胀满；川贝母可润肺止咳、清热化痰、散结消肿。此品具有润肺化痰、清热润燥的功效。

适合人群 咽喉炎、慢性支气管炎、肺结核、肺不张、小儿百日咳等属于燥热伤肺见有上症者。

不宜人群 脾胃虚弱者、腹泻者不宜食用此品。

百合 秋季季节性疾病的防火墙

百合鳞茎含秋水仙碱等多种生物碱及淀粉、蛋白质、脂肪等。麝香百合的花药含有多种类胡萝卜素。卷丹的花药含水分、灰分、蛋白质、脂肪、淀粉、还原糖、维生素、泛酸、维生素C、并含β-胡萝卜素等成分。百合止咳安神，药食两用，既可作为食材，又能起到药用功效。

【性味归经】
味甘，性微寒。归肺、心经。

【适合体质】
阴虚体质

【煲汤适用量】
5~15克（干）

【别　　名】
白百合、蒜脑薯。

【功效主治】

百合具有养阴润肺、清心安神、补中益气、健脾和胃、清热解毒、利尿、凉血止血的功效。适用于燥热咳嗽、阴虚久咳、劳嗽痰血、虚烦惊悸、失眠多梦、精神恍惚、心痛、喉痹、为阴不足之胃痛，二便不利、浮肿、痈肿疮毒、脚气、产后出血、腹胀、身痛等症。

【应用指南】

·治支气管扩张· 百合、蛤粉各50克，白及100克，百部18克，一起研为细末，炼成蜜丸，每次1丸（约6克），每日3次。

·治疗脾胃虚弱· 净百合30克，莲子25克，糯米100克，加红糖适量，共煮粥食。

·治口舌生疮· 取适量鲜百合与莲子心共煎水，每日频频饮其汁。

·治天泡湿疮· 将百合花暴晒干后研成末，和入菜油，可涂在因天气引起的小儿湿疮。生百合籽捣烂涂擦，一二日即安。

·治肠风下血· 治肠风下血：加酒炒百合至微红，研成末用汤服。

【选购保存】

百合以鳞片均匀，肉厚，色黄白，质硬、脆，筋少，无黑片、油片为佳。鲜百合的贮藏要掌握"干燥、通气、阴凉、遮光"的原则。干百合富含淀粉，易遭虫蛀、受潮生霉、变色。吸潮品表面颜色变为深黄棕色，质韧回软，手感滑润，敲之发声沉闷，有的呈现霉斑。贮藏期间，发现包装内温度过高或轻度霉变、虫蛀，应及时拆包摊晾、通风。虫患严重时，可用磷化铝等药物熏杀。

银耳百合汤

配方 ▷ 白果40克，水发百合15克，银耳20克，冰糖10克

制作 ▷

① 将白果洗净；银耳泡发洗净撕成小朵；水发百合洗净备用。② 净锅上火倒入水烧开。下入白果、银耳、水发百合，调入冰糖煲至熟即可。

养生功效 白果可敛肺定喘、止带缩尿；百合可清火、润肺、安神；银耳可滋阴润肺、美容护肤；此品具有补气养血、滋阴润肺、强心健体的功效。

适合人群 肺热咳嗽、肺燥干咳、妇女月经不调、胃炎、大便秘结、肺痨久嗽、咳唾痰血、心悸怔忡、失眠多梦、烦躁不安者。

不宜人群 风寒咳嗽者、虚寒出血者、脾胃不佳者。

百合参汤

配方 ▷ 水发百合15克，水发莲子30克，沙参1条，冰糖适量

制作 ▷

① 将水发百合、水发莲子均洗净备用。② 沙参用温水清洗备用。③ 净锅上火，倒入矿泉水，调入冰糖，下入沙参、水发莲子、水发百合煲至熟即可。

养生功效 百合可清火润肺、养心安神；莲子清心醒脾、补脾止泻、养心安神；沙参可清热养阴、润肺止咳。此品具有养阴润肺、滋阴补血的功效。

适合人群 体虚肺弱、慢性支气管炎、肺气肿、肺结核、支气管扩张者，咳嗽者，睡眠不宁，肺癌、鼻咽癌患者适宜食用。

不宜人群 便秘、消化不良、腹胀者。

麦冬

养阴润肺，养胃生津

麦冬为百合科植物大麦冬的干燥块茎。主产于四川、浙江、湖北、贵州、江苏、广西等地。含麦冬皂苷A、冬皂苷B、冬皂苷C、冬皂苷D等多种皂苷，以及麦冬黄酮等成分。麦冬是滋阴润肺的良药。

【性味归经】

味甘、微苦，性微寒。归心、肺、胃经。

【适合体质】

阴虚体质

【煲汤适用量】

5~10克

【别　　名】

寸冬、川麦冬、浙麦冬、麦门冬。

【功效主治】

麦冬具有养阴生津、润肺清心的功效，常用于治疗肺燥干咳、虚痨咳嗽、津伤口渴、心烦失眠、内热消渴、肠燥便秘、咽白喉、吐血、咯血、肺痿、肺痈、消渴、热病津伤、咽干口噪等病症。麦冬具有抗心肌缺血、抗血栓形成的作用，能有效地减少自由基，稳定细胞膜，显著降低血黏度，从而预防中风。此外，麦冬还有耐缺氧、降血糖、抗衰老、增强机体免疫力的作用。麦冬所含的麦冬皂苷对艾氏腹水癌有抑癌活性，具有抗肿瘤及抗辐射作用。

【应用指南】

·治百日咳· 麦冬、天冬各12克，鲜竹叶6克，百合9克，水煎服。

·治阴虚燥咳、咯血等· 麦冬、天冬、川贝各6克，沙参、生地各9克，水煎服。

·治热病心烦不安· 麦冬、栀子、竹叶各6克，生地9克，莲子心3克，水煎服。

·治阴虚内热、津少口渴· 麦冬、石斛各6克，玉竹、生地各9克，水煎服。

·糖尿病· 党参、麦冬、知母各9克，竹叶、天花粉各15克，生地12克，葛根、获神各6克，五味子、甘草各3克，水煎服。

·萎缩性胃炎· 党参、麦冬、沙参、玉竹、天花粉各9克，乌梅、知母、甘草各6克，水煎服。

【选购保存】

麦冬以身干、体肥大、色黄白、半透明、质柔、有香气、嚼之发黏的为佳。本品易虫蛀，可用硫黄熏后，密封储存。

养生药膳 灵芝玉竹麦冬茶

配方 灵芝5克，麦冬6克，玉竹3克，蜂蜜适量

制作

①将灵芝、麦冬、玉竹分别洗净，一起放入锅中，加水600毫升，大火煮开，转小火续煮10分钟即可关火。②将煮好的灵芝玉竹麦冬茶滤去渣，倒入杯中，待茶稍凉后加入蜂蜜，搅拌均匀，即可饮用。

养生功效 灵芝可补气安神、止咳平喘；麦冬、玉竹都可滋阴生津、润肺止咳。此品具有滋阴润燥，增强体质的功效。

适合人群 虚劳、咳嗽、气喘、失眠、消化不良者以及恶性肿瘤患者。

不宜人群 病人手术前、后一周内，或正在大出血的病人，腹泻者。

养生药膳 麦冬竹茹茶

配方 麦冬10克，竹茹10克，绿茶3克，冰糖10克

制作

①麦冬、竹茹洗净备用。②将麦冬、竹茹、绿茶放入砂锅中，加400毫升清水。③煮至水剩约250毫升，去渣取汁，再加入冰糖煮至溶化，搅匀即可。

养生功效 麦冬有滋阴生津、润肺止咳、清心除烦的作用；竹茹可清热化痰、除烦止呕；冰糖补中益气、和胃润肺；此品具有养阴生津、润肺止咳的功效。

适合人群 痰热咳嗽、阴虚内热者适宜食用。

不宜人群 脾胃虚寒泄泻、胃有痰饮湿浊及风寒咳嗽者。

沙参

滋阴润肺佳品

沙参为桔梗科沙参属植物四叶沙参、杏叶沙参或其同属植物，以根入药。

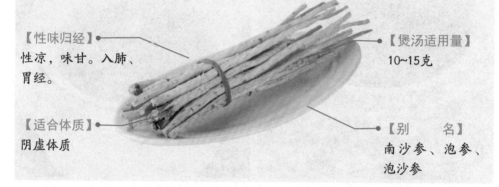

【性味归经】
性凉，味甘。入肺、胃经。

【适合体质】
阴虚体质

【煲汤适用量】
10~15克

【别　　名】
南沙参、泡参、泡沙参

【功效主治】

沙参能清热养阴、润肺止咳，有补阴、补肺气、益肺胃、生津等作用。常用于治疗诸如肺结核、肺虚燥咳、因热病所引起的咽喉干燥、口渴等症。

【应用指南】

·治慢性支气管炎，干咳无痰或痰少而黏· 南沙参9克，麦冬10克，杏仁9克，川贝母9克，枇杷叶9克。每日1剂，水煎服。

·治百日咳· 南沙参9克，百部9克，麦冬10克。每日1剂，水煎服。有缓解痉挛性咳嗽作用。

·治肺结核，干咳无痰· 南沙参9克，麦冬6克，甘草3克。开水冲泡，代茶饮服。

·治胃阴不足，胃部隐痛· 南沙参10克，玉竹10克，麦冬10克，白芍10克，佛手5克，延胡索5克。水煎服，每日1剂。现代可用于慢性胃炎和胃神经症。

·治食道炎、胸骨刺痛、吞咽困难· 可用南沙参、麦冬、甘草、桔梗、金银花、连翘各100克，胖大海50克，共为蜜丸。每次1~2丸，日服3~5次，于两餐之间或空腹含化，缓咽。

·治虚火牙痛· 取适量南沙参（杏叶沙参）与鸡蛋同煮，食蛋。

·治小儿口疮· 南沙参6克，玉竹6克，天花粉6克，扁豆6克，大青叶6克。水煎服，每日1剂。一般服药2~5剂，溃疡面愈合，疗效显著。

【选购保存】

沙参以条粗长，色黄白者为佳。勿选抽沟严重、坚而不实的产品。用塑料袋装好，再放入罐中密封。置于避光、通风处保存。

养生药膳 沙参煲猪肺

配方 ▷ 猪肺300克，沙参片12克，桔梗10克，盐6克

制作 ▷

①将猪肺洗净，切块；锅至火上，注入适量的清水，以大火烧沸，将煮沸放入沸水中氽烫一下。②沙参片、桔梗分别用清水洗净，备用。③净锅上火倒入水，调入盐，下入猪肺、沙参片、桔梗煲至熟即可。

养生功效 ▷ 沙参能清热养阴、润肺止咳；桔梗可宣肺祛痰、利咽排脓；猪肺可补虚、止咳、止血。此品具有滋阴润肺、益气补虚的功效。

适合人群 ▷ 咳痰量少，肺气虚弱的恢复期肺脓肿患者。

不宜人群 ▷ 风寒咳嗽及肺胃虚寒者不宜食用。

养生药膳 玉竹沙参焖老鸭

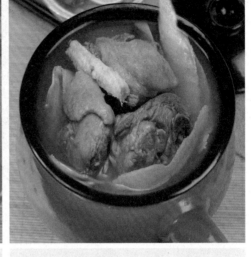

配方 ▷ 老鸭1只，玉竹、北沙参各15克，生姜、盐、葱花各适量

制作 ▷

①将老鸭收拾干净，氽去血水，斩件备用。北沙参、玉竹、生姜洗净，北沙参切块，玉竹切片，生姜去皮切片，备用。②净锅上火，加入老鸭、玉竹、北沙参、生姜，用大火煮沸，转小火煨煮1小时，加盐、葱花调味即可。

养生功效 ▷ 玉竹可滋阴润肺、养胃生津；沙参可清热养阴、润肺止咳；老鸭清热健脾、滋阴润肺。此品具有益气补虚、润肺生津的功效。

适合人群 ▷ 气阴两虚型肺癌病人。

不宜人群 ▷ 感冒发热、痰湿内盛者不宜食用。

白果 敛肺止咳、止带止遗常用药

白果为银杏科植物银杏的种子。全国大部分地区有产。主产广西、四川、河南、山东、湖北、辽宁等地。白果果仁富含淀粉、粗蛋白、脂肪、蔗糖、矿物元素、粗纤维，并富含银杏酚和银杏酸，有一定毒性。

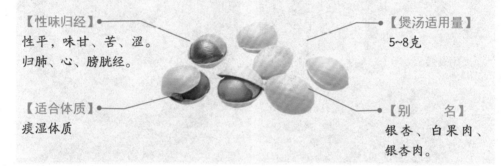

【性味归经】
性平，味甘、苦、涩。
归肺、心、膀胱经。

【适合体质】
痰湿体质

【煲汤适用量】
5~8克

【别　　名】
银杏、白果肉、
银杏肉。

【功效主治】

白果具有敛肺气、定喘嗽、止带浊、缩小便的功效，中医将其归类于止咳平喘药。现代药理研究发现，白果对多种类型的葡萄球菌、链球菌、白喉杆菌、炭疽杆菌、大肠杆菌、伤寒杆菌等均有不用程度的抑制作用。主治哮喘、痰饮咳嗽、白带，白浊、遗精、淋病、小便频数等症，生食还可解酒。可治疗呼吸道感染性疾病，具有敛肺气、定喘咳的功效。白果有收缩膀胱括约肌的作用。还可以辅助治疗心脑血管疾病。

【应用指南】

- 治喘咳痰稀· 白果30克，冰糖15克，水煎至种仁熟透，连渣服，每天1~2次。
- 治疗粉刺· 先用温水洗脸，后将白果种仁去外壳，用刀片切出平面，频搓患部。
- 治疗美尼尔综合征· 白果30克、有恶心呕吐者加干姜6克，共研细末，分4等份，早晚饭后各服1份。
- 治梦遗· 银杏3粒，酒煮食，连服4~5日。
- 治牙齿虫露· 生银杏，每饭后嚼一个，有效。
- 治头面癣疮· 生白果仁切断，频擦取效。
- 治梦遗· 银杏3粒，酒煮食，连服4~5日。
- 治小便频数、遗尿· 陈白果5粒，蜗牛3个（焙干），研末冲服。

【选购保存】

白果以外壳白色、种仁饱满、里面色白者为佳。干品置于通风干燥处，鲜果要放在通风阴凉处，不能暴晒，以防霉变。也可冷藏保鲜。

养生药膳 白果蒸鸡蛋

配方 白果5克，鸡蛋2只，盐1小匙

制作

①白果洗净，去皮；鸡蛋加盐打匀，加温水调匀成蛋汁，滤去浮末，盛入碗内，加入白果。②锅中加水，待水滚后转中小火隔水蒸蛋，每隔3分钟左右掀一次锅盖，让蒸气溢出，保持蛋面不起气泡，约蒸15分钟即可。

养生功效 白果能敛肺气、定喘嗽、止带浊、缩小便；鸡蛋含有丰富的蛋白质，还能补阴益血，除烦安神，补脾和胃。此品具有温肺益气、定咳祛痰的功效。

适合人群 妇女白带过多，支气管哮喘、慢性气管炎、肺结核患者。

不宜人群 呕吐者及儿童不宜食用。

养生药膳 白果玉竹猪肝汤

配方 白果8克，玉竹10克，猪肝200克，味精、盐、香油、高汤各适量

制作

①将猪肝洗净切片；白果、玉竹分别洗净备用。②净锅上火倒入高汤，下入猪肝、白果、玉竹，调入盐、味精烧沸。③淋入香油即可装盘食用。

养生功效 白果清肺止咳；玉竹滋阴润肺、养胃生津；猪肝可补肝明目、养血。此品具有保肝护肾、敛肺定嗽的功效。

适合人群 肺虚干咳、肺痨、小儿遗尿、遗精患者，气血虚弱、面色萎黄、缺铁者，电脑工作者。

不宜人群 高血压、肥胖症、冠心病及高血脂患者。

罗汉果 清肺润肠的保健果品

罗汉果为葫芦科植物罗汉果的果实。主产广西桂林。它含罗汉果苷，较蔗糖甜300倍。另含果糖、氨基酸、黄酮等。罗汉果是我国特有的珍贵葫芦科植物，被人们誉为"神仙果"。

【性味归经】
性凉、味甘。归肺、大肠经。

【适合体质】
痰湿体质

【煲汤适用量】
9~15克

【别　　名】
拉汗果、假苦瓜。

【功效主治】

罗汉果有清热润肺、止咳化痰、润肠通便之功效。主治百日咳、痰多咳嗽、血燥便秘等症。对于急性气管炎、急性扁桃体炎、咽喉炎、急性胃炎都有很好的疗效。用它的根捣碎，敷于患处，可以治顽癣、痈肿、疮疖等。用罗汉果少许，冲入开水浸泡，是一种极好的清凉饮料，既可提神生津，又可预防呼吸道感染，常年服用，能驻颜美容、延年益寿，无任何毒副作用。罗汉果中含有丰富的天然果糖、罗汉果甜甙及多种人体必需的微量元素，热含量极低。罗汉果具有降血糖的作用，为糖尿病、高血压、高血脂和肥胖症患者之首选天然甜味剂。

【应用指南】

（治肺燥咳嗽痰多，咽干口燥）罗汉果半个，陈皮6克，瘦猪肉100克。先将陈皮浸，刮去白，然后与罗汉果、瘦肉共煮汤，熟后去罗汉果、陈皮，饮汤食肉。

（治喉痛失音）罗汉果1个，切片，水煎，待冷后，频频饮服。

（治肺热阴虚痰咳不爽及肺结核患者）罗汉果100克，枇杷叶150克，南沙参150克，桔梗150克。加水煎煮2次，合并煎液，滤过，滤液静默24小时，取上清液浓缩至适量，加入蔗糖使溶解，再浓缩至1000毫升，即得。每次口服10毫升，每日3次。

（治急、慢性支气管炎，扁桃体炎，咽炎，便秘）罗汉果15~30克，开水泡，当茶饮。

【选购保存】

罗汉果以球形、褐色、果皮薄、易破、味甜的为佳。置干燥处，防霉，防蛀。

养生药膳 罗汉果银花玄参饮

配方 罗汉果半个，金银花6克，玄参8克，薄荷3克，蜂蜜适量

制作

①将罗汉果、金银花、玄参、薄荷均洗净备用。②锅中加水600毫升，大火煮开，放入罗汉果、玄参煎煮2分钟，再加入薄荷、金银花煮沸即可。③滤去药渣，加入适量蜂蜜即可饮用。

养生功效 罗汉果可清热润肺、止咳化痰、润肠通便；银花清热解毒；玄参清热凉血、泻火解毒。此品具有清热润肺、止咳利咽的功效。

适合人群 肺阴虚干咳咯血者（如肺结核）；慢性咽炎、扁桃体炎患者；热病伤津、咽喉干燥、肠燥便秘者；痤疮、痱子、疔疮患者。

不宜人群 脾胃虚寒者不宜饮用。

养生药膳 罗汉果杏仁猪蹄汤

配方 猪蹄100克，杏仁、罗汉果各适量，姜片5克，盐3克

制作

①猪蹄洗净，切块；杏仁、罗汉果均洗净。②锅里加水烧开，将猪蹄放入煲尽血渍，捞出洗净。③把姜片放进砂锅中，注入清水烧开，放入杏仁、罗汉果、猪蹄，大火烧沸后转用小火煲炖3小时，加盐调味即可。

养生功效 此品具有清热润肺、止咳化痰的功效。

适合人群 肺热咳嗽咳痰者（如肺炎、支气管炎）；肺阴虚干咳咯血者（如肺结核）；咽喉干燥者。

不宜人群 脾胃虚寒者、便稀腹泻者不宜食用。

西洋参　滋阴润肺的清补良药

西洋参是五加科植物西洋参的干燥根。主产于美国、加拿大及法国，现在我国也有栽培。由于加工不同，一般分为粉光西洋参及原皮西洋参二类。西洋参含人参皂苷类、氨基酸、微量元素、果胶、人参三糖、胡萝卜苷及固醇等。西洋参是补气的保健首选药材，是气虚燥热者的凉补佳品。

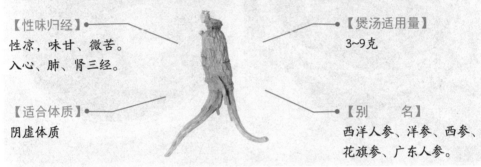

【性味归经】
性凉，味甘、微苦。
入心、肺、肾三经。

【适合体质】
阴虚体质

【煲汤适用量】
3～9克

【别　　名】
西洋人参、洋参、西参、花旗参、广东人参。

【功效主治】

西洋参具有益肺阴、清虚火、生津止渴的功效。主治肺虚久嗽、失血、咽干口渴、虚热烦倦。还可以治疗肺结核、伤寒、慢性肝炎、慢性肾炎、红斑性狼疮、再生障碍贫血、白血病、肠热便血，年老体弱者适量服用也能增强体质、延年益寿。

【应用指南】

·治体质虚弱· 西洋参3克，麦冬、何首乌、黄精各9克，生地黄12克，冬虫夏草3克，水煎服。

·治心肌炎后遗症· 西洋参、生姜各3克，麦冬、生地黄、大枣、白芍药各6克，五味子、桂枝、炙甘草各6克，黄芪12克，阿胶9克，水煎服。

·治舌燥喉干· 西洋参3克，麦门冬9克，北五味子9粒。开水冲泡代茶饮，每日1剂，具有生津润燥的功效。

·长期低热· 西洋参3克，地骨皮、粉丹皮各6克。水煎服，每日1剂，热退为止。

·食欲不振、体倦神疲· 西洋参、白术、云茯苓各10克。水煎服，每日1剂，宜长期坚持。

【选购保存】

粉光西洋参以形较小，色白而光，外表横纹细密；体轻、气香而浓，味微甜带苦者为佳。而原皮西洋参则以形粗如大拇指或较小，外表土黄色，横纹色黑而细密；内部黄白色，体质轻松，气香味浓者为佳。置于阴凉干燥处，密封、防蛀。

养生药膳 玉竹西洋参茶

养生药膳 西洋参无花果甲鱼汤

配方 玉竹20克，西洋参3片，蜂蜜15毫升

制作

①先将玉竹与西洋参用沸水600毫升冲泡30分钟。②滤渣，待温凉后，才加入蜂蜜，拌匀即可。

养生功效 西洋参可益肺阴、清虚火、生津止渴；玉竹可滋阴润肺、养胃生津。蜂蜜可调补脾胃、缓急止痛、润肺止咳、润肠通便、润肤生肌、解毒。此品具有补气养阴、清热生津的功效。

适合人群 肺热燥咳、四肢倦怠者，热病后津液亏损者。

不宜人群 畏寒、肢冷、腹泻、脾阳虚弱等阳虚体质者。

配方 西洋参9克，无花果20克，甲鱼500克，红枣3颗，生姜、盐各5克

制作

①将甲鱼的血放净，并与适量清水一同放入锅内，加热至水沸；西洋参、无花果、红枣分别洗净；生姜洗净切片。②将甲鱼捞出，褪去表皮，去内脏，洗净，汆水。③将2000克清水放入瓦煲内，煮沸后加入所有原材料，大火煲沸后改用小火煲3小时，加盐调味即可。

养生功效 滋阴益气，防癌抗癌。

适合人群 劳累、精力不足、失眠者，癌症或癌症手术后气阴两虚引起的动则气短，汗多，心烦，口渴者。

不宜人群 大便溏薄者、脂肪肝患者、脑血管意外患者、腹泻者。

天冬

养阴润燥，降火生津

天冬为百合科植物天门冬的块根。主产于我国中部、西北、长江流域及南方各地。它含多种螺旋甾苷类化合物天冬苷、天冬酰胺、瓜氨酸、丝氨酸等近20种氨基酸，以及低聚糖，并含有5-甲氧基-甲基糠醛等成分。天冬是滋阴降火的止咳中药。

【性味归经】

性寒，味甘、苦。归肺、肾、胃经。

【适合体质】

阴虚体质

【煲汤适用量】

10~15克

【别　　名】

天门冬、大当门根、多儿母。

【功效主治】

天冬具有养阴生津、润肺清心的功效。用于肺燥干咳、虚劳咳嗽、津伤口渴、心烦失眠、内热消渴、肠燥便秘、白喉。适用于老年慢性气管炎和肺结核患者，尤其有黏痰难以咯出，久咳而偏于热者，可用天冬润燥化痰和滋补身体。除此之外，可治疗肺痿、肺痈。

【应用指南】

- 催乳· 天冬100克，炖肉服。
- 治肺痨· 多儿母、百部、地骨皮各15克，麦冬9克，折耳根30克。煨水或炖肉吃。
- 治百日咳· 天门冬、麦门冬各15克，百部根9克，瓜蒌仁6克，橘红6克。煎两次，1~3岁每次分3顿服；4~6岁每次分2顿服；7~10岁1次服。
- 治老人大肠燥结不通· 天门冬40克，麦门冬、当归、麻子仁、生地黄各200克。熬膏，炼蜜收。每早晚白汤调服十茶匙。
- 治疝气· 鲜天冬25~50克(去皮)。水煎，点酒为引内服。
- 治扁桃体炎、咽喉肿痛· 天冬、麦冬、板蓝根、桔梗、山豆根各15克，甘草10克，水煎服。

【选购保存】

天冬以面黄白色至淡黄棕色，半透明，光滑或具深浅不等的纵皱纹，偶有残存的灰棕色外皮。质硬或柔润，有黏性，断面角质样，中柱黄白色。气微，味甜、微苦者为佳。应置阴凉干燥处保存，防潮，防霉，防蛀。

养生药膳 天冬银耳滋阴汤

养生药膳 天冬米粥

配方 银耳50克，天冬15克，莲子30克，红枣15克，枸杞10克，冰糖适量

制作

①先将银耳用温水泡开，摘洗干净，撕成小朵（去掉根部发黄的部分），加入少许盐放在清水中待用；莲子泡发。②天冬、红枣、枸杞各洗净。③取汤锅一个加入适量的清水上火加热，放入银耳、天冬、红枣、枸杞、莲子，煮至熟，再加入冰糖调味即可。

养生功效 银耳可补脾开胃、益气清肠、滋阴润肺；天冬可滋阴润燥、清肺生津。此品具有滋阴润肺、美容养颜的功效。

适合人群 咳嗽吐血、肺痿、肺痈者，爱美人士。

不宜人群 风寒咳嗽、腹泻食少者不宜食用。

配方 大米100克，天冬15克，麦冬10克，白糖3克，葱5克

制作

①大米泡发洗净；天冬、麦冬洗净；葱洗净，切圈。②锅置火上，倒入清水，放入大米，以大火煮开。③加入天冬、麦冬煮至粥呈浓稠状，撒上葱花，调入白糖拌匀即可。

养生功效 此品具有养阴生津、降低血糖的功效。

适合人群 糖尿病患者、心烦失眠者、口腔溃疡者、肺燥干咳者、津伤口渴者、内热消渴者、阴虚发热者、小儿夏热者、肠燥便秘者。

不宜人群 脾胃虚寒、便稀腹泻者不宜食用。

鱼腥草 清肺热、排脓痰佳品

鱼腥草为三白草科植物蕺菜的带根全草。主产于浙江、江苏、湖北。此外，安徽、福建、四川、广东、广西、湖南、贵州、陕西等地亦产。全草含挥发油，油中含抗菌成分鱼腥草素、甲基正壬基酮、月桂烯、月桂醛、癸醛、癸酸。尚含氯化钾、硫酸钾、蕺菜碱。花穗、果穗含异槲皮苷，叶含槲皮苷。根茎挥发油亦含鱼腥草素。

【性味归经】
性寒、味辛。归肺经。

【适合体质】
湿热体质

【煲汤适用量】
15~25克

【别　　名】
岑草、紫背鱼腥草、肺形草、猪姆耳、秋打尾、狗子耳。

【功效主治】

鱼腥草具有清热解毒、利尿消肿的功效。主治肺炎、肺脓疡、热痢、疟疾、水肿、淋病、白带、痈肿、痔疮、脱肛、湿疹、秃疮、疥癣等症。同时对乳腺炎、蜂窝组织炎、中耳炎、肠炎等亦有疗效。

【应用指南】

·治疗痢疾· 鱼腥草20克，山楂炭6克，水煎加蜂蜜服。

·治疗习惯性便秘· 鱼腥草8克，用白开水浸泡10~12分钟后代茶饮。治疗期间停用其他药物，10天为一个疗程。

·治疗急性黄疸性肝炎· 鱼腥草180克，白糖30克，水煎服，每日1剂，连服5~10剂。

·治疗肾病综合征· 鱼腥草（干品）100~150克入开水1000毫升，浸泡半小时后代茶饮，每日1剂，3个月为一个疗程，疗程之间需间隔2~3日。

·疗感冒发热· 细叶香茶菜20克，鱼腥草16克，水煎服，或将上药共研细末，煎煮滤液浓缩，并与细末混合压片，每片0.3克，每日3次，每次3~4片，小儿酌减。

·治疗流行性腮腺炎· 新鲜鱼腥草适量，捣烂外敷患处，以胶布包扎固定，每日2次。

·治妇女外阴瘙痒，肛痛· 鱼腥草适量，煎汤熏洗。

·治热淋、白浊、白带· 鱼腥草40~50克。水煎服。

【选购保存】

鱼腥草以淡红褐色、茎叶完整、无泥土杂质者为佳。干燥的全草应置于阴凉通风处存放，要注意防止返潮。

复方鱼腥草粥

配方 〉鱼腥草、金银花、生石膏各20克，竹茹9克，粳米100克，冰糖30克

制作 〉

①将粳米淘洗备用；鱼腥草、金银花、生石膏、竹茹洗净用水煎汤。②下入粳米及适量水，共煮为粥。③最后加冰糖，稍煮即可。

养生功效 鱼腥草可清热解毒、利尿消肿；金银花可清热解毒、疏利咽喉、消暑除烦；生石膏可清热泻火、除烦止渴、收敛生肌；竹茹有清热化痰，除烦止呕的作用。此品具有清热润肺、消炎化痰的功效。

适合人群 痰热喘咳者；肺炎、肺脓疡、热痢、疟疾、水肿、淋病、白带、痈肿、痔疮、脱肛、湿疹等患者。

不宜人群 体质寒凉者；脾胃虚弱者不宜食用。

鱼腥草乌鸡汤

配方 〉鱼腥草20克，乌鸡半只，蜜枣5粒，盐、味精各适量

制作 〉

①鱼腥草洗净，乌鸡洗净，斩件，蜜枣洗净。②锅中加水烧沸，下入鸡块汆去血水后，捞出。③将清水1000毫升放入锅内，煮沸后加入以上所有用料，武火煲开后，改用文火煲2小时，加调味料即可。

养生功效 此品具有清热解毒、消肿排脓的功效。

适合人群 肺脓疡、肺炎患者，急、慢性气管炎者，尿路感染患者，消渴、心腹疼痛者。

不宜人群 脾胃虚寒者不宜食用。

玉竹

养阴润肺，生津开胃

玉竹为百合科植物玉竹的根茎。主产于河南、江苏、辽宁、湖南、浙江。它含有玉竹黏多醣等多醣类，甾体皂苷及其他的生物碱、维生素A等成分。玉竹是可比拟人参的补阴圣品。

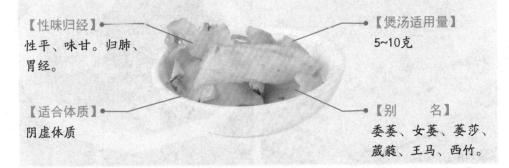

【性味归经】
性平、味甘。归肺、胃经。

【适合体质】
阴虚体质

【煲汤适用量】
5~10克

【别　　名】
委萎、女萎、萎莎、葳蕤、王马、西竹。

【功效主治】

玉竹具有养阴润燥、除烦止渴的功效，常用于治疗燥咳、劳嗽、热病阴液耗伤之咽干口渴、内热消渴、阴虚外感、头昏眩晕、筋脉挛痛等病症。玉竹可延缓衰老、延长寿命，还能双向调节血糖，使正常血糖升高，同时降低高血糖。玉竹有较好的强心作用，可加强心肌收缩力、提高抗缺氧能力、抗心肌缺血、降血脂及减轻结核病变，临床上常用于风湿性心脏病、冠心病、心绞痛等病属气阴两虚证的治疗。

【应用指南】

·治心悸，口干，气短，胸痛或心绞痛· 玉竹、党参、丹参各15克，川芎10克，水煎服，每日1剂。

·治久咳痰少，气虚乏力等症· 玉竹20~50克，猪瘦肉250克，同煮汤服食。

·中风半身不遂· 玉竹60克，熟地10克，当归10克，天花粉10克，丹参15克，地龙10克。水煎服，每日1剂。

·慢性支气管炎· 玉竹10克，川贝母10克，知母、枇杷叶各9克。水煎服，每日1剂。

·治贫血萎黄，气阴两伤，病后体弱· 玉竹、首乌、黄精、桑葚子各10克，水煎服。

·治小便不畅，小便疼痛· 玉竹30克，芭蕉120克，水煎取汁，冲入滑石粉10克，分作3次于饭前服。

【选购保存】

玉竹以条长、肉肥、黄白色、光泽柔润、嚼之略黏者为佳。应置于通风干燥处保存，预防发霉与虫蛀。

玉参焖鸭

养生药膳

配方 玉竹5克，沙参5克，老鸭1只，葱、生姜、味精、精盐各适量

制作

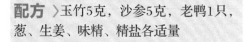

①将老鸭洗净，斩件，放入锅内；生姜去皮切片。②再放入沙参、玉竹、生姜，加水适量，先用大火烧沸。③转用文火焖煮1小时后加入盐、味精，撒上葱花即可。

养生功效 玉竹可养阴润燥、除烦止渴；沙参可养阴清肺，益胃生津；老鸭清热健脾、滋阴润肺。此品具有补肺滋阴、益胃生津的功效。

适合人群 肺阴虚的咳喘、糖尿病和胃阴虚的慢性胃炎及津亏肠燥引起的大便秘结者。

不宜人群 脾胃虚寒者、风寒作咳者不宜食用。

玉竹炖猪心

养生药膳

配方 玉竹10克，猪心500克，生姜片、葱段、花椒、食盐、白糖、味精、香油适量

制作

①将玉竹洗净，切成段；猪心剖开，洗净血水，切块。②将玉竹、猪心、生姜片及洗净的葱段、花椒同置锅内煮40分钟。③放入食盐、白糖、味精和香油于锅中即可。

养生功效 此品具有安神宁心、养阴生津的功效。

适合人群 燥咳、劳嗽、热病阴液耗伤之咽干口渴者；内热消渴、阴虚外感、头昏眩晕、筋脉挛痛者。

不宜人群 胃有痰湿气滞、阴病内寒者忌食。

杏仁

润肺，消积食，散滞气

杏仁为蔷薇科植物杏、野杏、山杏、东北杏的种子。主产河北、山东、山西、河南、陕西、甘肃、青海、新疆、辽宁、吉林、黑龙江、内蒙古、江苏、安徽等地。它富含蛋白质、脂肪、糖类、胡萝卜素、B族维生素、维生素C、维生素P以及钙、磷、铁等营养成分，其中胡萝卜素的含量在果品中仅次于芒果，人们将杏仁称为"抗癌之果"。

【性味归经】

性温、味苦。归肺、大肠经。

【煲汤适用量】

5~9克

【适合体质】

痰湿体质

【别　　名】

杏核仁、杏子、木落子、苦杏仁、杏梅仁。

【功效主治】

杏仁具有祛痰止咳、平喘、润肠的功效。治外感咳嗽、喘满、喉痹、肠燥便秘。杏仁含有丰富的脂肪油，有降低胆固醇的作用。美国研究人员的一项最新研究成果显示，胆固醇水平正常或稍高的人，可以用杏仁取代其膳食中的低营养密度食品，达到降低血液胆固醇并保持心脏健康的目的。

【应用指南】

·久咳不止、痰多气促· 萝卜1个、猪肺1个、杏仁15克。加水共煮1小时，吃肉饮汤。

·阴血虚亏，肠燥便秘或老人大便秘结· 甜杏仁、胡桃仁各15克。二者微炒，共捣碎研细，加蜜或白糖适量。分2次用开水冲调食。

·治疗久病大肠燥结不利· 杏仁400克、桃仁300克、蒌仁500克（去壳净），3味总捣如泥；川贝400克、陈胆星200克（经三制者）同贝母研极细，拌入杏、桃、蒌三仁内，神曲200克研末打糊为丸，梧子大，每早服15克淡姜汤下。

·治疗鼻中生疮· 捣杏仁乳敷之；亦烧核压取油敷之。

·治疗诸疮肿痛· 杏仁去皮研滤取膏，入轻粉、麻油调擦，不拘大人小儿。

【选购保存】

杏仁以颗粒均匀、有深棕色脉纹、饱满肥厚、味苦、不发油者为佳。置于通风干燥处，防虫，防霉。

养生药膳 椰子杏仁鸡汤

配方 〉椰子1只，杏仁9克，鸡腿肉45克，盐适量

制作 〉

①将椰子汁倒出；杏仁洗净；鸡腿肉洗净，斩块备用。②净锅上火倒入水，下入鸡块汆水洗净。③净锅上火倒入椰子汁，下入鸡块、杏仁烧沸煲至熟，调入盐即可。

养生功效 椰子有生津止渴，利尿消肿得作用；杏仁可祛痰止咳、平喘、润肠。此品具有润肺止咳、下气除喘的功效。

适合人群 肺虚咳嗽、干咳无痰、便秘患者适宜食用。

不宜人群 急、慢性肠炎患者不宜食用。

养生药膳 南北杏苹果生鱼汤

配方 〉南、北杏仁各9克，苹果450克，生鱼500克，猪瘦肉150克，红枣5克，盐5克，姜2片

制作 〉

①生鱼收拾干净；炒锅下油，爆香姜片，将生鱼两面煎至金黄色。②猪瘦肉洗净，汆水；南、北杏仁用温水浸泡，去皮、尖；苹果去皮、心，一个切成4块。③将清水放入瓦煲内，煮沸后加入所有原材料，武火煲滚后，改用文火煲150分钟，加盐调味即可。

养生功效 此品具有清热祛风、润肺美肤的功效。

适合人群 干咳无痰、肺虚久咳及便秘等患者。

不宜人群 溃疡性结肠炎，冠心病、心肌梗死、肾病、糖尿病。

枇杷叶

润肺燥、散痰结

枇杷叶为双子叶植物蔷薇科枇杷的干燥叶，主产广东、江苏、浙江、福建、湖北等地。枇杷叶是常用止咳化痰药。

【性味归经】
性凉、味苦。归肺、胃经。

【适合体质】
痰湿体质

【煲汤适用量】
5~10克

【别　名】
巴叶、杷叶、芦桔叶。

【功效主治】

枇杷叶具有化痰止咳、和胃止呕的功效。其作用为镇咳、祛痰、健胃。为清解肺热和胃热的常用药；治肺热咳嗽，表现为干咳无痰或痰少黏稠，不易咳出，或咳时有胸痛、口渴咽干、苔黄脉数（可见于急性支气管炎），取其有润肺止咳作用；治胃热噫呕（呃逆或噫气作呕）、胃脘胀闷，配布渣叶、香附、鸡内金等。

【应用指南】

·治咳嗽、有痰· 枇杷叶25克，川贝母2.5克，杏仁、陈皮各10克，研为末。每次服用5~10克，开水送下。

·治肺热咳嗽· 枇杷叶9克，桑白皮12克，黄芩6克，水煎服。

·治风热咳嗽· 枇杷叶、苦杏仁、桑白皮、菊花、牛蒡子各9克，煎服。

·治肺燥咳逆· 枇杷叶9克，桑叶9克，茅根15克，水煎服。

·治百日咳· 枇杷叶15克，桑白皮15克，地骨皮9克，甘草3克，水煎服。

·回乳· 枇杷叶5片，牛膝根9克，水煎服。

·慢性气管炎· 取枇杷叶9克、茄梗15克，加水3000毫升煎成2000毫升，再加单糖浆240毫升。日服3次，每次10毫升，20天为1疗程。

·喘息型慢性气管炎· 用野枇杷叶制成注射剂，每毫升含生药2克。每次用0.5毫升，在二侧定喘穴注射，隔日1次，5次为1疗程。

【选购保存】

枇杷叶以叶大、色灰绿、叶脉明显、不破碎者为佳。应置通风干燥处保存。

枇杷叶桑白皮茶

配方 枇杷叶10克，桑白皮15克，葶苈子、瓜蒌各10克，梅子醋30毫升

制作

①把枇杷叶、桑白皮、葶苈子、瓜蒌洗净放锅里，加水600毫升。②用文火将600毫升水煮至300毫升。③取汁去渣，待冷却后加上梅子醋即可次食用。

养生功效 枇杷叶有化痰止咳、和胃止呕的作用；桑白皮可泻肺平喘，利水消肿。可用于肺热咳喘，面目浮肿，小便不利等症。此品具有化痰止咳、泻肺平喘的功效。

适合人群 肺气肿、肺脓肿，症见咳嗽、痰多黄稠腥臭、喘息气促患者不宜食用。

不宜人群 肺寒咳嗽及胃寒呕吐者不宜饮用。

川贝母杏仁枇杷茶

配方 川贝母10克，杏仁20克，枇杷叶10克，麦芽糖2大匙，水适量

制作

①将川贝母、杏仁、枇杷叶洗净，盛入煮锅。②加600毫升水以大火煮开，转小火续熬至约剩350毫升水。③捞弃药渣，加麦芽糖拌匀即成。

养生功效 川贝母可润肺止咳、化痰平喘、清热化痰；杏仁可止咳平喘、润肠通便；枇杷叶化痰止咳、和胃止呕。此品具有清热泻肺、止咳化痰的功效。

适合人群 肺热咳嗽、咳吐黄痰者；胃热呕吐厌食、胃痛烧心者；肠燥便秘者；慢性咽炎患者。

不宜人群 脾胃虚寒者、慢性腹泻者不宜食用。

银耳 滋阴润肺的"平民燕窝"

银耳是生于枯木上的胶质药用真菌，分布于西南及陕西、江苏、安徽、浙江、江西、福建、台湾、湖北、湖南、广东、海南、广西等地。除去杂质和蒂头后，可称为优良的滋补食品。

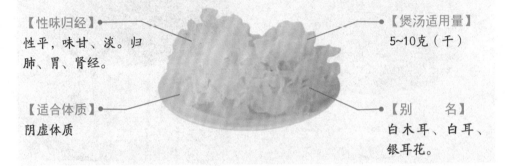

【性味归经】
性平，味甘、淡。归肺、胃、肾经。

【煲汤适用量】
5~10克（干）

【适合体质】
阴虚体质

【别　　名】
白木耳、白耳、银耳花。

【功效主治】

银耳具有润肺生津、滋阴养胃、益气安神、强心健脑等作用。主治虚劳咳嗽、痰中带血、津亏口渴、病后体虚、气短乏力等症。银耳能提高肝脏解毒能力，起保肝作用；银耳对老年慢性支气管炎、肺原性心脏病有一定疗效。银耳富含维生素D，能防止钙的流失，对生长发育十分有益；还富含硒等微量元素，可以增强机体抗肿瘤的免疫力。除此之外，常食银耳还能美容润肤、减肥。

【应用指南】

·夏日失眠· 将银耳15克，洗净泡发，酸枣仁20克，用布包扎，冰糖25克，共放入砂锅内加水煮熬成汤，弃枣仁，即可服用。

·治红眼病· 取鸡肝50克、银耳10克、枸杞5克、茉莉花24朵，料酒、姜汁、盐、味精各适量，将鸡肝切片，银耳泡发，与枸杞加水烧沸，放入料酒、姜汁、盐和味精，待鸡肝熟后，即可撒入茉莉花装碗食用。

·心肺阴虚型病人· 取燕窝10克、银耳20克、冰糖适量。将燕窝先用清水刷一遍，再放入热水中浸泡3~4小时，然后择去毛绒，再放入热水中泡1小时可取用；银耳用清水浸泡1小时即可。用瓷罐或盖碗盛入燕窝、银耳、冰糖，隔水炖熟后服食。

【选购保存】

选购银耳时，应选择颜色白净带微黄、略带特殊药性味、基地部小、朵大肉厚者为佳。银耳本身无味道，选购时可取少许试尝，如对舌有刺激或有辣的感觉，证明这种银耳是用硫黄熏制过的，不宜购买。银耳含有丰富的蛋白质和多糖类，容易受潮，因此需要密封储存，并放置在阴凉干燥处。

养生药膳 鸽子银耳胡萝卜汤

配方 鸽子1个，水发银耳20克，胡萝卜20克，精盐5克

制作

①将鸽子洗净，剁块，余水；水发银耳洗净，撕成小朵；胡萝卜去皮，洗净，切块备用。②汤锅上火倒入水，下入鸽子、胡萝卜、水发银耳，调入精盐煲至熟即可。

养生功效 此品具有滋养和血、滋补温和的功效。

适合人群 阴虚火旺、老年慢性支气管炎、肺源性心脏病、免疫力低下、体质虚弱、内火旺盛、虚痨、癌症、肺热咳嗽、肺燥干咳、妇女月经不调、胃炎、大便秘结患者。

不宜人群 外感风寒、出血症、糖尿病患者不宜食用。

养生药膳 菠萝银耳红枣甜汤

配方 菠萝125克，水发银耳20克，红枣8枚，白糖10克

制作

①菠萝去皮，洗净，切块；水发银耳洗净，摘成小朵；红枣洗净，备用。②汤锅上火倒入水，下入菠萝、水发银耳、红枣煲至熟，调入白糖搅匀即可食用。

养生功效 此品具有滋阴去燥、补血润肺的功效。菠萝可解暑止渴、消食止泻；银耳润肺生津、滋阴养胃、益气安神、强心健脑。

适合人群 肺热咳嗽者、肺燥干咳者、阴虚火旺者、支气管炎患者、消化不良者适宜食用。

不宜人群 风寒咳嗽者及湿热酿痰致咳者，出血症、糖尿病患者，湿疹、疥疮者。

猪肺

老幼皆宜的润肺佳品

猪肺为猪科动物猪的肺，含有大量人体所需的营养成分，包括蛋白质、脂肪、钙、磷、铁、维生素B_3以及维生素B_1、维生素B_2等。

【性味归经】
性平，味甘。归肺经。

【煲汤适用量】
50~200克

【适合体质】
平和体质

【别　　名】
无

【功效主治】

猪肺具有补肺、止咳、止血的功效。主治肺虚咳嗽、咯血等症。凡肺气虚弱如肺气肿、肺结核、哮喘、肺痿等病人，以猪肺作为食疗之品，最为有益。用于肺虚久咳短气或咳血。治咳嗽，可同白萝卜煮粥食；治咳血，可煮肺，蘸白及、薏苡仁粉末食，亦可配适当的药物炖食。猪肺加梨、白菜干、剑花干，具有润肺止咳功效。猪肺加沙参、玉竹、百合、杏仁、无花果、罗汉果、银耳，具有滋阴生津、润肺止咳功效。

【应用指南】

·治久咳不止、痰多气促· 萝卜1个、猪肺1个、杏仁15克。加水共煮1小时，吃肉饮汤。

·治秋冬肺燥咳嗽，口气臭· 剑花25~30克、猪肺1个、蜜枣15克、白砂糖5克。加水煮熟1~2小时，食肉饮汤。

·治肺虚咳嗽· 猪肺1个，切片，麻油适量，炒熟，同粥食。

·治嗽血肺损· 薏苡仁研细末，煮猪肺，蘸食之。

【选购保存】

猪肺不要买鲜红色的，充血的猪肺炖出来会发黑，最好选择颜色稍淡的猪肺。变质肺其色为褐绿或灰白色，有异味，不能食用。如见肺上有水肿、气块、结节以及脓样块节外表异常的也不能食用。色泽粉红、有光泽、均匀、富有弹性的为新鲜肺。猪肺应置于冰箱内保存。

南杏萝卜炖猪肺

养生药膳

配方 猪肺250克，上汤适量，南杏4克，萝卜100克，花菇50克，生姜2片，盐10克，味精5克

制作

①猪肺反复冲洗干净，切成大件；南杏、花菇浸透洗净；萝卜洗净，带皮切成中块。②将以上用料连同上汤倒进炖盅，盖上盅盖，隔水炖之，先用大火炖30分钟，再用中火炖50分钟，后用小火炖1小时。③炖好后，调味即可。

养生功效 此品具有清热化痰、止咳平喘的功效。

适合人群 肺虚咳嗽者、咯血者。

不宜人群 便秘、痔疮者，感冒发热者不宜食用。

霸王花猪肺汤

养生药膳

配方 霸王花50克，猪肺750克，瘦肉300克，红枣3枚，杏10克，姜、盐各适量

制作

①霸王花浸泡洗净；红枣洗净。②猪肺注水，挤压直至血水去尽，猪肺变白，切成块状；瘦肉切块；猪肺、瘦肉汆水；烧锅放姜片，将猪肺干爆5分钟。③瓦煲内注水，煮沸后加入上述材料，大火煲滚后，改用文火煲3小时，加盐调味即可。

养生功效 此汤具有化痰止咳、润肺滑肠的功效。

适合人群 咳嗽多痰、便秘、咯血者，脑动脉硬化、肺结核、支气管炎、颈淋巴结核、腮腺炎、心血管疾病患者。

不宜人群 感冒发热者，脾胃虚寒者。

老鸭

养肺气、补虚损

鸭肉是鸭科动物鸭的肉。它营养价值很高，富含蛋白质、B族维生素、维生素E以及铁、锌等微量元素。

【性味归经】
性寒，味甘、咸。归脾、胃、肺、肾经。

【适合体质】
阴虚体质

【煲汤适用量】
50~200克

【别　　名】
鹜肉、家凫肉、扁嘴娘肉、白鸭肉。

【功效主治】

鸭肉具有养胃滋阴、清肺解热、大补虚劳、利水消肿之功效，用于治疗咳嗽痰少、咽喉干燥、阴虚阳亢之头晕头痛、水肿、小便不利。鸭肉不仅脂肪含量低，且所含脂肪主要是不饱和脂肪酸，能起到保护心脏的作用。

【应用指南】

·治虚劳发热、咳嗽咯血而脾胃虚弱，少食羸瘦者· 活白鸭1只，大枣肉120克，参苓平胃散60克（纱布包定），黄酒500毫升。先用适量黄酒烫温、将鸭颈割开，使血滴酒中，搅匀饮用。再拔去鸭毛，于肋边开孔，取去肠杂，拭干，然后将大枣、参苓平胃散填入鸭腹，用线扎定，置砂锅内，加水和酒适量（酒分3次添入），以小火煨炖至烂熟，除去中药，饮汤，食鸭和大枣。

·产后失血过多，眩晕心悸或血虚所致的头昏头痛· 老鸭1只，母鸡1只（或各半），取肉切块，加水适量，以小火炖至烂熟，加盐少许调味服食。

·防治高血压、血管硬化· 鸭1只，去肠杂等切块；海带60克，泡软洗净。加水一同炖熟，略加食盐调味服食。

·治卒大腹水病· 青头雄鸭1只，取肉切块，加水煮至肉烂熟，可略加食盐调味，饮浓汤。盖以厚被，使患者出汗为佳。

【选购保存】

要选择肌肉新鲜、脂肪有光泽的鸭肉。保存鸭肉的方法很多，用熏、腊、风干、腌等方法均可保存。

薄荷水鸭汤

养生药膳

配方 水鸭400克，薄荷100克，生姜10克，盐7克，味精3克，胡椒粉2克，鸡精3克

制作

①水鸭洗净，斩成小块；薄荷洗净，摘取嫩叶；生姜切片。②锅中加水烧沸，下鸭块汆去血水，捞出。③净锅加油烧热，下入生姜、鸭块炒干水分，加入适量清水，倒入煲中煲30分钟，再下入薄荷叶、盐、味精、胡椒粉、鸡精调匀即可。

养生功效 滋养肺胃、健脾利水。

适合人群 体内有热、上火者，发低热、体质虚弱、食欲不振、大便干燥和水肿者。

不宜人群 素体虚寒、感冒患者，腹泻清稀、腰痛及寒性痛经以及肥胖、动脉硬化、慢性肠炎患者。

冬瓜薏米煲鸭汤

养生药膳

配方 红枣、薏米各10克，冬瓜200克，鸭1只，姜10克，盐3克，鸡精、胡椒粉各2克，香油5毫升

制作

①冬瓜洗净，切块；鸭收拾干净，剁件；姜洗净去皮，切片；红枣洗净；薏米洗净。②锅上火，油烧热，爆香姜片，加入清水烧沸，下鸭肉汆烫后捞起。③将鸭肉转入砂钵内，放入红枣、薏米烧开后，放入冬瓜煲至熟，调入盐、鸡精、胡椒粉，淋入香油拌匀即可。

养生功效 此汤具有清热利湿、补肺生津的功效。

适合人群 水肿、上火患者，肺虚咳嗽、体内有热者。

不宜人群 阳虚脾虚、外感未清、便泻肠风患者。

蜂蜜

润肺止咳，润燥通便

蜂蜜为蜂蜜采集花蜜，经自然发酵而成的黄白色粘稠液体。它含有葡萄糖、果糖、多种有机酸、蛋白质、多种无机盐、维生素B_1、维生素B_3、泛酸、维生素C、维生素D、维生素E以及铜、锰、钙、铁、磷、钾、氧化酶、还原酶、过氧化酶、淀粉酶、酯酶、转化酶等。中国从古代就开始人工养蜂采蜜，蜂蜜既是良药，又是上等饮料，可延年益寿。

【性味归经】
性平、味甘。入肺、脾、大肠经。

【适合体质】
气虚体质

【煲汤适用量】
10~50克

【别　　名】
石蜜、白沙蜜、蜜糖、蜂糖、百花精

【功效主治】

蜂蜜具有补虚、润燥、解毒、保护肝脏、营养心肌、降血压、防止动脉硬化等功效，对中气亏虚、肺燥咳嗽、风疹、胃痛。口疮、水火烫伤、高血压、便秘等病症有食疗作用。

【应用指南】

·治湿热泻痢、少食腹痛、小便短少· 马齿苋50克，车前草30克，煎汤取汁；加蜂蜜30克，融化服。

·治肝炎· 鲜芹菜100~150克，蜂蜜适量。芹菜洗净捣烂绞汁，与蜂蜜同炖温服。每日1次。

·治失眠· 鲜百合50克，蜂蜜1~2匙。百合放碗中，上屉蒸熟，待温时加蜂蜜拌。睡前服。

·治热病烦渴、中暑口渴· 取鲜藕适量，洗净，切片，压取汁液，按1杯鲜藕汁加蜂蜜1汤匙比例调匀服食。每日2~3次。

·治消化不良、反胃、呕吐、咳嗽· 取鲜白萝卜洗净，切丁，放入沸水中煮沸捞出，控干水分，晾晒半日，然后放锅中加蜂蜜150克，用小火煮沸调匀，晾冷后服食。

【选购保存】

蜂蜜以含水分少，有油性、稠和凝脂，味甜而纯正，无异臭及杂质的蜂蜜为佳。放铁桶或罐内盖紧，置阴凉干燥处，宜在30℃以下保存。防尘、防高温。

养生药膳 莲花蜜茶

配方 莲花3朵，蜂蜜适量，水适量

制作 ....

①莲花用开水冲洗一遍，备用。②将莲花放入锅中，注入500毫升水，煮至沸即可。③待茶稍微凉些，加入适量蜂蜜拌匀即可饮用。

养生功效 莲花可清心解暑、散瘀止血、消风祛湿，主治暑热烦渴，小儿惊痫，妇人血逆昏迷，跌伤呕血，月经不调，崩漏，湿疮疥癣等症。蜂蜜可补虚润燥、润肠通便。此品具有清火解毒、镇心安神的功效。

适合人群 失眠多梦、心烦易怒、神经衰弱、便秘等患者。

不宜人群 糖尿病患者，腹泻者不宜饮用此品。

养生药膳 哈密瓜蜂蜜汁

配方 哈密瓜220克，蜂蜜30毫升，豆浆180毫升

制作 ....

①将哈密瓜洗净，去掉皮、子，切成小块，备用。②在豆浆中加入蜂蜜，倒入榨汁机中搅拌。③将哈密瓜放入榨汁机，搅打成汁即可饮用。

养生功效 此饮具有补肺润燥、清热防暑的功效。哈密瓜不仅是夏天消暑的水果，而且还能够有效防止人被晒出斑来。配以蜂蜜，补肺润燥功能更佳。

适合人群 发热患者、中暑患者、口鼻生疮者、咳嗽痰喘者、便秘患者，爱美人士均适宜饮用。

不宜人群 腹胀、便溏、糖尿病、寒性咳喘患者及产后、病后之人。

冰糖

和胃润肺的调味佳品

冰糖是白砂糖煎炼而成的并块状结晶，是由蔗糖加上蛋白质原料配方，经再溶、洁净处理后重结晶而制得的大颗粒结晶糖，有单晶体和多晶体两种，呈透明或半透明状。

【性味归经】
性平，味甘。归肺、脾经。

【适合体质】
平和体质

【煲汤适用量】
20~60克

【别　　名】
无

【功效主治】

冰糖具有补中益气、和胃润肺、止咳化痰、去烦止渴、清热降浊、养阴生津、止汗解毒等功效，对中气不足，肺热咳嗽、咯痰带血、阴虚久咳、口干咽燥、咽喉肿痛、小儿盗汗、风火牙痛等病症有食疗作用。冰糖也是泡制药酒、炖煮补品的辅料。

【应用指南】

·中老年和高血压、动脉硬化以及肺结核患者· 银耳、红枣、枸杞、冰糖各适量。将银耳去蒂洗净放入压力锅内锅中，倒入枸杞、红枣、冰糖盖上锅盖，压力调到米饭档，保压时间10分钟后，即可食用。也可放入冰箱中冷却后食用，味道更佳。

·皮肤粗糙、暗淡无光· 木瓜1个（约750克重），雪蛤膏10克，鲜奶一杯，水一杯，冰糖50克。雪蛤膏用水浸4小时或者一晚，拣去污物洗干净，放入滚水中煮片刻，盛起，滴干水。木瓜洗干净外皮，在顶部切出2/5作盖，木瓜盅切成锯齿状，挖出核和瓤，木瓜放入炖盅内。冰糖和水一起煲溶，然后放入雪蛤膏煲半小时，加入鲜奶，待滚，滚后注入木瓜盅内，加盖，用牙签插实木瓜盖，隔水炖1小时即可。

【选购保存】

冰糖要选择购买微黄的自然结晶的塔冰为好。越洁白的说明加工的过程越多，太精了并不是最好的冰糖。保存时最好放在密封效果好的罐中。

养生药膳 核桃冰糖炖梨

配方 〉核桃、冰糖30克，梨150克

制作 〉

①梨洗净，去皮去核，切块；核桃仁洗净。②将梨块、核桃仁放入煲中，加入适量清水，用文火煲30分钟，再下入冰糖调味即可。

养生功效 此品具有生津润燥、清热化痰的功效。无论是配药用，还是单独生吃、水煮、作糖蘸、烧菜，核桃都有补血养气、补肾益精、止咳平喘、润燥通便等良好功效。

适合人群 肺燥咳嗽、干咳无痰、咯痰带血者，慢性支气管炎、肺结核患者适宜食用。

不宜人群 胃寒病、慢性肠炎、糖尿病患者、高血糖患者。

养生药膳 冰糖炖木瓜

配方 〉木瓜65克，冰糖50克

制作 〉

①木瓜洗净，去皮、籽，切成块。②将木瓜、冰糖放入炖盅内，倒入适量水。③将炖盅放入蒸笼蒸熟即可。

养生功效 木瓜可助消化，还能消暑解渴、润肺止咳；冰糖补中益气、和胃润肺、止咳化痰。此品具有润肺除燥、化痰止咳的功效，是一道滋阴润肺的佳品。

适合人群 肺燥咳嗽者、慢性萎缩性胃炎患者、缺奶的产妇、风湿筋骨痛、跌打扭挫伤患者、消化不良、肥胖患者适宜食用。

不宜人群 糖尿病患者、高血糖患者，孕妇、过敏体质人士。

梨

止咳化痰的甘甜水果

梨多汁，既可食用，又可入药，为"百果之宗"，绞为梨汁，名为"天生甘露饮"。中国特优品种有鸭梨、雪花梨、苹果梨、南果梨、库尔勒香梨等。梨含有蛋白质、脂肪、糖类、粗纤维、镁、硒、钾、钠、钙、磷、铁、胡萝卜素、维生素B_1、维生素C及膳食维生素等。其中糖类包括葡萄糖、果糖和蔗糖。

【性味归经】
味甘、微酸，性寒。
归肺、胃经。

【煲汤适用量】
100~250克

【适合体质】
阴虚体质

【别　　名】
沙梨、白梨。

【功效主治】

　　梨有止咳化痰、清热降火、养血生津、润肺去燥、润五脏、镇静安神等功效。对高血压、心脏病、口渴便秘、头昏目眩、失眠多梦患者，有良好的食疗作用。

【应用指南】

·感冒、咳嗽、急性支气管炎· 生梨1个，洗净连皮切碎，加冰糖蒸熟吃。或将梨去顶挖核，放入川贝母3克、冰糖10克，置碗内文火炖至熟，喝汤吃梨，连服2~3天，疗效尤佳。

·慢性支气管炎、干咳少痰、口干舌红、便秘· 生梨1个，冰糖放入梨内，蒸熟吃梨喝汤，每日1次，连吃5天为一疗程。

·治百日咳· 梨挖心装麻黄1克或川贝母3克，桔仁6克，盖好蒸熟吃。

·治肺结核咯血· 川贝母10克，梨2个，削皮挖心切块，加猪肺煮汤，冰糖调味。

·咽炎、红肿热痛、吞咽困难· 沙梨用米醋浸渍，捣烂、榨汁，慢慢咽服，早晚各1次。

·小儿风热咳嗽、食欲不振· 鸭梨水煎取汁，加入大米煮粥。

·津液不足、干咳· 雪梨1个，菊花、麦冬各25克，水煎后加适量白糖服用。

·治中风失音· 喝200毫升生梨捣的汁，次日再喝。

【选购保存】

　　选购以果粒完整、无虫害、压伤、坚实为佳。置于室内阴凉角落处即可。如需冷藏，可装在纸袋中放入冰箱储存2~3天。

百合莲藕炖梨

养生药膳

配方 ▷鲜百合200克，梨2个，白莲藕250克，盐少许

制作 ▷

①将鲜百合洗净，撕成小片状；白莲藕洗净去节，切成小块；梨削皮，切块，备用。②把梨与白莲藕放入清水中煲2小时，再加入鲜百合片，煮约10分钟。③下盐调味即可。

养生功效 此品具有泻热化痰、润肺止渴的功效。

适合人群 干咳、咽喉干燥疼痛患者，急慢性支气管炎、肺结核、小儿百日咳患者。

不宜人群 脾虚便溏、慢性肠炎、胃寒病、寒痰咳嗽或外感风寒咳嗽以及糖尿病及产妇和经期女性。

柴胡秋梨汤

养生药膳

配方 ▷柴胡6克，秋梨1个，红糖适量

制作 ▷

①分别把柴胡、秋梨洗净，秋梨切成块。②柴胡、秋梨放入锅内，加1200毫升水，先用大火煮沸，再改文火煮15分钟。③滤渣，调入红糖即可。

养生功效 柴胡可透表泄热，疏肝解郁，升举阳气；梨可止咳化痰、清热降火、养血生津、润肺去燥。此汤具有透表泄热、清热除燥的功效。

适合人群 外感发热、肝郁气滞者，胁肋胀满疼痛，及肝郁血虚，月经不调者适宜食用。

不宜人群 肝阳上亢，肝风内动，阴虚火旺及气机上逆者。

丝瓜

清暑凉血、祛风化痰

丝瓜原产印度，葫芦科丝瓜属，一年生攀缘性草本植物，我国华南、华中、华东、西南各省普遍栽培，是夏季主要蔬菜之一，以嫩瓜供食用，适炒食、做汤。成熟瓜纤维发达，可入药，称丝瓜络，有调节月经，去湿治痢等疗效。不但可供洗刷器物用、为海绵的代用品，而且还是造纸、人造丝的原料，茎液可做化妆品。

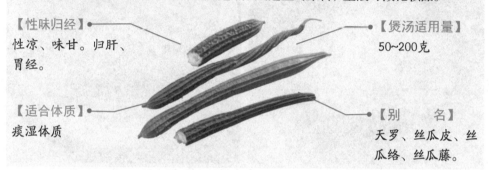

【性味归经】
性凉、味甘。归肝、胃经。

【适合体质】
痰湿体质

【煲汤适用量】
50~200克

【别　　名】
天罗、丝瓜皮、丝瓜络、丝瓜藤。

【功效主治】

丝瓜有清暑凉血、解毒通便、祛风化痰、润肌美容、通经络、行血脉、下乳汁、调理月经不顺等功效，还能用于治疗热病身热烦渴、痰喘咳嗽、肠风痔漏、崩漏、带下、血淋、疔疮痈肿、妇女乳汁不下等病症。

【应用指南】

·治疗鼻窦炎· 干丝瓜用铁锅焙焦，研成细磨末。每次服6克，于早晨空腹时用温开水冲服，连服8天。

·治咽喉炎· 嫩丝瓜洗净捣烂挤汁，加入适量白糖。每日1匙，每天3次。

·治菌痢· 丝瓜根，茎，叶均可，洗净后捣烂挤汁每次服2匙，每天3次。

·治奶水不足· 可取丝瓜60克，猪蹄1根，炖熟后当菜吃。还可取老丝瓜1个，阴干，烧存性，研成末，黄酒冲服，每次服9克。

·治过敏性哮喘· 取丝瓜藤洗净捣烂挤汁，每次服1匙，每天3次。还可取生小丝瓜2条，切断，放砂锅内煮烂，取浓汁150毫升服，每日3次。

【选购保存】

丝瓜应选择鲜嫩、结实和光亮，皮色为嫩绿或淡绿色者，果肉顶端比较饱满，无臃肿感者为佳。若皮色枯黄或瓜皮干皱、或瓜体肿大且局部有斑点和凹陷，则该瓜过熟而不能食用。丝瓜易发黑是容易被氧化。减少发黑要快切快炒，也可以在削皮后用水淘一下，用盐水过一过。或者是用开水焯一下。

养生药膳 丝瓜鸡片汤

养生药膳 丝瓜银花饮

配方 丝瓜150克，鸡胸肉200克，生姜5克，盐6克，味精5克，生粉适量

制作

①丝瓜去皮，切成块；鸡胸肉洗净，切成小块。②再将鸡肉片用生粉、盐腌渍入味。③锅中加水烧沸，下入鸡片、丝瓜煮6分钟，待熟后调入味精即可。

养生功效 此汤具有润肺化痰、美肌润肤、清暑凉血、解毒通便、祛风化痰的功效。鸡肉对营养不良、畏寒怕冷、乏力疲劳、月经不调、贫血、虚弱等有很好的食疗作用。

适合人群 月经不调者，身体疲乏、痰喘咳嗽、产后乳汁不通的妇女。

不宜人群 体虚内寒、腹泻者，感冒患者不宜食用。

配方 金银花40克，丝瓜500克

制作

①丝瓜、金银花洗净，丝瓜切成菱形块状。②锅中下入丝瓜、金银花，加水1000毫升，大火煮开后转中火煮5分钟即可。③可分数次食用，每次300毫升，每日3～5次。

养生功效 此饮具有清热解毒、祛风化痰的功效。金银花有清热解毒、疏利咽喉、消暑除烦的作用。可治疗暑热症、泻痢、流感、疮疖肿毒、急慢性扁桃体炎、牙周炎等病。

适合人群 温病发热、疮痈肿毒、热毒血痢、风湿热痹者。

不宜人群 脾胃虚寒者慎服、腹泻者。

对症药膳，调理肺脏疾病

※随着经济的发展、工业的进步，城市环境也受到了极大的破坏，环境污染越来越严重，因此肺部疾病也接踵而来。常见的肺部疾病有肺炎、肺结核、肺气肿、肺癌、哮喘、慢性支气管炎、抑郁症等。要针对不同的症状，采用不同的药膳来调理，这样才能恢复健康身体。

▶肺脏疾病知多少

肺脏疾病一般属呼吸系统疾病。呼吸道包括鼻腔、咽、喉、气管和各级支气管，呼吸系统的主要功能就是通过与外界的气体交换，从而获取生命活动所需要的氧气，并且将新陈代谢产生的二氧化碳排出体外。

呼吸科常见的不适症状主要有鼻塞、打鼾、咳嗽、咳痰、咯血、气喘、呼吸困难、胸痛等等。常见的呼吸系统疾病有感冒、肺炎、慢性支气管炎、哮喘、肺结核、肺气肿、肺癌等。呼吸科疾病大多是多发病和慢性病，主要病变在气管、支气管、肺部及胸腔，病变轻者多咳嗽、胸痛、呼吸受影响，重者呼吸困难、缺氧，甚至呼吸衰竭而致死，其死亡率在城市占第3位，在农村则占首位，因此我们要引起足够的重视。防治肺脏疾病除了要了解肺脏疾病知识、养成良好的生活习惯外，在饮食方面也不能忽视，多吃具有抗菌抑菌的药膳是你远离肺脏疾病的一个不错的选择。

▶对症药膳，帮你摆脱肺病困扰

由于生活环境、工作环境的不同，人们肺部所受到污染的程度也不一样。从事建筑业的人，经常会吸入大量的粉尘，加上长期吸烟的缘故，得肺病的概率相对来说就更大了。对于养肺护肺来说，吸烟是绝对不可取的。但对于工作，我们却无法避免会接触到一些污染物，这些污染物会不知不觉的侵袭我们的肺脏，使我们得病。肺炎、肺结核、肺气肿、哮喘、慢性支气管炎、肺癌等都是一些常见的肺脏疾病，但并不是每一种疾病都可用一种方法来治疗。不同的肺脏疾病其治疗重点不同，所需的药膳原料也不一样。只有找出患病根源，切段患病根源，再选择适宜的对症药膳来加以调理，这样身体才能快速恢复健康。

肺炎

　　肺炎又名肺闭喘咳和肺风痰喘，是指肺泡腔和间质组织的肺实质感染，通常发病急、变化快，合并症多，是内、儿科的常见病之一，以老人以及有免疫缺陷的婴儿较为多见。肺炎分为急性肺炎、迁延性肺炎、慢性肺炎。发病原因通常为：接触到顽固性病菌或病毒，身体抵抗力弱、长期吸烟，上呼吸道感染时，没有正确处理，心肺有其他病变，如癌病、气管扩张、肺尘埃沉着病等。症见发热，呼吸急促，持久干咳，可能有单边胸痛，深呼吸和咳嗽时胸痛，有小量痰或大量痰，可能含有血丝。幼儿患上肺炎，症状常不明显，可能有轻微咳嗽或完全没有咳嗽，应注意及时治疗。肺炎患者宜选用有对抗葡萄球菌作用的中药食材，如菊花、鱼腥草、葱白、金银花、桑叶、牛蒡子、紫苏、川贝、海金沙、茯苓、木香等；宜选用有抑制肺炎球菌作用的中药食材，如白果、桂枝、柴胡、枇杷、莱菔子、花椒、薄荷等。

对症药膳 【百部甲鱼汤】

| 配　方 | 甲鱼500克，生地25克，知母、百部、地骨皮各10克，料酒、盐、姜片、油、鸡汤各适量

| 制　作 |

①将甲鱼收拾干净，去壳，斩块，汆烫捞出洗净；将药材洗净，装入纱布袋中，扎紧袋口。②锅中放入甲鱼肉，加入鸡汤、料酒、盐、姜片，用旺火烧沸后，改用小火炖至六成熟，加入纱布袋。③炖至甲鱼肉熟烂，去掉药袋即可。

养生功效 补肝肾、退虚热、滋阴散结。

对症药膳 【虫草鸭汤】

| 配　方 | 冬虫夏草2克，枸杞10克，鸭肉500克，盐6克

| 制　作 |

①鸭肉洗净放入沸水中汆烫，捞出再冲净。②将鸭肉、冬虫夏草、枸杞一道放入锅中，加水至盖过材料，以大火煮开后转小火续煮60分钟。③待鸭肉熟烂，加盐调味即成。

养生功效 此汤具有强阳补精、补益体力的功效。

肺气肿

肺气肿是指终末细支气管远端（包括呼吸细支气管、肺泡管、肺泡囊和肺泡）的气道弹性减退，过度膨胀、充气和肺容积增大或同时伴有气道壁破坏的病理状态。致病因素包括：遗传因素，例如抗胰蛋白酶缺乏；气道高反应；肺发育不良。环境因素：吸烟；职业粉尘和化学物质；呼吸道感染；环境污染。早期症状：可无症状或仅在劳动、运动时感到气短，逐渐难以胜任原来的工作。发展期症状：呼吸困难程度加重，以至稍一活动甚至完全休息时仍感气短，并有乏力、体重下降、食欲减退、上腹胀满、咳嗽、咳痰等症状。晚期症状：心慌、颈静脉怒张、肝肿大、下肢水肿及（或）神志-意识障碍、球结膜水肿、手扑翼样震颤等心力及（或）呼吸衰竭的表现。肺气肿患者宜选择具有止咳化痰、排脓作用的中药材和食材，如鱼腥草、瓜蒌、桔梗、蒲公英、鱼腥草、旋覆花、桑白皮等。

对症药膳 【 桑白润肺汤 】

|配 方| 排骨500克，桑白皮20克，杏仁10克，红枣少许，姜、盐各适量

|制 作|

①排骨洗净，斩件，放入沸水中氽水。
②桑白皮洗净；红枣洗净；姜洗净，切丝，备用。③把排骨、桑白皮、杏仁、红枣放入开水锅内，大火煮沸后改小火煲2小时，加入姜、盐调味即可。

养生功效 此汤具有泻肺止咳、清热化痰的功效。

对症药膳 【 款冬花猪肺汤 】

|配 方| 款冬花20克，猪肺750克，瘦肉300克，红枣3枚，南、北杏各10克，盐5克，姜2片

|制 作|

①款冬花、红枣浸泡，洗净；猪肺洗净，切片；瘦肉洗净，切块。②烧热油锅，放入姜片，将猪肺爆炒5分钟左右。③将清水煮沸后加入所有原材料，用小火煲3小时，加盐调味即可。

养生功效 清热化痰、益气补虚。

肺结核

　　肺结核由结核分枝杆菌引起，是严重威胁着人类健康的疾病，我国是世界上结合疫情最严重的国家之一。肺结核主要是由结核分枝杆菌引发，主要通过呼吸道传染。患糖尿病、矽肺、肿瘤者，营养不良者，生活贫困、居住条件差、施行过器官移植手术、长期使用免疫抑制药物或者皮质激素者易伴发结核病。患者无特异性的临床表现，有些患者甚至没有任何症状，仅在体检时才被发现，大多数患者常有午后低热等结核中毒的症状，也会伴有咳嗽、咳白色黏痰、咯血、胸痛、呼吸困难等症状。患者宜选用有抗结核杆菌作用的中药食材，如百部、远志、苍术、白及、北豆根、淫羊藿、夏枯草、积雪草等；宜选用有增强肺功能作用的中药材和食材，如猪肺、茯苓、人参、银耳、灵芝、党参、白果等；应当选择具有益气、养阴、润肺的食物，如白果、燕窝、银耳、百合、山药、糯米等。

对症药膳 【鸡蛋银耳浆】

|配　方| 玉竹10克，鸡蛋1个，银耳50克，豆浆500毫升，白糖适量

|制　作|

①鸡蛋打在碗内搅拌均匀，银耳泡开，玉竹洗净备用。②将银耳、玉竹与豆浆入锅加水适量同煮。③煮好后冲入鸡蛋液，再加白糖即可。

养生功效 此品具有滋阴润肺、美容润肤的功效。

对症药膳 【冬瓜白果姜粥】

|配　方| 冬瓜250克，白果30克，大米100克，姜末少许，盐2克，胡椒粉3克，葱少许，高汤半碗

|制　作| ①白果去壳、皮，洗净；冬瓜去皮洗净，切块；大米洗净，泡发；葱洗净，切花。②锅置火上，注入水后，放入大米、白果，用旺火煮至米粒完全开花。③再放入冬瓜、姜末，倒入高汤，改用小火煮至粥成，调入盐、胡椒粉入味，撒上葱花即可。

养生功效 敛肺止咳、化痰利水。

肺癌

肺癌是指原发生于支气管上皮细胞的恶性肿瘤，肺癌扩散转移的方式可归纳为局部浸润、血道转移、淋巴道转移和种植转移四种。肺癌的四大主要症状是咳嗽、咯血、发热、胸痛。咳嗽为肺癌必有的症状，并且是大多数病人的首发症状，初起为呛咳、干咳、少痰，后期如果发生感染则痰量增多，血痰与咯血较常见。发病原因主要为：①吸烟，有吸烟习惯者肺癌发病率比不吸烟者高10倍。②大气污染，工业发达国家肺癌的发病率高，城市比农村高，厂矿区比居住区高。③职业因素，长期接触铀、镭等放射性物质及其衍化物均可诱发肺癌。④肺部慢性疾病，肺结核、硅肺、尘肺等可与肺癌并存。⑤人体内的因素，也可能对肺癌的发病起一定的促进作用。肺癌患者宜选用具有补肺气、止咳嗽作用的中药材和食材，如虫草、北沙参、百合、泽泻、白及、玉竹、白及、黄瓜、麦冬等。

对症药膳 【冬虫夏草养肺茶】

| 配 方 | 冬虫夏草、西洋参片、枸杞各6克

| 制 作 |

①将冬虫夏草研磨成粉末；枸杞泡发，洗净备用。②将冬虫夏草、西洋参片、枸杞放入杯中，冲入约500毫升的沸水。③静置数分钟后即可饮用。

养生功效 此茶具有补虚损、益精气、止咳嗽、补肺肾的功效。

对症药膳 【白及玉竹养肺饮】

| 配 方 | 燕窝6克，白及5克，玉竹5克，冰糖适量

| 制 作 |

①燕窝、玉竹泡发；白及略洗。②瓦锅洗净，置于火上，将燕窝、白及、玉竹一同放入瓦锅中，用小火炖烂，加适量冰糖再炖。③每日早晚各服一次即可。

养生功效 此品具有补益肺肾、润肺止血的功效。

哮喘

哮喘是一种慢性支气管疾病，病者的气管因为发炎而肿胀，呼吸管道变得狭窄，因而导致呼吸困难。分为内源性哮喘和外源性哮喘。引发哮喘病的原因很多，猫狗的皮垢、霉菌等过敏源的侵入、微生物感染、过度疲劳、情绪波动大、气候寒冷导致呼吸道感染、天气突然变化或气压降低都可能导致哮喘病发作。外源性哮喘常伴有发作先兆，如发作前先出现鼻痒、咽痒、流泪、喷嚏、干咳等，发作期出现喘息、胸闷、气短、平卧困难等；内源性哮喘一般先有呼吸道感染、咳嗽、吐痰、低热等，后逐渐出现喘息、胸闷、气短，多数病程较长，缓解较慢。哮喘患者宜选用有松弛气道平滑肌作用的中药材和食材，如麻黄、当归、陈皮、佛手、香附、木香、天南星、紫菀、青皮、茶叶等；宜选择有抗过敏反应作用的中药材和食材，如黄芩、防风、人参、西洋参、红枣、五味子、田七、芝麻等。

对症药膳 【麻黄陈皮瘦肉汤】

|配 方| 瘦猪肉200克，麻黄10克，射干15克，陈皮3克，盐适量

|制 作|

①陈皮、猪肉洗净切片；射干、麻黄洗净，煎汁去渣备用。②在锅内放少许食用油，烧热后，放入猪肉片，煸炒片刻。③加入陈皮、药汁，加少量清水煮熟，再放入盐调味即可。

养生功效 泻肺平喘、理气化痰。

对症药膳 【菊花桔梗雪梨汤】

|配 方| 甘菊5朵，桔梗5克，雪梨1个，冰糖5克

|制 作|

①甘菊、桔梗分别用清水冲洗干净，放入锅中，注入1200毫升清水以大火煮开，转小火继续煮10分钟，去渣留汁备用。②加入冰糖，搅拌均匀，直至冰糖全部溶掉，盛出待凉；雪梨洗净削皮，梨肉切丁，加入已凉的甘菊水即可。

养生功效 开宣肺气、清热止咳。

慢性支气管炎

慢性支气管炎是由于感染或非感染因素引起气管、支气管黏膜及其周围组织的慢性非特异性炎症。临床出现有连续两年以上，每持续三个月以上的咳嗽、咳痰或气喘等症状。化学气体如氯、氧化氮、二氧化硫等烟雾，对支气管黏膜有刺激和细胞毒性作用。吸烟为慢性支气管炎最主要的发病因素。呼吸道感染是慢性支气管炎发病和加剧的另一个重要因素。慢性支气管患者宜选择有抑制病菌感染的中药材和食材，如杏仁、百合、知母、枇杷叶、丹参、川芎、黄芪、梨等；宜吃健脾养肺、补肾化痰的中药材和食物，如桑白皮、半夏、金橘、川贝、鱼腥草、百部、胡桃、柚子、栗子、佛手柑、猪肺、人参、花生、白果、山药、红糖、杏仁、无花果、银耳等；忌吃油腻黏糯、助湿生痰、性寒生冷、辛辣刺激、过咸食物。慢性支气管炎伴有发热、气促、剧咳者，要适当卧床休息。

对症药膳 【南北杏无花果煲排骨】

| 配　方 | 排骨200克，南、北杏各10克，无花果适量，盐3克，鸡精4克

| 制　作 |

①排骨洗净，斩块；南、北杏与无花果均洗净。②排骨放沸水中余去血渍，捞出洗净。③适量水烧沸，放入排骨、无花果和南、北杏，用大火煲沸后改小火煲2小时，加盐、鸡精调味即可。

养生功效 止咳化痰、益气补虚、润肠通便。

对症药膳 【杏仁菜胆猪肺汤】

| 配　方 | 菜胆50克，杏仁20克，猪肺750克，黑枣5粒，盐适量

| 制　作 |

①全部材料洗净，猪肺注水、挤压多次，直至猪肺变白，切块，余烫。②起油锅，将猪肺爆炒5分钟左右。③将2000毫升水煮沸后加入所有材料，大火煲开后，改小火煲3小时，加盐调味即可。

养生功效 此汤具有益气补肺、止咳化痰的功效。

抑郁症

抑郁症又称忧郁症，是一种常见的心境障碍疾病。临床症状的典型表现：情绪低落、思维迟缓、意志活动减退，不愿与人接触，长期没有快乐感，自责内疚、焦虑、反应迟钝并伴有失眠、食欲减退、月经不调等症状，严重者可出现自杀念头和行为。多数病例有反复发作的倾向。抑郁症的发生是生物、心理、社会因素相互作用的结果。生物因素指的是遗传因素，而心理、社会因素是指在人们的生活中，突然发生了重大事件，或者长期持续着不愉快的状态。此病好发于有家庭遗传史者、环境因素不好者、长期服用药物者、有慢性疾病者、个性自卑悲观者、饮食不规律者等。治疗抑郁症应设法缓解患者精神焦虑情绪，具有此功效的中药食材有：柏子仁、合欢皮、朱砂、酸枣仁、茉莉、薄荷等；还可选用菠萝、昆布、苹果、橘子、香蕉、小米、黄豆等具有增加血清素含量功能的中药食材。

对症药膳 【柏子仁大米羹】

|配 方| 柏子仁适量，大米80克，盐适量

|制 作|
①大米泡发洗净；柏子仁洗净。②锅置火上，倒入清水，放入大米，以大火煮至米粒开花。③加入柏子仁，以小火煮至呈浓稠状，调入盐拌匀即可。

养生功效 此品具有养心安神、解郁助眠的功效。柏子仁性平而不寒不燥，是人们养心安神的佳品。

对症药膳 【香附陈皮炒肉】

|配 方| 瘦猪肉200克，香附10克，陈皮3克，盐3克

|制 作|
①先将香附、陈皮洗净，陈皮切丝备用；猪肉洗净，切片备用。②在锅内放少许油，烧热后，放入猪肉片，煸炒片刻。③加适量清水烧至猪肉熟，放入陈皮、香附及盐煸炒几下即可。

养生功效 舒肝解郁、行气止痛。

第六章

药膳温补肾脏,
养护人体的"作强之官"

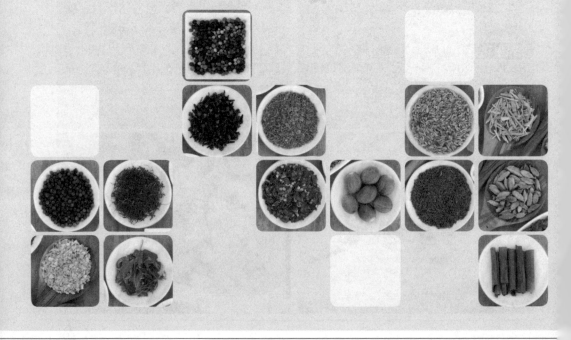

　　《黄帝内经》中记载："肾者，作强之官，技巧出焉。"肾位于腹腔腰部，左右各一，与六腑中的膀胱相表里。中医学认为，肾为先天之本，是人体生命活动的原动力，是我们身体的"老本"。肾主藏精，肾的精气盛衰，关系到生殖和生长发育的能力。肾足则人体健康、延年益寿；肾虚，则百病丛生、短命早衰。也就是说，养肾是我们身体健康的根本。肾脏所藏之精来源于先天，充实于后天，所以我们一定要好好养护自己的肾脏。在日常生活中，许多的药材、食材都能起到补肾的作用，两者配伍煮成药膳食用是一个非常不错的补肾方法。

《黄帝内经》中的肾脏养生

※中医认为肾是人体最重要的脏器，是机体生命活力的源泉，贮藏着禀受父母之精和繁衍下一代之精，故有称"肾为先天之本"。肾脏是与人体生长发育和生殖功能关系最为密切的器官。肾中精气充足，人体的生长发育及生殖功能就正常，机体的各个脏腑器官组织就能正常地发挥其各自的生理功能。

▶ 为何说肾是"作强之官"

　　肾，俗称"腰子"，作为人体一个重要的器官，是人体赖以调节有关神经、内分泌免疫等系统的物质基础。肾是人体调节中心，人体的生命之源，主管着生长发育，衰老死亡的全过程。《黄帝内经》说："肾者，作强之官，技巧出焉。"这就是在肯定肾的创造力。"作强之官"，"强"从弓，就是弓箭，要拉弓箭首先要有力气。"强"就是特别有力，也就是肾气足的表现，其实我们的力量都是从肾来，肾气足是人体力量的来源。"技巧出焉"作何解释呢？技巧，就是父精母血运化胎儿，这个技巧是你无法想象的，是由父精母血来决定的，是天地造化而来的。

▶ 《黄帝内经》中的"肾与膀胱相表里"释义

　　《黄帝内经》上说"肾开窍于二阴"，其实就是指肾与膀胱相表里。肾是作强之官，肾精充盛则身体强壮，精力旺盛；膀胱是州都之官，负责贮藏水液和排尿。它们一阴一阳，一表一里，相互影响。《黄帝内经》里说"恐伤肾"，就是说巨大的恐惧对内会伤害肾脏，肾脏受到了伤害就会通过膀胱经表现出来，生活中常见有人受到惊吓就会尿裤子，就是这个原因。肾与膀胱相表里，又与膀胱相通，膀胱的气化有赖于肾气的蒸腾。所以，肾的病变常常会导致膀胱的气化失司，引起尿量、排尿次数及排尿时间的改变。膀胱的病变有实有虚，虚证常常是由肾虚引起的。同样，膀胱经的病变也常常会转入肾经。膀胱经的热邪影响到肾经，肾经的气机逆而上冲便形成了风厥。

▶ 肾有哪些生理功能

　　肾的功能主要有三个方面：主藏精，主水液代谢，主纳气。

（1）肾藏精

　　肾的第一大功能是藏精。精分为先天之精和后天之精。肾主要是藏先天的精气。肾还主管一个人的生殖之精，是主生殖能力和生育能力的，肾气的强盛可以决定生殖能力的强弱。《内经·上古天真论》云："女子……七七，任脉虚，太冲脉衰少，天癸竭，地道不通，故形坏而无子也。丈夫八岁，肾气实，发长齿更；……五八，肾气衰，发堕齿槁；……而天地之精气皆竭矣。"在整个生命过程中的生、长、壮、老的各个阶段，其生理状态的不同，决定于肾中精气的盛衰。故《素问》说："肾者主蛰，封藏之本，精之处也。"平素应注意维护肾中精气的充盛，维护机体的健康状态。

（2）肾主管水液代谢

《素问·逆调论》："肾者水脏，主津液。"这里的津液主要指水液。《医宗必读·水肿胀满论》说："肾水主五液，凡五气所化之液，悉属于肾。"中医学认为人体水液代谢主要与肺、脾、肾有关，其中肾为最关键。一旦肾虚，气化作用就会失常，可发生遗尿、小便失禁、夜尿增多、尿少、水肿等。

*肾脏主藏精，主水液代谢，主纳气

（3）肾主纳气

纳气也就是接收气。《类证治裁·喘证》中说："肺为气之主，肾为气之根。肺主出气，肾主纳气，阴阳相交，呼吸乃和。若出纳升降失常，斯喘作矣。"气是从口鼻吸入到肺，所以肺主气。肺主的是呼气，肾主的是纳气，肺所接收的气最后都要下达到肾。

▶ 日常生活中的八大养肾法

日常生活中的正确护理，对于养肾也有很好的疗效。以下列举日常生活中八大养肾法，让人们更好的养护自己的肾脏！

（1）常按双耳能强肾

耳位于头面部，是清阳之气上通清窍之一处。由于全身各大脉络聚会于耳，使耳与肾、心、肝、胆、脾等全身各脏腑发生密切联系，其中与肾脏关系最为密切。

肾是人体重要器官之一，乃先天之本，故《黄帝内经》说："肾气衰，精气亏，天癸竭。"并强调"肾气有余，气脉常勇"是延年益寿的首要条件。又因"肾主藏精，开窍于耳"，耳是"肾"的外部表现，"耳坚者肾坚，耳薄不坚者肾脆"，所以，经常按摩耳朵，可以健肾壮腰，增强听觉，清脑醒神，养身延年。摩擦耳朵的具体方法主要有以下几种：

*肾开窍于耳，经常按摩耳朵，可以健肾壮腰

提耳：右手经头顶，以拇指和食指捏着左耳上耳郭，向上轻轻滑提20下。之后，再用左手滑提右耳上耳郭。两耳各做两组，每组20下。

拨耳：双手掌心把耳朵由后向前扫，这时会听到"嚓嚓"的声音。每次20下，每日数次从。

揪耳：双手胸前交叉，右手拇指和食指捏着左耳垂，左手拇指和食指捏着右耳垂，同时向下轻轻滑揪，重复20下。

鸣天鼓（掸耳）：双手掌心捂住耳朵，拇指和小指固定头部，余下三指贴放在脑后，一起或分指交错叩击头后枕骨部，即脑户、风府、哑门穴处，耳中"咚咚"鸣响，如击鼓声。敲完后，捂耳的双手掌心迅速离开耳朵，重复20下。

摩全耳：双手掌心摩擦发热后，向后按摩腹面(即耳正面)，再向前反复按摩背面，反复按摩5～6次。此法可疏通经络，对肾脏及全身脏器均有保健作用。

摩耳轮：双手握空拳，以拇指、食指沿耳轮上下来回推摩，直至耳轮充血发热。

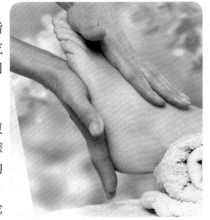

*睡前对足心进行按摩，有助激发肾气

（2）按摩头脚能强肾养精

中医认为，入体随着肾气的逐渐旺盛而生长发育，继而又随着肾气的逐渐衰退而衰老，步入中年以后，理应慎重养肾，切莫盲目地食补和药补。下面介绍几种简便易行、疗效显著的按摩方法，只要持之以恒，便能收到较为理想的强肾效果。

敲腰椎：取站立姿势，大腿分开，双手拇指紧按腰部两侧，每次约5分钟，每日数次，还能防治腰酸背痛和腰膝无力等症。

揉关节：取坐立姿势，先自然伸直下肢，以双手掌紧贴大腿上部自上而下边转动边搓揉至小腿部，以双腿感到酸胀为度。

按腹股：将两手放于大腿两侧的腹股沟处，以手掌沿斜方向轻轻按摩30余次，坚持每天按摩10分钟，对提高精力也有一定功效。

撮谷道：谷道即"肛门"。"撮谷道"，就是做缩肛运动。做时将肛门连同会阴一起上提同时吸气，然后呼气时放松，反复进行。坐、站、行均可，每次30下左右即可。

摩足心：足心的涌泉穴直通肾经，临睡前坚持温水泡脚，再将双手相互摩擦至热，用左手心按摩右脚心，用右手心按摩左脚心，每次50下左右，以搓热双脚为度。

（3）常食黑色食物有利肾脏

根据中医里"五色归五脏"的说法，黑色食物或药物对肾脏具有滋补作用，我们日常生活中所说的"五黑"食物就是其中的典型代表，"五黑"食物包括黑豆、黑米、黑芝麻、黑枣和黑荞麦。

黑豆：

黑豆被古人誉为"肾之谷"，黑豆味甘性平，不仅形状像肾，还有补肾强身、活血利水、解毒、润肤的功效，特别适合肾虚患者。

黑米：

黑米也被称为"黑珍珠"，含有丰富的蛋白质、氨基酸以及铁、钙、锰、锌等微量元素，有开胃益中、滑涩补精、健脾暖肝、舒筋活血等功效，其维生素B_1和铁的含量是普通大米的7倍。

黑芝麻：

黑芝麻性平味甘，有补肝肾、润五脏的作用，对因肝肾精血不足引起的眩晕、白发、脱发、腰膝酸软、肠燥便秘等有较好的食疗保健作用。它富含对人体有益的不饱和脂肪酸，其维生素E含量为植物食品之冠，可清除体内自由基，抗氧化效果显著，对延缓衰老、治疗消化不良和治疗白发都有一定的作用。

黑枣：

有"营养仓库"之称的黑枣性温味甘，有补中益气、补肾养胃补血的功能。

*黑芝麻、黑豆等黑色食物对肾脏有滋补作用，常食可强肾

黑荞麦：

可药用，具有消食、化积滞、止汗之功效。除富含油酸、亚油酸外，还含叶绿素、卢丁以及维生素，有降低体内胆固醇、降血脂和血压、保护血管功能的作用。它在人体内形成血糖的峰值比较延后，适宜糖尿病人、代谢综合征病人食用。"黑五类"个个都是养肾的"好手"，这五种食物一起熬粥，更是难得的养肾佳品。此外、李子、乌鸡、乌梅、紫菜、板栗、海参、香菇、海带、黑葡萄等，都是可以补肾的食物。

（4）肾不好，多泡脚

中医认为，脚底是各经络起止的汇聚处，分布着60多个穴位和与入体内脏、器官相连接的反射区，分别对应于入体五脏六腑。经常泡脚有助于舒经活络，改善血液循环，提肾气，有益肾脏健康。不过，不同季节、不同时间泡脚，其功效也不同。古入说，"春天洗脚，升阳固脱；夏天洗脚，湿邪乃除；秋天洗脚，肺腑润育；冬天烫脚，丹田暖和。" 所以，坚持一年四季都用热水泡脚，可增强身体的阳气，有益肾脏。

*泡脚可增强身体的阳气，有益于肾脏

就泡脚的时间来说，晚上和早上泡脚最好。晚上9点泡脚最护肾，这是因为这时是肾经气血比较衰弱的时辰，在此时泡脚，身体热量增加后，体内血管会扩张，有利于活血，从而促进体内血液循环。泡脚时，水温不能太热，以40℃左右为宜，泡脚时间也不宜过长，以半小时左右为宜。

早上泡脚，是因为夜间睡眠长时间保持同一姿势，血液循环不畅，早上泡泡，正好可以促进血液循环，调节内脏运动神经和内分泌系统。在此时泡脚，水温宜控制在40℃左右，以舒适不烫为宜，浸泡5分钟左右。双手食指、中指、无名指三指按摩双脚涌泉穴各1分钟左右，再按摩两脚脚趾间隙半分钟左右。为保持水温，可分次加入适量热水，重复3~5次。如果时间不充裕，仅进行1次即可，或者仅做按摩，不用热水浸泡。

需要注意的是，由于金属易冷，所以泡脚的容器最好用木盆。另外，根据身体的状况，还可以在泡脚水中还可以放些中药材，比如活血的丹参、当归，降火清热的连翘、金银花、板蓝根、菊花等。另外，生姜可以散寒，醋可以改善睡眠障碍，盐水可以杀菌、治脚气，也是对泡脚很有用的小偏方。

（5）保护腰部，就是保护肾脏

中医认为"腰为肾之府"，"腰不好"等同于"肾不好"。按西医解剖学的理论，肾在腰的两侧，在这一位置出现腰酸等症状，首先就是考虑肾虚、肾气不足。只是中医的肾是一个比较大的功能群体，包括西医的内分泌、泌尿、生殖系统，甚至还有一部分血管神经系统功能，因此其生理作用相当广泛，"可谓牵一发而动全身"。

中医讲"肾藏精生髓，髓聚而为脑"，所以肾虚可致髓海不足，脑失所养，出现头晕、耳鸣。肾藏精，肾精化生出肾阴和肾阳，相互依存、相互制约，对五脏六腑起到滋养和温煦的作用。如果这一平衡遭到破坏或某一方衰退，就会发生病变，男性会出现性功能问题，如早泄、滑精等，严重者甚至会影响生育。因此，对男性来说，护腰就是保护男性的根本。

*腰为肾之府，对男性来说，护腰就是保护男性的根本

此外，肾脏和骨骼的关系很明显，很多激素都需要通过肾脏合成。临床上，就有一些男性因为腰部外伤而影响到性功能和生育能力。男性生育是两个问题，一方面要有性生活，腰部有很多交感神经和副交感神经，一旦出现劳损或受伤，疼痛感可能阻碍男性过性生活。另一方面，生育需要排精，腰椎受伤严重，或者是从腰椎前部进行手术，可能会伤害到一些关键神经，从而导致男性性功能障碍、排精障碍等。

一旦发现持续性腰疼，一切使腹压升高的动作，如咳嗽、喷嚏和排便等，都可能加重腰痛和腿的放射痛；或者活动时疼痛加剧，休息后减轻，都可能提示"腰出了问题"，男性应该加以重视。

护腰首先要调整生活方式，注意预防肾脏亏虚，比如不能熬夜、避免久坐。其次，要注意合理饮食。男性可以根据自己的体质状况，选择一些补益肾脏的饮食。如多吃一些黏滑的食品，如海参、墨鱼、雪蛤、泥鳅等。

最后是要加强锻炼。在此，推荐一个锻炼姿势——转腰远眺。双脚分开与肩同宽，脚与膝关节朝前，微微屈腿。上身以腰为轴，用头带动整个颈部及上肢，

慢慢转动直到最大角度，再转到前面。整个过程中腰尽量做到直立，左右各做10~20次。这个动作可以减轻单一姿势导致的腰痛，有效锻炼腰部肌肉群，提高腰部力量，同时对脊柱骨、椎间盘等腰部关节疾病的预防与康复有一定作用。此外，发达的腰肌和腹肌像夹板一样，能很好地保持脊柱的动态稳定性，保护腰背部不受伤害。而游泳，尤其是蛙泳，不仅可以锻炼到腰腹肌，还能够保障脊椎间组织的营养供应，维持它的弹性，提高脊椎抵抗外来冲击的能力。

*加强锻炼，控制体重也能有效保护腰部肌肉和肾脏的健康

控制体重也能有效保护腰部。有啤酒肚的男性，就像在腰上挂了一个大沙包，使得身体的重心向前倾，大幅增加了腰部的负担。所以，减掉啤酒肚也是保护腰的重要内容。

（6）养肾不能忽视丹田

丹田在人体内有三处，两眉之间的印堂穴称为"上丹田"，这是炼神之所；在两乳之间的膻中穴称为"中丹田"，这是炼气之所；在脐下三寸的关元穴称为"下丹田"，这是炼精之所。历代中医都认为下丹田和人体生命活动的关系最为密切。它位于人体中心，是任脉、督脉、冲脉这三脉经气运行的起点，十二经脉也都是直接或间接通过丹田而输入本经，再转入本脏。下丹田是真气升降、开合的基地，也是男子藏精，女子养胎的地方。因此，可以说，下丹田是"性命之祖，生气之源，五脏六腑之本，十二经脉之根，阴阳之会，呼吸之门，水火交会之乡。"　人的元气发源于肾，藏于丹田，借三焦之道，周流全身，以推动五脏六腑的功能活动。人体的强弱，生死存亡，全赖丹田元气之盛衰。所以养生家都非常重视保养丹田元气。丹田元气充实旺盛，就可以调动人体潜力，使真气能在全身循环运行。意守丹田，就可以调节阴阳，沟通心肾，使真气充实畅通八脉，恢复先天之生理功能，促进身体的健康长寿。另外，经常按摩丹田穴还可以增强人体的免疫功能，提高人体的抵抗力，从而达到强肾固本的目的。具体方法是把两手搓热，然后在腹部下丹田处按摩30~50次即可。

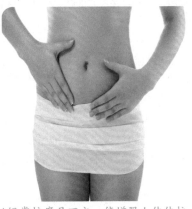

*经常按摩丹田穴，能增强人体体抗力，达到强肾固本的目的

（7）节欲保精能预防肾虚

中医有句话叫"欲不可早"，就是说欲望是不可以提前的。欲多就会损精，人如果精血受到损害，就会出现两眼昏花、眼睛无神、肌肉消瘦、牙齿脱落等症状。

男耗精，女耗血。过早地开始性生活，对女子来说就会伤血，对男子来说就会伤精，这样将来对身体的伤害是很大的。因此古代的养生家一直强调人一定要有理性，能控制自己的身体，同时也要控制自己的性欲，否则的话，就会因为欲念而耗散精气，丧失掉真阳元气。

另外，一个人要想包养人体元气，避免阴精过分流失，除了不能过早进行性生活外，在行房时还应注意季节、时令、环境等多种因素对身体健康的影响。春天，人的生殖功能、内分泌机能相对旺盛，性欲相对高涨，这时适当的性生活有助于人体的气血调畅，是健康的。夏季，身体处于高消耗的状态，房事应适当减少。秋季，万物萧杀，房事也应该开始收敛，以保精固肾，蓄养精气。"冬不潜藏，来年必虚"，所以冬季更应该节制房事，以保养沈阳之气，避免耗伤精血。

另外，喝醉了不能行房事，因为这样特别伤肾，同时也会导致男子的精子减少，阳痿之后不可通过服壮阳药行房事，因为这是提前调元气上来，元气一空，人就会暴死，人在情感不稳定的时候，尤其是悲、思、惊、恐等情绪过重的时候不能行房事，否则容易伤及内脏，损耗阴精，还可能因此而患病；行房事时间不可选择在早上，以晚上十点为最佳。在此时，心情是最舒适最愉悦的，一个人的心喜悦了，它的身体也要喜悦，所以在这个时候，人体就要进入到一个男女阴阳结合的时期。

人的精气是有定量的，在长年累月折腾之下必然大量损耗，也许在三年五载内难以感觉到身体有什么大的变化，而一旦发病，想要恢复就很困难了。因此，在性生活方面要保持节制的态度。

（8）冬季以保养肾脏为主

《黄帝内经》中有言："肾主冬""冬至一阳生"和"顺时气而养天和"。冬季万物生机潜伏闭藏，正是调养肾的大好时机节。那么，冬季该如何养肾呢?专家提醒冬季养肾可以从以下几方面进行：

早睡晚起、避寒保暖：《黄帝内经》记载："冬三月早卧晚起，必待日光"。意思是说在冬季应该早睡晚起，等太阳出来以后再活动。可见，在寒冷的冬季，保证充足的睡眠时间尤为重要，因为冬季昼短夜长，人们的起居也要适应自然界变化的规律，适量地延长睡眠时间，才有利于入体阳气的潜藏和阴精的积蓄，以顺应"肾主藏精"的生理状态。

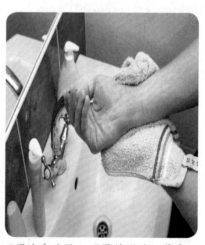

*用冷水洗脸，可提神醒脑、美容护肤

冷面：即用冷水洗脸。冷水是指水温20℃左右的水，可以直接用来洗脸。用冷水洗脸，可提神醒脑，特别是早晨用冷水洗脸对大脑有较强的兴奋作用，可迅速驱除倦意，振奋精神。冷水洗脸，还可促进面部的血液循环，增强机体的抗病能力。冷水的刺激可以使面部和鼻腔的血管收缩，刺激后血管又反射性地扩张。一张一弛，既促进了面部的血液循环，改善了面部组织的营养供应，又增强了面部血管和皮肤的弹性，除能够预防疾病外，还有一定的美容作用。

温齿：即用温水刷牙和漱口。温水是指水温35℃左右的水。口腔内的温度是恒定的，牙齿和牙龈在35℃左右温度下，才能进行正常的新陈代谢。如果刷牙或漱口时不注意水温，经常给牙齿和牙龈以骤冷骤热的刺激，可能导致牙齿和牙龈出现各种疾病，使牙齿寿命缩短。

热足：每晚在临睡前用热水洗泡脚和洗脚。热水是指水温在45～50℃的水。足部位于肢体末端，又处于人体的最低位置，离心脏最远，血液循环较差。常言道"寒从脚下起"，因脚远离心脏，供血不足，热量较少，保温力差，所以除了白天要注意对脚的保暖外，每晚还应坚持用热水洗脚，可以促进全身的血液循环，增强机体防御能力，消除疲劳和改善睡眠。

*足心的涌泉穴直通肾经，临睡前坚持温水泡脚，有助增强肾气

▶ 提防现代生活方式中的"伤肾元素"

如今，人们越来越注重营养与健康，但肾病发病率却依然居高不下。这是由多种因素共同造成的，人们的生活方式与肾脏健康关系密切。下面介绍的就是现代人六大伤肾的生活方式。

（1）喜食重味，吃得太咸

现在很多的人都偏爱于"重口味"的食物。重口味食物一般含盐量较高，吃了这些食物，血中盐分会增加。一般人体血液总量为4000毫升，如果一个人吃太多的盐，血液内的盐分就会提高，为了平衡盐的比例，人体组织里的水分就会渗进血液，4000毫升的血很可能会变成4300~4600毫升，血液过多就会加重心脏负担，并增加对血管壁的冲击，从而慢慢导致高血压。盐摄入过多，还会使肾脏分泌的肾素增加。此

*养肾护肾，饮食宜清淡

物可激活体内的血管紧张素，让血管紧张起来，引起收缩，血压就会升高。因此，饮食不宜过咸。肾脏病、肾功能不好的人尤其不能多吃盐，不然水肿难以消退。同样，肝硬化腹水、心力衰竭、高血压患者，也不能多吃盐。

（2）惊恐伤肾

《黄帝内经·素问》中提出："恐伤肾"。这是因为人在惊恐时气往下沉，可干扰神经系统，出现耳鸣、耳聋、头晕、阳痿等症，严重时能置人于死地。民间常说的"吓死人"，就是这个道理。另外，过喜、过怒、过悲、过忧、过思、过虑等

情志活动，必过耗肾精，不仅导致肾病，而且还伤害其他脏腑。

（3）长时间久立伤肾

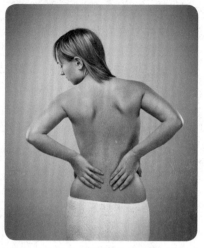

《黄帝内经·素问》中提出："久立伤骨"。人若久立不动，其下肢静脉血液回流不畅，会引起腰痛、腿软、足麻等症。如果长久站立，很容易发生下肢静脉曲张或导致某些骨骼关节发育畸形。特别是老年人，气血运行本来已经减弱，若再久立不动，更容易伤肾损骨。

（4）憋尿伤肾

很多人都有过憋尿的经历，有的是因为工作太忙走不开，有的是为了打牌、玩游戏不肯离开"战场"，但有了"尿意"不及时排尿对健康是非常不利的。其实正常排尿不仅能排出身体内的代谢产物，而且对泌尿系统也有自净作用。憋尿

*长时间久立会对肾脏造成伤害

不仅会影响膀胱功能，造成尿路感染，还会出现

频尿、血尿、解尿困难、尿灼热、余尿感、下腹不适或疼痛等症状，对肾脏的危害是非常大的。因此，有了"尿意"就要去排尿，不可憋。

（5）衣着不适合

随着时代的发展，人们的服饰也不断的更新换代。紧身牛仔裤作为一种永不过时的时尚单品，它可以拉长腿的线条比例，让人看起来更瘦更苗条，因此成为女性朋友们的宠爱之物。但长期穿着紧身牛仔裤，将对生长发育、身体健康造成危害，例如裤腰过紧，影响腹式呼吸；裤腿过短，勒紧阴部，血液循环不顺畅；裤腿太紧，血液回流受阻。因此，衣着还是要以舒适为主。

（6）吃海鲜、喝啤酒

现在很多的年轻人都有吃夜宵的习惯，晚上约上三五知己，来几串烧烤、喝几瓶啤酒痛快痛快，这似乎已成为年轻一代的一种潮流。但殊不知，这样的生活习惯危害极大。吃大量的高蛋白饮食，如大鱼大肉等，会产生过多的尿酸和尿素氮等代谢废物，加重肾脏排泄负担。而大量饮酒

*保护肾脏，还要选择好适宜的衣服

容易导致高尿酸血症，这些习惯同时可引起高血脂等代谢疾病，引发肾脏疾病。因此，要想好好保护肾脏，饮食习惯还是需要十分重视的。

本草药膳温补肾脏

※中医学认为，肾是先天之本，也就是一个人生命的本钱。人体肾中精气是构成人体的基本物质，与人体生命过程有着密切的关系。肾健康说明人体生长、发育、生殖系统有活力；如果肾虚了，一系列衰老现象就会发生。所以人们要保持健康、延缓衰老，就应保护好肾脏功能。

▶ 药膳补肾更显著

"肾藏精，其华在发，肾气衰，发脱落，发早白"；肾气不足，则精不化血，血不养发，表现在外则可见脱发、早秃、斑秃等。肾功能不好的人，其容颜易出现早衰。补肾的方法很多，可用药物补肾，亦可通过运动来改善肾功能，但最健康有效的方法还是药膳食疗法。药膳不同于一般的方剂，它药性温和，更加符合各类人群的身体状况。而且药膳有食物的美味，人们更易于接受和坚持服用，让人们在饮食中不知不觉的养肾。

▶ 补肾常用的药材食材

养护肾脏常用的药材和食材有：熟地黄、海杜仲、补骨脂、牛膝、芡实、黄精、锁阳、肉桂、巴戟天、肉苁蓉、巴戟天、冬虫夏草、何首乌、鹿茸、韭菜、黑米、黑芝麻、猪腰、马蹄、核桃等。

以下还有一些药材和食材，对养护肾脏也有不错的疗效。

①山药：是重要的上品之药，除了能补肺、健脾，还能益肾益精，肾虚的人都应该常吃。

②干贝：能补肾阴虚，所以肾阴虚的人应该常吃。

③栗子：既可以补脾健胃，又有补肾壮腰之功，对肾虚腰痛的人特别有益。

④枸杞：可补肾养肝、壮筋骨、除腰痛，尤其适合中老年女性肾虚患者使用。

⑤鲈鱼：既可补肝肾，又能益筋骨，还能暖脾胃，功效多多。

在日常生活中，人们可以选择以上的药材、食材搭配煮成美味可口的药膳，既能让你大饱口福，又能起到强肾的作用，何乐而不为呢？

熟地

补血滋阴的天赐良药

熟地黄为生地黄加上黄酒拌蒸或直接蒸至黑润而成，于秋季时采挖，除去芦头、须根及泥沙再加工制成。它含有梓醇、地黄素、甘露醇、维生素A类物质、糖类及氨基酸等成分。熟地黄是补血益精的圣品。

【性味归经】
性微温，味甘。
归肝、肾经。

【适合体质】
血虚、阴虚体质

【煲汤适用量】
5~10克

【别　名】
熟地、伏地。

【功效主治】

熟地黄具有补血滋润、益精填髓的功效。主治血虚萎黄、眩晕心悸、月经不调、血崩不止、肝肾阴亏、潮热盗汗、遗精阳痿、不育不孕、腰膝酸软、耳鸣耳聋、头目昏花、须发早白、消渴、便秘、肾虚喘促等症。临床用于治糖尿病、高血压、慢性肾炎及神经衰弱，均颇有疗效。

【应用指南】

·治肾虚腰背酸痛、腰膝软弱、小便频数· 熟地黄15克，杜仲、续断、菟丝子各10克，核桃仁25克，水煎服。

·治肾阴亏损、头晕耳鸣、腰膝酸软、骨蒸潮热、盗汗遗精、消渴· 熟地黄150克，山茱萸（制）、山药75克，牡丹皮、茯苓、泽泻50克。将以上药材研成细末，过筛，混匀。每100克粉末加炼蜜35~50克，与适量的水，泛丸，干燥，制成水蜜丸；或加炼蜜80~110克制成小蜜丸或大蜜丸即成。口服，水蜜丸一次6克，小蜜丸一次9克，大蜜丸一次1丸，每日2次。

·血虚发热，精髓不充，腰酸腿软· 大熟地2千克。将熟地煎熬3次，分次过滤，去滓，合并滤液，用文火煎熬浓缩至膏状，以不渗纸为度，每30克膏汁，兑炼蜜30克成膏，装瓶。每服9~15克，开水冲服。

【选购保存】

选购熟地黄时，以体重肥大、质地柔软、断面乌黑油亮、味甜、黏性大者为佳。应置于通风干燥处密封保存，并防霉、防蛀。

熟地羊肉当归汤

配方 熟地10克，当归10克，羊肉175克，洋葱50克，盐5克，香菜3克

制作

①将羊肉洗净，切片；洋葱洗净，切块备用。②汤锅上火倒入水，下入羊肉、洋葱，调入盐、熟地、当归煲至熟。③最后撒入香菜即可。

养生功效 此汤能够补肾，有助阳气生发之功效，是在春季进补的一道非常不错的药膳。

适合人群 体虚胃寒者、血虚阴亏者、肝肾不足者、中老年体质虚弱者、糖尿病患者、慢性肾炎患者。

不宜人群 脾胃虚弱者、慢性腹泻者、气滞痰多者、腹满便溏者、感冒发热者不宜食用。

肾气乌鸡汤

配方 熟地10克，淮山15克，山茱萸、丹皮、茯苓、泽泻、桔梗各10克，车前子、牛膝各7.5克，附子5克，乌鸡腿1只，盐1小匙

制作

①将乌鸡腿洗净剁块，入沸水氽去血水；全部药材洗净，备用。②将鸡腿及所有的药材放入煮锅中，加水至盖过所有材料，大火煮沸，转小火煮40分钟即可。

养生功效 此汤具有温中健脾、补益气血的功效。

适合人群 体虚血亏、肝肾不足、脾胃不健者、肝肾不足者、精子质量下降、性欲减退、阳痿不举、中老年体质虚弱者。

不宜人群 咳嗽多痰者、湿热内蕴者、腹胀者、感冒发热者、急性菌痢肠炎者、皮肤疾病者。

杜仲

补肾虚，远离腰背酸痛

杜仲为杜仲科落叶乔木植物杜仲的树皮，它富含木脂素、维生素C以及杜仲胶、杜仲醇、杜仲苷、松脂醇二葡萄糖苷等，其中松脂醇二葡萄糖苷为降低血压的主要成分。杜仲被称为"植物黄金"。

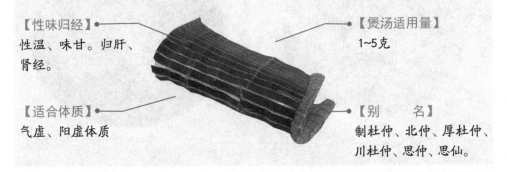

【性味归经】
性温、味甘。归肝、肾经。

【适合体质】
气虚、阳虚体质

【煲汤适用量】
1~5克

【别　　名】
制杜仲、北仲、厚杜仲、川杜仲、思仲、思仙。

【功效主治】

杜仲具有降血压、补肝肾、强筋骨、安胎气等功效，可用于治疗腰脊酸疼，足膝痿弱，小便余沥，阴下湿痒，筋骨无力，妊娠漏血、胎漏欲堕、胎动不安、高血压病等。杜仲具有降血压，增加肝脏细胞活性，恢复肝脏功能、增强肠蠕动、防止老年记忆衰退、增强血液循环、促进新陈代谢、增强机体免疫力等药理作用，对高血压症、高血脂、心血管病、肝脏病、腰及关节痛、肾虚、哮喘、便秘、老年综合征、脱发、肥胖均有显著疗效。

【应用指南】

·治腰膝酸软· 杜仲、淫羊藿、山药、川牛膝、山茱萸各10克，水煎服。

·治腰痛· 川木香5克，八角茴香15克，杜仲(炒去丝)15克。用水煎煮1小时，加入酒，继续煎煮半小时，煎服，渣再煎。

·治高血压· 杜仲、夏枯草各25克，红牛膝15克，水芹菜150克，鱼鳅串50克。煨水服，每日3次。还可取杜仲、黄芩、夏枯草各25克。水煎服。

·肾炎· 用猪腰1个，杜仲30克，研末，装入除去白色的筋膜的猪腰内炖熟，食肉服汤，每日1剂，治急性肾炎。亦可用杜仲、海金沙、仙茅、双肾草各15克，水煎服，每日1剂，治慢性肾炎。

【选购保存】

杜仲以皮厚而大、糙皮刮净、外面黄棕色、里面黑褐色而光、折断时白丝多者为佳。皮薄、断面丝少或皮厚带粗皮者次之。须放置于干燥处保存，注意防霉变。

养生药膳 龟板杜仲猪尾汤

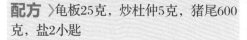

配方 龟板25克，炒杜仲5克，猪尾600克，盐2小匙

制作

①猪尾剁段洗净，氽烫捞起，再冲净1次。②龟板、炒杜仲冲净。③将上述材料盛入炖锅，加6碗水以大火煮开，转小火炖40分钟，加盐调味即可食用。

养生功效 此汤具有益肾健骨、壮腰强筋的功效，能增强身体平衡能力、提高免疫力、缓和持续发热症状。

适合人群 肾虚腰痛者、筋骨无力者、中老年人肾气不足者、腰脊疼痛者、高血压患者。

不宜人群 阴虚火旺者、食少泄泻者、脾胃虚寒者、孕妇。

养生药膳 杜仲羊肉萝卜汤

配方 杜仲5克，羊肉200克，白萝卜50克，羊骨汤400克，盐、味精、料酒、胡椒粉、姜片、辣椒油各适量

制作

①羊肉洗净切块，氽去血水；白萝卜洗净，切成滚刀块。②将杜仲用纱布袋包好，同羊肉、羊骨汤、白萝卜、料酒、胡椒粉、姜片一起下锅，加水烧沸后小火炖1小时，加盐、味精、辣椒油即可。

养生功效 此汤具有补肝肾、强筋骨、安胎的功效。

适合人群 体虚胃寒、中老年体质虚弱者、中老年人肾气不足者、腰脊疼痛者、高血压患者。

不宜人群 阴虚火旺者、食少泄泻者、脾胃虚寒者、感冒发热者、肝病患者、孕妇。

补骨脂　补肾助阳，温脾止泻

　　补骨脂为豆科植物补骨脂的果实，广泛分布在地中海地区。它含挥发油、树脂、香豆精衍生物、黄酮类化合物（补骨脂甲素、乙素等）等成分。补骨脂时常用的补肾助阳药。

【性味归经】
性温，味辛、苦。归肾、心包、脾、胃、肺经。

【适合体质】
阳虚体质

【煲汤适用量】
6~15克

【别　　名】
骨脂、故子、故脂子、故之子。

【功效主治】

　　补骨脂具有补肾助阳、纳气平喘、温脾止泻的功效。主治肾阳不足、下元虚冷、腰膝冷痛、阳痿遗精、尿频、遗尿、肾不纳气、虚喘不止、脾肾两虚、大便久泻，外用可治白癜风、斑秃、银屑病等症。

【应用指南】

·治肾虚腰痛，起坐艰难，仰俯不利· 取补骨脂、杜仲（炒）、大蒜各9克，核桃仁50克，盐25克。共研为末，大蒜煮熟与核桃仁、盐捣成膏，合药末，炼成蜜丸，每丸重9克，每次服2丸，每日2次。

·治元阳虚败，手脚沉重，夜多盗汗· 补骨脂（炒香）、菟丝子（酒蒸）各12克，胡桃肉（去皮）50克，乳香、没药、沉香各6克，将上药研末，加炼蜜做成梧桐子大的丸，每次空腹服用10~20丸，用盐汤或温酒送下。

·肾虚遗精· 补骨脂、青盐各等份。研末，每服6克，每日2次。

·子宫出血· 补骨脂10克，赤石脂10克（先煎）。每日1剂，水煎服，分2次服。

·白细胞减少症· 补骨脂500克，研为细末，炼蜜为丸，每服10克，每日3次。

·顽固性遗尿· 补骨脂3克，麻黄5克。研末，冲服，每日2次。或用补骨脂12克，山药15克，益智仁10克，鸡内金10克。水煎服，每日1剂。

【选购保存】

　　选购补骨脂时，以身干、颗粒饱满均匀、色黑褐、纯净无杂质者为佳，宜置于干燥处保存，防蛀、防霉。

养生药膳 补骨脂芡实鸭汤

配方 〉鸭肉300克，补骨脂15克，芡实50克，盐1小匙

制作 〉

①鸭肉洗净，放入沸水中氽烫，去掉血水，捞出；芡实淘洗干净。②将芡实与补骨脂、鸭肉一起盛入锅中，加入7碗水，大约盖过所有的原材料。③用武火将汤煮开，再转用文火续炖约30分钟，调入盐即可。

养生功效 此品具有大补虚劳、固肾涩精的功效。

适合人群 肾阳不足者、下元虚冷者、腰膝冷痛者、脾虚咳嗽者、遗精者、淋浊患者。

不宜人群 阴虚内热者、阳虚脾弱者、外感未清者、外感疟痢、痔者。

养生药膳 莲子补骨脂猪腰汤

配方 〉补骨脂15克，猪腰1个，莲子、核桃各40克，姜适量，盐2克

制作 〉

①补骨脂、莲子、核桃分别洗净浸泡；猪腰剖开除去白色筋膜，加盐揉洗，以水冲净；姜洗净去皮切片。②将所有材料放入砂煲中，注入清水，大火煲沸后转小火煲煮2小时。③加入盐调味即可。

养生功效 此汤具有补肾助阳、驻颜美容的功效。

适合人群 肾虚遗精早泄、腰膝冷痛、阳痿精冷、尿频、遗尿患者；肾不纳气、虚喘不止患者（如肺气肿、肺癌、老慢支等肺虚患者）；脾肾两虚、大便久泻者。

不宜人群 阴虚火旺、消化不良者、肠燥便秘者。

牛膝　活血通经、补肝肾强筋骨的良药

牛膝为苋科植物牛膝和川牛膝等的根。主产河南。它含有甾醇、皂苷、糖类及各种生物碱等成分。牛膝是补肝肾、强筋骨的良药。

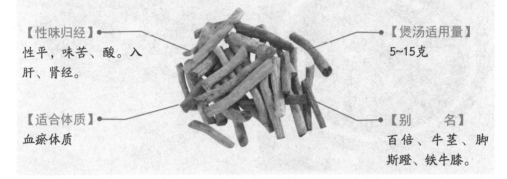

【性味归经】
性平，味苦、酸。入肝、肾经。

【适合体质】
血瘀体质

【煲汤适用量】
5～15克

【别　　名】
百倍、牛茎、脚斯蹬、铁牛膝。

【功效主治】

牛膝具有活血通经、补肝肾、强筋骨、利尿通淋、引火下行的功效，常用于治疗瘀血阻滞的经闭、痛经、月经不调、产后腹痛等妇科病，跌打损伤，肾虚之腰膝酸痛、下肢无力、尿血，小便不利，尿道涩痛以及火热上炎引起的头痛、眩晕、吐血、衄血等症。

【应用指南】

·治扁桃体炎· 新鲜牛膝根一把，艾叶7片，和人乳一起捣后取汁，灌入鼻内，一会儿痰涎从口鼻中流出，病即愈。没有艾叶也可以。另一方法是将牛膝捣汁，和陈醋灌入喉内。

·治胞衣不出· 用牛膝400克，葵子100克，水1升，煎至300毫升，分3次服用。

·治消渴不止，下元虚损· 牛膝250克，研为细末，用生地黄汁5升浸泡，日晒夜浸，以汁干为度，制成梧桐子大小的蜜丸，每次空腹温酒送下30丸。

·治女人阴部肿痛· 牛膝250克，酒500毫升，煮取250毫升，去掉渣后分3次服。

·治折伤及闪挫伤· 将杜牛膝捣碎，敷盖在患处。也可治无名恶疮。

·治小便带血· 用牛膝根煎浓汁，每天饮5次就能好。

·治小便不利，茎中痛欲死，兼治妇人血结腹坚痛· 牛膝一大把并叶，不以多少，酒煮饮之。

【选购保存】

牛膝以根长、肉肥、皮细、黄白色者为佳。置阴凉干燥处。防潮。

威灵仙牛膝茶

配方 威灵仙、牛膝各10克，黑芝麻500克，茶适量，白糖适量

制作

①将威灵仙和牛膝洗净，拍碎，备用。②往杯中注入茶用开水，再将黑芝麻、威灵仙和牛膝一起放进茶水里，加盖焖15分钟左右。③去渣留汁，加入白糖调味即可。

养生功效 本品具有祛风湿、通经络、强筋骨之功效。

适合人群 肩周关节麻痹肿痛、经络拘急者、风湿性关节炎患者、痛风患者、中风偏瘫患者、坐骨神经痛患者、痿软无力者、疟疾、破伤风患者均适宜服用。

不宜人群 气血亏虚者、月经过多者、孕妇不宜服用。

牛膝猪腰汤

配方 韭菜子100克，田七50克，续断10克，牛膝15克，猪腰300克，盐、味精、葱末、姜末、米醋各适量

制作

①将猪腰洗净，切片，氽水。②韭菜子洗净；田七择洗净备用；续断、牛膝洗净备用。③净锅上火倒入油，将葱、姜炝香，倒入水，调入盐、味精、米醋，放入猪腰、韭菜子、田七、续断、牛膝，小火煲至熟即可。

养生功效 补益肝肾、强筋健骨。

适合人群 筋骨无力者、下肢痿软者、腰酸背痛者、遗精盗汗者、肾虚热者、性欲较差的女性；肾虚、耳聋、耳鸣的老年人、风湿性关节炎患者。

不宜人群 阴虚火旺者、脾虚泄泻者、月经过多者、孕妇、高血压、高血脂患者。

芡实

固肾涩精，补脾止泻

芡实为睡莲科植物芡的成熟种仁。主产江苏、湖南、湖北、山东。此外，福建、河北、河南、江西、浙江、四川等地也产。芡实是常用的收敛性强壮药。

【性味归经】●
性平，味甘、涩。归脾、肾经。

【适合体质】●
气虚体质

● 【煲汤适用量】
15~25克

● 【别　　名】
鸡头米、南芡实、北芡实、芡子。

【功效主治】

芡实具有补中益气，滋养强身，固肾涩精，健脾止泻的功效。可治遗精、带下、小便不禁、大便泄泻等症。另外，它不仅能益精气，强志，令耳目聪明，还能解暑热酒毒。

【应用指南】

·体虚者、脾胃虚弱的产妇、贫血者、气短者· 芡实60克，红枣10克，花生30克，加入适量红糖合成大补汤。

·治老幼脾肾虚热及久痢· 芡实、山药、茯苓、白术、莲肉、薏苡仁、白扁豆各200克，人参50克。俱炒燥为末，白汤调服。

·治妇女带下症· 白果、芡实、薏仁、山药各25克，土茯苓12克，地骨皮、车前子各6克，黄柏6克，水煎服用。

·治思虑、色欲过度，损伤心气，小便频数，遗精· 回精丸：用秋石、白茯苓粉、莲肉各100克研为末，蒸枣和成梧桐子大小的丸，每次服30丸，空腹时用盐汤服下。

·治疗带下症· 白术、苍术、薏苡仁、山药各30克，芡实、乌贼骨各15克，杜仲10克，茜草8克。

【选购保存】

芡实以颗粒饱满均匀、断面粉性足，无碎末及皮壳者为佳。应于暴晒后，带热密封保存，并置于通风干燥的地方，以防蛀。防鼠食。

养生药膳 **芡实莲子薏米汤**

配方 芡实15克，茯苓50克，淮山50克，薏米100克，猪小肠500克，干品莲子100克，盐2小匙，米酒30毫升

制作

①将猪小肠处理干净，放入沸水中汆烫，捞出剪成小段。②将芡实、茯苓、淮山、莲子、薏米洗净，与小肠一起入锅，加水至盖过所有材料，煮沸后用小火炖约30分钟，快熟时加盐调味，淋上米酒即可。

养生功效 养心益肾、补脾止泻。

适合人群 脾虚久泻者、湿热带下者、食欲不振者、营养不良者、皮肤干燥粗糙者、心烦失眠者、体质虚弱者、高血压患者。

不宜人群 痰湿中阻者、食积腹胀者、脾虚便难者、孕妇。

养生药膳 **甲鱼芡实汤**

配方 芡实15克，枸杞5克，红枣4枚，甲鱼300克，盐6克，姜片2克

制作

①将甲鱼收拾干净，斩块，汆水。②芡实、枸杞、红枣洗净备用。③净锅上火倒入水，放入盐、姜片，下入甲鱼、芡实、枸杞、红枣煲至熟即可。

养生功效 此汤具有滋阴壮阳、强筋壮骨、补益体虚、软坚散结、化瘀和延年益寿的功效。

适合人群 腹泻者、遗精者、肺结核有低热者、贫血者、子宫脱垂患者、崩漏带下患者。

不宜人群 脾胃阳虚、脾虚便难者、肠胃炎患者、胃溃疡患者、胆囊炎患者、孕妇不宜食用。

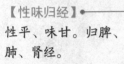**黄精** 补中益气，除风湿安五脏的圣药

黄精为百合科植物滇黄精、黄精或多花黄精的干燥根茎。产于贵州、湖南、浙江、广西、河北、内蒙古、辽宁、山西等地。它含有黏液质、淀粉、糖分及多种氨基酸等成分。古代养生学家以及道家视黄精为补养强壮食品，更是一种常用的中草药。

【性味归经】
性平、味甘。归脾、肺、肾经。

【适合体质】
阴虚、气虚体质

【煲汤适用量】
5~10克

【别　　名】
黄之、鸡头参、龙街、太阳草、玉竹黄精。

【功效主治】

黄精具有养阴益气、健脾润肺、益肾养肝的功效，可用于治疗虚损寒热、脾胃虚弱、体倦乏力、口干食少、肺虚燥咳、精血不足、内热消渴以及病后体虚食少、筋骨软弱、风湿疼痛等症。

【应用指南】

·治肺劳咳血，赤白带· 鲜黄精根头100克，冰糖50克。开水炖服。

·治肺结核，病后体虚· 黄精30克，水煎服或炖猪肉食。

·肺阴不足· 黄精30克，冰糖50克。将黄精洗净，用冷水泡发3~4小时，放入锅内，再加冰糖、适量清水，用大火煮沸后，改用文火熬至黄精熟烂。

·治糖尿病· 黄精15克，山药15克，知母、玉竹、麦冬各12克。水煎服。

·治小儿下肢痿软· 黄精50克，冬蜜50克。开水炖服。

·治胃热口渴· 黄精30克，熟地、山药各25克，天花粉、麦门冬各20克。水煎服。

·治蛲虫病· 黄精40克，加冰糖50克，炖服。

·治脾胃虚弱，体倦无力· 黄精、党参、淮山药各50克，蒸鸡食。

·高脂血症· 黄精30克，山楂25克，何首乌15克。水煎服，每日1剂。

·白细胞减少症· 黄精50克，大枣30克。制成100%煎剂口服，每次20毫升，每日3次。

【选购保存】

黄精以块大、肥润、色黄、断面透明的为佳，味苦的不能药用。置通风干燥处，防霉、防蛀。

山药黄精炖鸡

养生药膳

配方 ▷黄精10克，山药100克，鸡肉1000克，盐4克

制作 ▷

①将鸡肉洗净，切块；黄精、山药洗净，备用。②把鸡肉、黄精、山药一起放入炖盅。③隔水炖熟，下入盐调味即可。

养生功效 本品具有补中益气、滋阴润燥的功效，还能降血糖、血脂，温中补脾。适用于脾胃虚弱、便秘、消瘦、纳差、带下等症。

适合人群 病后虚损、肺痨咳血者；脾虚食少者、久泻不止者、肺虚喘咳者、肾虚遗精者、带下者、尿频者、虚热消渴者。

不宜人群 脾胃虚寒者、腹泻便溏者、内热炽盛者、感冒未愈者。

黄精骶骨汤

养生药膳

配方 ▷肉苁蓉、黄精各10克，白果粉1大匙，猪尾骶骨1副，胡萝卜1根，盐1小匙

制作 ▷

①猪尾骶骨洗净，放入沸水中汆去血水，备用；胡萝卜冲洗干净，削皮，切块备用；肉苁蓉、黄精洗净，备用。②将肉苁蓉、黄精、猪尾骶骨、胡萝卜一起放入锅中，加水至盖过所有材料。③以大火煮沸，再转用小火续煮约30分钟，加入白果粉再煮5分钟，加盐调味即可。

养生功效 此汤可补肾健脾、益气强精。

适合人群 肾虚遗精、阳痿、腰膝酸痛的患者；耳鸣目花者、尿频遗尿者、宫寒不孕者、精冷不育者、阳虚肠燥便秘等患者、高血压患者、骨质疏松者。

不宜人群 阴虚火旺者、腹泻者、消化不良患者。

锁阳

补肾虚、润肠燥

锁阳为锁阳科多年生肉质寄生草本植物锁阳的全草，于春季采挖，除去花序晒干而成。它含有花色苷、鞣质、单宁等成分。锁阳是补肾的药材中最常使用的一味药。

【性味归经】
性温、味甘。归肝、肾、大肠经。

【煲汤适用量】
5~10克

【适合体质】
阳虚体质

【别　　名】
不老药、锁燕、地毛球、铁锤。

【功效主治】

锁阳具有平肝补肾、益精养血、润肠通便的功效。可治阳痿、早泄、尿血、血枯便秘、腰膝痿弱等症。其他像消化不良、胃痛、胃溃疡、心脏病、泌尿系统感染以及子宫下垂、白带等疾病，也可以用锁阳入药治疗。

【应用指南】

·治二度子宫下垂·　锁阳15克，木通9克，车前子9克，甘草8克，五味子9克，大枣3个。水煎服。

·治阳萎、早泄·　锁阳15克，党参、山药各12克，覆盆子9克。水煎服。

·治消化不良·　锁阳15克，水煎服。

·治老年气弱阴虚，大便燥结·　锁阳、桑葚各15克。水煎取浓汁加白蜂蜜30克，分2次服。

·治心脏病伴小便不利·　锁阳15克，枸杞9克。水煎服，每日1剂。

·治泌尿系感染尿血·　锁阳、忍冬藤各15克，茅根30克。水煎服。

·治肠燥便秘·　锁阳1500克，浓煎，加炼蜜熬成膏，每次1~2匙，用开水或热酒化服，每日3次。

·治白带·　锁阳25克，沙枣树皮15克。水煎服。

【选购保存】

锁阳以个大、色红、坚实、断面粉性、不显筋脉者为佳。应置于阴凉干燥处保存，并防霉、防虫蛀。

养生药膳 锁阳羊肉汤

配方 锁阳10克，生姜3片，羊肉250克，香菇5朵，盐适量

制作

①将羊肉洗净切块，放入沸水中汆烫一下，捞出，备用；香菇洗净，切丝；锁阳、生姜洗净，备用。②将上述材料放入锅中，加适量清水，大火煮沸后，再用小火慢慢炖煮至软烂。③起锅前，以盐调味即可。

养生功效 此汤具有补肾、益精血、润燥的功效。

适合人群 体虚胃寒者、反胃者、体质虚弱者、肾虚阳痿、早泄、腰膝软弱无力的中老年人。

不宜人群 大便溏薄者、阳易举而精不固者、性功能亢进者、感冒发热者。

养生药膳 锁阳炒虾仁

配方 锁阳10克，山楂10克，核桃仁15克，虾仁100克，姜5克，葱10克，盐5克，素油50毫升

制作

①把锁阳、核桃仁、虾仁洗净，山楂洗净去核切片，姜切片，葱切段。②锅置火上，加素油烧热，加入核桃仁，文火炸香，捞出待用。锁阳、山楂煮汁待用。③姜、葱入锅爆香，下入虾仁、盐、药汁，再加入已炸香的核桃仁，炒匀即成。

养生功效 本品可补肾壮阳，强腰壮骨。

适合人群 体虚胃寒者、体质虚弱者、肾虚阳痿、早泄、腰膝软弱、男性不育症者。

不宜人群 大便溏薄者、阳易举而精不固者、性功能亢进者、急性炎症和面部痤疮及过敏性鼻炎患者、皮肤疥癣患者。

肉桂

补益五脏，散寒止痛

肉桂为樟科植物肉桂的干燥枝皮或干皮。主产于广东、广西、云南等地。它含有桂皮酸钠、桂皮醛、桂皮油、香豆素、肉桂油、肉桂酸钠等成分。

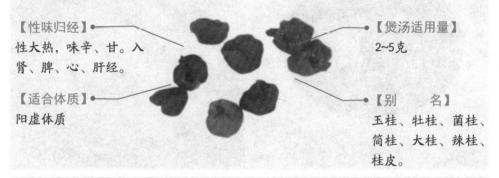

【性味归经】
性大热，味辛、甘。入肾、脾、心、肝经。

【适合体质】
阳虚体质

【煲汤适用量】
2~5克

【别　　名】
玉桂、牡桂、菌桂、简桂、大桂、辣桂、桂皮。

【功效主治】

肉桂具有补元阳、暖脾胃、除积冷、通血脉的功效。治命门火衰、肢冷脉微、亡阳虚脱、腹痛泄泻、寒疝奔豚、腰膝冷痛、经闭症瘕、阴疽流注及虚阳浮越、上热下寒等病症。

【应用指南】

·治心痛，胸闷· 桂心25克，研为末，以酒调和，水煎至半碗，去渣，稍热服。

·治体寒腰痛，六脉弦紧，口舌青，阴囊缩，身战栗· 肉桂9克，附子12克，杜仲6克，水煎成汁，热服。

·治小儿下痢赤白，腹痛不可食· 肉桂、黄连各等份，共研为末，调成白糊，炼制小丸，如黄豆大，每次10丸，米汤送服。

·治风寒客表、水饮内停、恶寒发热、气喘咳嗽而头面四肢水肿、身体疼痛· 肉桂皮、甘草各3克，麻黄、芍药、半夏各6克，五味子、细辛、干姜各1克，将上药用水煎服。

·治鹤膝风，贴骨疽及一切阴疽· 熟地50克，肉桂5克（去粗皮，研粉），麻黄2.5克，鹿角胶15克，白芥子10克，姜炭2.5克，生甘草5克。煎服。

·治虚寒阴火之喉痛、喉痹· 肉桂、干姜、甘草各2.5克。各研极细末，滚水冲掉，将碗顿于滚水内，再掉，慢以咽下。

【选购保存】

肉桂以皮细肉厚，外皮灰褐色，断面平整，紫红色，油性大，香味浓，味甜微辛，嚼之少渣者为佳。密封，置于阴凉干燥处，防潮防蛀。

养生药膳 肉桂米粥

配方 肉桂5克，大米100克，白糖3克，葱花适量

制作

①大米泡发半小时后捞出，沥干水分，备用；肉桂洗净，加水煮好，取汁，待用。②锅置火上，加入适量清水，放入大米，以大火煮开，再倒入肉桂汁。③以小火煮至浓稠状，调入白糖拌匀，再撒上葱花即可。

养生功效 此粥具有温补元阳、健脾养胃的功效。

适合人群 畏寒怕冷者、手脚发凉者、胃寒冷痛者、痛经者、肾虚作喘者适宜食用。

不宜人群 内热较重、舌红无苔、阴虚火旺者不宜食用。

养生药膳 肉桂茴香炖雀肉

配方 麻雀3只，肉桂、胡椒各5克，小茴香20克，杏仁15克，盐少许

制作

①麻雀去毛、内脏、脚爪，洗净；将肉桂、小茴香、胡椒、杏仁均洗净，备用。②麻雀放入煲中，加适量水，煮开，再加入肉桂、杏仁以小火炖2小时。③最后加入小茴香、胡椒，焖煮10分钟，加盐调味即可。

养生功效 本品可具有补肾壮阳、暖宫散寒的功效。

适合人群 性功能减退者、小便频数、小儿百日咳患者、妇女清稀白带过多者、阳痿患者、畏寒肢冷者。

不宜人群 内热较重、舌红无苔、阴虚火旺者、孕妇、高血压患者。

巴戟天

补肾壮阳的良药

巴戟天为中草药，为双子叶植物茜草科巴戟天的干燥根，有"不调草"之称。主产于广东、广西等地。它含有苷类、单糖、多糖、氨基酸，及大量的钾、钙、镁等元素，有提高免疫力、增强抗应激能力，并能抗炎、增加白细胞。

【性味归经】
性微温，味辛、甘。
归肝、肾经。

【适合体质】
阳虚体质

【煲汤适用量】
10~15克

【别　　名】
巴戟、巴吉天、戟天、巴戟肉、鸡肠风、猫肠筋、兔儿肠。

【功效主治】

巴戟天具有补肾助阳、祛风除湿、强筋壮骨的功效。主治肾虚阳痿、遗精早泄、小腹冷痛、小便不禁、月经不调、宫冷不孕、风寒湿痹、腰膝酸软、风湿肢气、盘骨萎软等症。

【应用指南】

·治遗尿、小便不禁· 巴戟天12克，益智仁10克，覆盆子12克。水煎服，每日1剂。

·治男子阳痿早泄，女子宫寒不孕· 巴戟天、党参、覆盆子、菟丝子、神曲各9克，山药18克。水煎服，每日1剂。常服有效。

·妇女更年期综合征· 巴戟天、当归各9克，淫羊藿、仙茅各9~15克，黄柏、知母各5~9克。水煎服，每日工剂。

·治老人衰弱，足膝痿软，步履困难· 巴戟天、熟地黄各10克，人参4克（或党参10克），菟丝子6克，补骨脂6克，小茴香2克。水煎服，每日1剂。

·治小便不禁· 益智仁、巴戟天（去心，二味以青盐、酒煮），桑螵蛸、兔丝子（酒蒸）各等分。为细末，酒煮糊为丸，如梧桐子大。每服20丸，食前用盐酒或盐汤送下。

【选购保存】

巴戟天以条粗壮、连珠状、肉厚、色紫、质软、内心细者为佳。贮藏时要避免受潮发霉，如有发霉，不可用水洗，宜放阳光下晒后，用毛刷刷霉。夏天应经常检查和翻晒。

巴戟黑豆鸡汤

配方 〉巴戟天15克，黑豆100克，胡椒粒15克，鸡腿150克，盐5克

制作 〉⋯⋯⋯⋯⋯⋯⋯⋯•

①将鸡腿剁块，放入沸水中氽烫，捞出洗净。②将黑豆淘净，和鸡腿及洗净的巴戟天、胡椒粒一道放入锅中，加水至盖过材料。③以大火煮开，再转小火续炖40分钟，加盐调味即可食用。

养生功效 此汤具有补益肾阳、强筋状骨的功效。

适合人群 肾阳亏虚引起的阳痿早泄、遗精、性欲冷淡、腰膝酸软、畏寒肢冷的患者；风湿痹痛者、免疫力低下、易生病者。

不宜人群 阴虚燥热者、火旺泄精者、口舌干燥者。

巴戟羊藿鸡汤

配方 〉巴戟天、淫羊藿各15克，红枣8枚，鸡腿1只，料酒5毫升，盐2小匙

制作 〉⋯⋯⋯⋯⋯⋯⋯⋯•

①鸡腿剁块，氽烫后捞出冲净。②所有材料盛入煲中，加水以大火煮开，转小火续炖30分钟。③最后加料酒、盐调味即可。

养生功效 本品具有滋补肾阳，强壮筋骨，祛风湿痹痛的功效。可用于阳痿遗精、筋骨痿软、风湿痹痛、麻木拘挛、更年期高血压等症。

适合人群 肾虚引起的阳痿、遗精、宫冷不孕、腰膝酸软、畏寒肢冷的患者、阳虚性高血压者、免疫力低下者、更年期高血压患者。

不宜人群 口舌干燥者、阴虚水乏、小便不利、阴虚火旺者、阳强易举者不宜食用。

肉苁蓉 帮男性补肾壮阳的"沙漠人参"

肉苁蓉含有丰富的生物碱、结晶性的中性物质、氨基酸、微量元素、维生素等成分。肉苁蓉属列当科濒危种，是一种寄生在梭梭、红柳根部的寄生植物，对土壤、水分要求不高。分布于内蒙古、宁夏、甘肃和新疆，素有"沙漠人参"之美誉，具有极高的药用价值，是我果传统的名贵中药材。

【性味归经】
味甘、咸，性温。
归肾、大肠经。

【煲汤适用量】
1~5克

【适合体质】
阳虚体质

【别　　名】
大芸、金笋。

【功效主治】

肉苁蓉具有补肾阳、益精血、润肠通便的功效。主治肾阳虚衰、精血亏损、阳痿、遗精、腰膝冷痛、耳鸣目花、带浊、尿频、月经不调、崩漏、不孕不育、肠燥便秘等症。

【应用指南】

·治肾虚白浊· 将肉苁蓉、鹿茸、山药、白茯苓等份，研末，用米糊做成梧桐子大的丸，每次用枣汤服30丸。

·虚劳早衰· 肉苁蓉30克，精羊肉30克，粳米50克，煮粥食用。

·男子肾虚精亏，阳痿尿频· 肉苁蓉240克，熟地180克，五味子120克，菟丝子60克。研为细末，酒煮山药糊为丸。每次9克，每日2次。

·老年性多尿症· 肉苁蓉30克，粳米30克。共煮粥，食服，每日1次，连服1周。

·肝肾不足，筋骨痿弱，腰膝冷痛· 肉苁蓉、杜仲、菟丝子、锁阳各250克。共研细末，炼蜜为丸，每次9克，每日2次。

·肾阳虚闭经· 肉苁蓉、附子、茯苓、白术、桃仁、白芍各15克，干姜10克。水煎服，每日1剂。

【选购保存】

肉苁蓉有淡苁蓉和咸苁蓉两种，淡苁蓉以个大身肥、鳞细、颜色灰褐色至黑褐色、油性大、茎肉质而软者为佳。咸苁蓉以色黑质糯、细鳞粗条、体扁圆形者为佳。炮制好晒干的肉苁蓉，用塑料袋挂在阴凉通风处，可保存一年之久。期间可拿出来晒一两次。

苁蓉羊肉粥

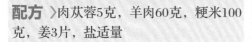

配方 肉苁蓉5克，羊肉60克，粳米100克，姜3片，盐适量

制作

①将肉苁蓉洗净，放入锅中，加入适量的水，煎煮成汤汁，去渣备用。②羊肉洗净，氽去血水，再洗净切丝，备用；粳米淘洗干净，备用。③在苁蓉汁中加入备好的羊肉、粳米同煮，煮沸后再加入姜、盐调味即可。

养生功效 此粥补肾助阳、健脾养胃、润肠通便。对精血亏损、体质虚弱、肾阳虚衰有食疗作用。

适合人群 中老年体质虚弱者、肾阳虚衰者、精血亏损者、不孕不育者、月经不调者、便秘者、肾虚型尿频者适宜食用。

不宜人群 感冒发热者、阴虚火旺者、大便泄泻者、急性肠炎患者。

当归苁蓉炖瘦肉

配方 核桃、肉苁蓉、桂枝各5克，黑枣6颗，猪瘦肉250克，当归10克，淮山25克，盐适量，姜3片，米酒少许

制作

①猪瘦肉洗净，氽烫。②核桃、肉苁蓉、桂枝、当归、淮山、黑枣洗净放入锅中，猪瘦肉置于药材上方，再加入少量米酒以及适量水，水量盖过材料即可。③用大火煮滚后，再转小火炖40分钟，加入姜片及盐调味即可。

养生功效 可改善肾亏、阳痿、遗精等症状，对于不孕不育症有很好的治疗效果。

适合人群 肾阳虚衰者、气血不足者、月经不调、血虚萎黄者、女子不孕者、腹胀疼痛者。

不宜人群 阴虚火旺者、大便泄泻者、痰多舌苔厚腻者、热盛出血患者。

菟丝子 缠绕在树枝上的补肾药

中药菟丝子为双子叶植物药旋花科植物菟丝子、南方菟丝子、金灯藤等的种子，产于连云港、邱县、铜山、宝应、南京、吴江等地，它含生物碱、蒽醌、香豆素、黄酮、苷类、甾醇、鞣酸、糖类等成分。

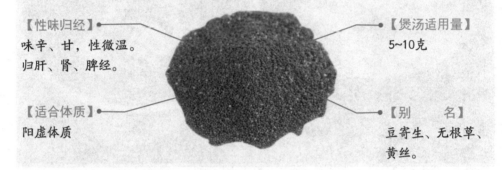

【性味归经】
味辛、甘，性微温。
归肝、肾、脾经。

【适合体质】
阳虚体质

【煲汤适用量】
5~10克

【别　名】
豆寄生、无根草、黄丝。

【功效主治】

菟丝子具有滋补肝肾、固精缩尿、安胎、明目、止泻的功效。可用于腰膝酸软、目昏耳鸣、肾虚胎漏、胎动不安、脾肾虚泻、遗精、消渴、尿有余沥、目暗等症。外用可治白癜风。

【应用指南】

·治消渴不止· 菟丝子煎汁，任意饮之，直到治愈。

·治阳气虚损· 用菟丝子、熟地黄等份，研为末，酒糊梧桐子大。每次服50丸。气虚，人参汤下。气递，沉香汤下。

·治白浊遗精· 菟丝子250克，白茯苓150克，石莲肉100克，研为末，酒糊丸梧子大，每服30~50丸，空腹盐汤下。

·治脾元不足，饮食减少，大便不实· 菟丝子200克，黄者、白术（土拌炒）。人参、木香各50克，补骨脂、小茴香各40克。饧糖作丸。早晚各服15克，汤酒使下。

·治阴虚阳盛，四肢发热，逢风如炙如火· 菟丝子、五味子各50克，生干地黄150克。上为细末。米饮调下10克，食前。

·治小便淋沥· 用菟丝子煮汁饮服。

【选购保存】

菟丝子以粒大、表面棕色、质硬、气微、味淡者为佳。应置于通风干燥处保存，防蛀、防霉。

菟丝子苁蓉饮

配方 菟丝子10克，肉苁蓉10克，枸杞20粒，冰糖适量

制作

①将菟丝子、肉苁蓉、枸杞洗净，备用。②将菟丝子、肉苁蓉、枸杞、冰糖一起放入锅中，加水后煲20分钟。③将煮好的茶倒入壶中即可饮用。

养生功效 此饮具有补肝肾、益精髓、安胎的功效。主治腰痛耳鸣，阳痿遗精，消渴，不育，遗尿失禁，淋浊带下，头目昏暗，食少泄泻，胎动不安。

适合人群 阳痿遗精者、肾虚胎漏者、胎动不安者、月经不调者、不孕者、高血压患者。

不宜人群 脾虚火旺者、阳强不痿者、大便燥结者。

菟丝子烩鳝鱼

配方 菟丝子10克，干地黄12克，净鳝鱼250克，净笋50克，水发木耳10克，酱油、味精、盐、淀粉、米酒、胡椒粉、姜末、蒜末、香油、蛋清各适量

制作

①将菟丝子、干地黄洗净煎两次，过滤取汁。净笋、木耳洗净，备用。②鳝鱼切片，加水、淀粉、蛋清、盐煨好放入碗内。③炒锅入油，放入净笋、木耳，倒入步骤①所制的药汁，下入鳝鱼划开，待鱼片泛起即捞出，加盐、酱油、姜末、蒜末、米酒、胡椒粉、香油调味即可。

养生功效 本品滋补肝肾、固精缩尿。

适合人群 身体虚弱者、气血不足者、风湿痹痛者、阳痿遗精者、高血压患者。

不宜人群 脾虚火旺者、阳强不痿者、大便燥结者、瘙痒性皮肤病患者。

冬虫夏草 补肺气、抗衰老

冬虫夏草由虫体与虫头部长处的真菌子座相边而成。它含有丰富的氨基酸，如天冬氨酸、苏氨酸、丝氨酸、谷氨酸、脯氨酸等。此外，冬虫夏草还含有多种微量元素，如铜、锌、锰、铬等。冬虫夏草是一种传统的名贵滋补中药材，是补虚的佳品。

【性味归经】
味甘、性平。归肺、肾经。

【适合体质】
气虚体质

【煲汤适用量】
1~5克

【别　　名】
虫草、夏草冬虫、中华虫草。

【功效主治】

冬虫夏草具有益肾壮阳、补肺平喘、止血化痰的功效。适用于肾虚腰痛、阳痿遗精、肺虚或肺肾两虚之久咳虚喘、劳嗽痰血、病后体虚不复、自汗畏寒等症。现代临床还用于肾功能衰竭、性功能低下、冠心病、心律失常、高脂血症、高血压、鼻炎、乙型肝炎及更年期综合征等病的治疗。

【应用指南】

·治肺气肿晚期，对因肺气肿而导致的痰多、咳嗽气短· 补骨脂、莱菔子各16克，熟地24克，炒山药18克，山萸肉、茯苓、枸杞、党参、炒白术，陈皮、炙冬花、炙紫菀各12克，冬虫夏草3克。以上几味共水煎服。

·治青光眼· 十全大补丸4.5克，甘杞6克，巴戟天1克，夜明砂6克，冬虫草3克，谷精草6克。水煎汤，炖鸡肝服用，饭后服，再用补肾丸调养，小儿服半量，每日1~2次。

·适用于肺肾亏虚的咳喘劳嗽、自汗盗汗、阳痿遗精、腰膝酸痛· 冬虫夏草10克，用布包好，小米100克，瘦猪肉50克，切片，一同放入砂锅内，加水煮至粥熟，每日1剂，分次食用，需连续食用方会取效。

【选购保存】

冬虫夏草以虫体粗，形态丰满，外表黄亮，子座短小，闻起来有一股清香的草菇气味的为佳。冬虫夏草富含蛋白质与多糖类，在夏季特别容易霉变、虫蛀、变色。可将冬虫夏草与花椒一同放入密闭干燥的玻璃瓶，置冰箱中冷藏，随用随取。若发现虫草受潮后，应立即暴晒。

养生药膳 虫草红枣炖甲鱼

配方 甲鱼1只，冬虫夏草5克，红枣、紫苏各10克，料酒、盐、葱、姜各适量

制作

①甲鱼收拾干净切块；姜洗净，切片；葱切段；冬虫夏草、红枣、紫苏分别洗净，备用。②将甲鱼放入砂锅中，上放虫草、紫苏、红枣，加料酒、盐、葱段、姜片炖2小时即成。

养生功效 本品具有益气补虚、养肺补心的功效。

适合人群 肾虚腰痛者、阳痿遗精者、肺虚或肺肾两虚引起的咳虚喘、劳嗽痰血者；更年期综合征患者、高血压患者、心律失常患者、慢性支气管炎患者适宜食用。

不宜人群 感冒发热者、脑出血人群以及有实火或邪胜者。

养生药膳 虫草炖雄鸭

配方 冬虫夏草5克，雄鸭1只，姜片、葱花、陈皮末、胡椒粉、盐、味精各适量

制作

①将冬虫夏草用温水洗净。②鸭收拾干净，斩块，汆去血水，然后捞出。③将鸭块与虫草用大火煮开，再用小火炖软后加入姜片、葱花、陈皮末、胡椒粉、盐、味精，调味后即可。

养生功效 本品具有益气补虚、补肾强身的作用。

适合人群 营养不良者、肾气不足者、腰膝酸痛者、高血压患者、慢性支气管炎患者、肺结核患者、慢性肾炎水肿患者适宜食用。

不宜人群 外感未清者、便泻肠风者、有实火或邪胜者。

何首乌 补血益精、生发乌发的护心良药

何首乌为蓼科何首乌的块根，于秋冬两季时采挖。它主要有大黄酚、大黄素、大黄酸、大黄素甲醚等，此外，尚含有卵磷脂等成分。何首乌是抗老护发的滋补佳品。

【性味归经】
味甘苦涩，性温。归肝、心、肾经。

【适合体质】
血虚体质

【煲汤适用量】
5~10克

【别　　名】
生首乌、制首乌、首乌、赤首乌、地精、山首乌。

【功效主治】

何首乌有补肝益肾、养血祛风的功效，常用来治肝肾阴亏、发须早白、血虚头晕、腰膝软弱、筋骨酸痛、遗精、崩带、久疟久痢、慢性肝炎、痈肿、瘰疬、肠风、痔疾等症。晒干制成的首乌润肠通便的效果显著，常用于老年人身上；鲜首乌的消肿作用更佳；而经黑豆、黄酒拌蒸熟制成的何首乌长于补血，最能滋补强壮。

【应用指南】

·治破伤血出· 何首乌末，敷上，立止，效果神奇。

·治大风痢疾· 何首乌大而有花纹者500克，米泔浸7天，九蒸九晒，胡麻200克，九蒸九晒，二者共为末，每酒服10克，日服2次。

·治结核，破或不破，下至胸前· 用何首乌洗净，每日生嚼，并取叶捣烂涂，效果非常好。

·治老年人习惯性便秘· 生何首乌、火麻仁、黑芝麻各等量，焙黄研末，每次服10克，每日3次。

·治疥癣· 用何首乌、区叶等份，水煎浓汤洗浴，可以解痛、生肌肉。用何首乌茎、叶煎汤洗浴，也有效。

【选购保存】

选购何首乌时，应以表面棕红或红褐色，质地坚实，显粉性，味微甘而带苦涩者为佳。应置于阴凉通风干燥处保存。

养生药膳 首乌黄精肝片汤

配方 何首乌10克，黄精5克，猪肝200克，胡萝卜1根，鲍鱼菇6片，葱1根，姜1小块，蒜薹2~3根，盐适量

制作

①将以上药材和食材洗净；胡萝卜切块，猪肝切片，蒜薹、葱切段；将何首乌、黄精煎水去渣留用。②猪肝片用开水氽去血水。③将药汁煮开，将所有食材放入锅中，加盐煮熟即成。

养生功效 此汤可补肾养肝、乌发防脱、补益精血。

适合人群 血虚头晕者、神经衰弱者、脱发者、病后虚损者、肺痨咳血者、慢性肝炎患者。

不宜人群 脾胃虚寒、腹泻便溏、食欲不振者。

养生药膳 何首乌茶

配方 何首乌、泽泻、丹参各10克，绿茶适量

制作

①何首乌、泽泻、丹参均洗净，备用。②把何首乌、泽泻、丹参和绿茶放入锅里，加水共煎15分钟。③滤去渣后即可饮用。

养生功效 此茶具有补肝益肾、补血活血、乌发明目、利水渗湿的功效。主治肝肾精血不足，腰膝酸软，遗精耳鸣，头晕目眩等症。

适合人群 血虚头晕者、神经衰弱者、脱发掉发者、面部有黄褐斑者、肠燥便秘者、风疹瘙痒者、高血脂患者适宜饮用。

不宜人群 脾胃虚寒、大便清泄及有湿痰者不宜服用。

鹿茸

滋补强壮剂

鹿茸是指梅花鹿或马鹿的雄鹿未骨化而带茸毛的幼角。它含有大量的氨基酸葡萄糖、半乳糖胺、骨胶质、脑素、酸性黏多糖及脂肪酸、核糖核酸、脱氧核糖核酸以及维生素A、蛋白质、钙、磷、镁等成分。鹿茸是一种贵重的中药，为常用的滋补强壮剂。

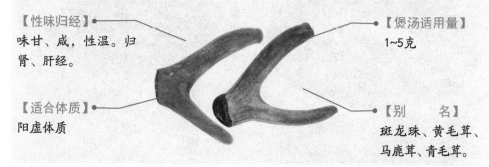

【性味归经】
味甘、咸，性温。归肾、肝经。

【适合体质】
阳虚体质

【煲汤适用量】
1~5克

【别　　名】
斑龙珠、黄毛茸、马鹿茸、青毛茸。

【功效主治】

　　鹿茸有补肾壮阳、益精生血、强筋壮骨的功效。适用于肾阳不足、精血虚亏、阳痿早泄、宫寒不孕、头晕耳鸣、腰膝酸软、四肢冷、神疲体倦、肝肾不足、筋骨痿软或小儿发育不良、囟门不合、行迟齿迟、虚寒性崩漏、带下、溃疡久不愈合等症。

【应用指南】

·老人肾虚腰痛· 鹿茸，炙酥，研末，酒调，每服3克。亦可用鹿茸1克（冲服），杜仲12克，核桃仁30克。水煎服，每日1剂。

·慢性低血压· 鹿茸精，每次5~10毫升，每日2次。

·肾阳不足，精血亏虚，腰酸肢冷，带下过多，宫冷不孕，小便清长· 鹿茸4克，淮山药40克，竹丝鸡120克。煲汤食用。

·治精血耗竭，面色暗黑，耳聋目昏· 鹿茸(酒浸)、当归(酒浸)等份。为细末，煮乌梅膏子为丸，如梧桐子大。每服50丸，空腹用米汤送下。

【选购保存】

　　鹿茸以梅花鹿茸较优。以粗壮、主支圆、顶端丰满、"回头"明显、毛细、皮色红棕、较少骨钉或棱线，有光泽者为佳。而细、瘦、底部起筋、毛粗糙，体重者为次货。鹿茸不宜长时间放在冰箱里，药材放入冰箱内，和其他食物混放时间一长，不但各种细菌容易侵入药材内，而且容易受潮，破坏了药材的药性。保存宜放入樟木箱内，置阴凉干燥处，密闭、防蛀、防潮。

养生药膳 茸杞红枣鹌鹑汤

配方 ▷鹿茸3克，枸杞30克，红枣5枚，鹌鹑2只，盐适量

制作 ▷

①将鹿茸、枸杞洗净；将红枣浸软，洗净，去核。②将鹌鹑宰杀，去毛及内脏，洗净斩大件，余水。③将全部材料放入炖盅内，加适量清水，隔水以小火炖2小时，加盐调味即可食用。

养生功效 此汤具有补肾养巢、延年益寿的功效。

适合人群 卵巢早衰者、更年期综合征患者、虚寒性崩漏、宫寒不孕者、性欲冷淡者、带下过多者、肾虚阳痿遗精者、体质虚弱的老年人。

不宜人群 阴虚燥热者。

养生药膳 鹿芪煲鸡汤

配方 ▷鸡肉500克，瘦肉300克，鹿茸5克，黄芪20克，生姜10克，盐5克，味精3克

制作 ▷

①将鹿茸片放置清水中洗净；黄芪洗净；生姜去皮，切片；瘦肉切成厚块。②将鸡洗净，斩成块，放入沸水中余去血水后，捞出。③锅内注入适量水，下入备好的材料大火煲沸后，再改文火煲3小时，调入盐、味精即可。

养生功效 此汤具有补肾益气、养血固精的功效。

适合人群 肾气不足者、精血虚亏者、阳痿者、不孕者、腰膝酸软者、肝肾不足者、筋骨痿软或小儿发育不良、虚寒性崩漏、带下过多患者。

不宜人群 阴虚火旺者、体质强壮者。

韭菜

补肾助阳绿色佳品

韭菜是中国传统的蔬菜之一，它含有丰富的蛋白质、脂肪、糖类、钙、磷、铁、维生素A、维生素B$_1$、维生素B$_2$、维生素C和膳食纤维等。韭菜有"春香，夏辣，秋苦，冬甜"之说，以春韭最好。

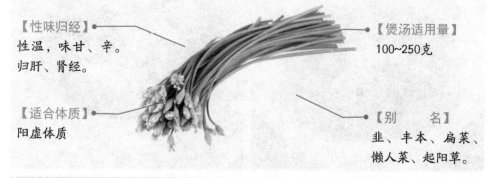

【性味归经】
性温，味甘、辛。
归肝、肾经。

【适合体质】
阳虚体质

【煲汤适用量】
100~250克

【别　　名】
韭、丰本、扁菜、懒人菜、起阳草。

【功效主治】

韭菜能温肾助阳、益脾健胃、行气理血。多吃韭菜，可养肝，增强脾胃之气。韭菜中的含硫化合物具有降血脂及扩张血脉的作用，适用于治疗心脑血管疾病和高血压。此外，这种化合物还能使黑色素细胞内酪氨酸系统功能增强，从而改变皮肤毛囊的黑色素，消除皮肤白斑，并使头发乌黑发亮。

【应用指南】

·治白带· 醋煮韭菜籽焙干研末，炼蜜为丸。空腹以酒送服，每次30丸（丸如梧桐子大）。

·治子宫脱垂· 韭菜250克。煎汤熏洗外阴部。

·治血崩· 韭菜250克，煮糯米酒服之。

·治产后血晕· 韭菜（切）入瓶内，注热醋，以瓶口对鼻。

·治孕吐· 韭菜汁50毫升，生姜汁10毫升，加糖适量，凋服。

·治鼻出血· 韭菜捣汁1杯，夏日冷服，冬天温服；阴虚血热引起鼻衄，用鲜韭菜根洗净后捣烂堵鼻孔内。

·治反胃· 韭菜汁100克，牛乳200毫升。上用生姜汁25克，和匀。温服。

·治赤痢· 韭菜一把去梢取汁，和酒120毫升，名曰"韭汁酒"，温服。

·治慢性便秘· 用韭菜根叶捣汁1杯，温开水加少许酒冲服。

【选购保存】

选购韭菜以叶直、鲜嫩翠绿为佳。新鲜的韭菜洗净后切成段，沥干水分，装入塑料袋后，再放入冰箱，其鲜味可保存两个月。

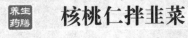

枸杞韭菜炒虾仁

配方 枸杞10克，虾200克，韭菜250克，盐5克，味精3克，料酒、淀粉适量

制作

①将虾去壳及虾线洗净；韭菜洗净切段；枸杞洗净泡发。②将虾抽去泥肠，放入淀粉、盐、料酒，腌渍5分钟。③锅置火上放油烧热，下入虾仁、韭菜、枸杞炒至熟，调入盐和味精即可。

养生功效 本品具有补肾壮阳、通乳、滋阴、健胃的功效。

适合人群 体质虚寒者、肾虚阳痿者、腰脚虚弱无力者、男性不育症者患者、夜盲症患者、干眼病患者、便秘、痔疮患者。

不宜人群 消化不良者、肠胃功能虚弱者、高脂血症患者、动脉硬化患者。

核桃仁拌韭菜

配方 核桃仁300克，韭菜150克，白糖10克，白醋3克，盐5克，香油8毫升

制作

①韭菜洗净，焯熟，切段。②锅内放入油，待油烧至五成热，下入核桃仁炸成浅黄色捞出。③在碗中放入韭菜、白糖、白醋、盐、香油拌匀，和核桃仁一起装盘即成。

养生功效 本品具有促进胃肠蠕动、预防便秘的功效。

适合人群 体质虚寒者、肾亏腰痛者、肺虚久咳者、便秘者、健忘怠倦者、神经衰弱者、心脑血管疾病患者适宜食用。

不宜人群 消化不良者、肠胃功能较弱者、胆囊炎患者、肺脓肿患者、慢性肠炎患者。

黑米

滑涩补精的补肾佳品

黑米是稻米的一种，形状比普通大米略扁，是中国稻米中的珍品。其主要成分是B族维生素、蛋白质、脂肪、钙、磷、铁、锌等。黑米在古代史专供内廷的"贡米"。黑米色泽乌黑，营养价值非常高，有多种药用价值。如果用黑米和红枣一同煮粥，更是味美甜香，被人们称之为"黑红双绝"。

【性味归经】
性平，味甘。归脾、胃经。

【适合体质】
阳虚体质

【煲汤适用量】
50~100克

【别　　名】
血糯米。

【功效主治】

黑米具有健脾开胃、补肝明目、滋阴补肾、益气强身、养精固混的功效，是抗衰美容、防病强身的滋补佳品。同时，黑米含B族维生素、蛋白质等，对于脱发、白发、贫血、流感、咳嗽、气管炎、肝病、肾病患者都有食疗保健作用。

【应用指南】

·治白癜风· 黑米和红豆适当，大米少许，上三种材料淘净，上锅，加清水适量，大火煮开，转中火煲1小时，再转小火，盖上锅盖，闷0.5~1小时，加适量白糖调味即可。

·治须发早白、头昏目眩、贫血· 黑米50克，黑豆20克，黑芝麻15克，核桃仁15克。所以食材洗净，入锅加水，共熬成粥，加红糖调味食之。

·适用于血虚月经不调，及咳血、衄血、大便出血· 阿胶30克，黑糯米100克，红糖适量。先将黑糯米煮粥，待粥将熟时，放入捣碎的阿胶，边煮边搅匀，稍煮2~3沸，加入红糖即可。每日分2次服，3日为1疗程，间断服用。

·产后、病后以及老年人等一切气血亏虚、脾胃虚弱者· 牛奶250毫升，黑米100克，白糖适量。煮粥食用。每日2次，早晚空腹温热服食。

【选购保存】

优质的黑米要求粒大饱满、黏性强、富有光泽，很少有碎米和爆腰（米粒上有裂纹），不含杂质和虫蛀。如果取几粒黑米品尝，优质黑米味甜，没有异味。黑米要保存在通风、阴凉处。如果选购袋装密封黑米，可直接放通风处即可。散装黑米需要放入保鲜袋或不锈钢容器内，密封后置于阴冷通风处保存。

莲子黑米粥

配方 韭菜子10克，龙眼肉40克，红枣5枚，黑米100克，莲子25克，白糖适量

制作

①莲子洗净、去心；黑米洗净后以热水泡1小时。②红枣泡发，洗净；韭菜籽洗净备用。③砂锅洗净，倒入泡发的黑米，加4碗水，用中火煮滚后转小火，再放进莲子、红枣、龙眼肉、韭菜子，续煮40～50分钟，直至粥变黏稠，最后加入白糖调味即可。

养生功效 此汤具有助阳固精、滋补肝肾、补血养血之功效。

适合人群 头昏眩晕者、贫血者、乌发早白者、眼疾患者、咳嗽患者、带下清稀者、脾虚泄泻者、虚烦心悸者、失眠者。

不宜人群 消化不良者、火盛热燥者。

黑米红豆茉莉粥

配方 黑米50克，红豆30克，茉莉花适量，莲子、花生仁各20克，白糖5克

制作

①黑米、红豆均泡发洗净；莲子、花生仁、茉莉花均洗净。②锅置火上，倒入清水，放入黑米、红豆、莲子、花生仁煮开。③加入茉莉花同煮至浓稠状，调入白糖拌匀即可。

养生功效 此粥具有滋阴补肾、利水除湿的功效。

适合人群 贫血者、乌发早白者、水肿患者、黄疸患者、泻痢患者、咳嗽患者、脾虚泄泻者。

不宜人群 消化不良者、火盛热燥者不宜食用；脾胃虚弱的小儿或老年人亦不宜食用。

黑芝麻 补肝肾、润五脏

黑芝麻为胡麻科脂麻的黑色种子，含有大量的脂肪和蛋白质，还有糖类、维生素A、维生素E、卵磷脂、钙、铁、铬等营养成分。可以做成各种美味的食品。

【性味归经】
性平，味甘。归肝、肾、肺、脾经。

【适合体质】
阴虚体质

【煲汤适用量】
9~15克

【别 名】
胡麻、油麻、脂麻。

【功效主治】

芝麻具有润肠、通乳、补肝、益肾、养发、强身体、抗衰老等功效。芝麻对于肝肾不足所致的视物不清、腰酸腿软、耳鸣耳聋、发枯发落、眩晕、眼花、头发早白等症食疗疗效显著。

【应用指南】

·治高血压· 香蕉500克，黑芝麻25克，用香蕉蘸炒半生的黑芝麻嚼吃。每天分3次吃完。

·治中风偏瘫、便秘· 取黑芝麻适量，洗净，重复蒸3次，晒干，炒熟研细，用炼蜜或枣泥为丸，每丸约10克。每服1丸，每日3次，温黄酒送下。

·治湿热瘀滞型内痔· 黑木耳、黑芝麻各1200克，将上2味分别均分为两份，一份炒熟，一份生用。每次取生熟混合药15克，用沸水冲泡15分钟后，代茶频频饮之。每日1~2次。

·治产后缺乳· 黑芝麻250克，炒后研成细末，每次取15~20克，用自家熬好的猪蹄汤冲服。

·主治斑秃· 黑芝麻50克，何首乌50克，将黑芝麻、何首乌共研末，与蜂蜜做丸，每丸重6克，每次1~2丸，日服2次。

【选购保存】

良质芝麻的色泽鲜亮、纯净；外观白色，大而饱满，皮薄，嘴尖而小。次质芝麻的色泽发暗；外观不饱满或萎缩，嘴尖过长，有虫蛀粒、破损粒。存放在干燥的罐子里，盖起来，放在通风避光的地方。

黑芝麻润发汤

配方 乌骨鸡300克，红枣4枚，黑芝麻50克，盐适量，水1500毫升

制作

①乌骨鸡洗净，切块，汆烫后捞起备用；红枣洗净。②将乌骨鸡、红枣加黑芝麻和水，以小火煲约2小时。③待熟后加盐调味即可。

养生功效 此汤具有滋阴清热、补肝益肾的功效。

适合人群 身体虚弱者、贫血者、妇女产后缺乳、出血体虚者、糖尿病患者、便秘患者、肝肾不足所致的视物不清者、肾阳不足引起的须发脱落者、高脂血症患者、高血压患者。

不宜人群 慢性肠炎患者、便溏腹泻者、阳痿遗精者。

黑芝麻山药糊

配方 山药、何首乌各250克，黑芝麻250克，白糖适量

制作

①黑芝麻、山药、何首乌均洗净、沥干、炒熟，再研成细粉，分别装瓶备用。②再将三种粉末一同盛入碗内，加入开水和匀。可根据个人口味，调成黏状或是稍微稀一些的糊状。③最后调入白糖，和匀即可。

养生功效 本品具有滋补肝肾、健脾黑发的功效。

适合人群 血虚头晕者、神经衰弱者、慢性肝炎患者、脾虚食少者、肾虚遗精者、习惯性便秘患者、痔疮患者。

不宜人群 感冒发热者、慢性肠炎患者、便溏腹泻者、阳痿遗精者。

猪腰

补肾气、止消渴

猪腰指的是猪的肾脏。我国医学理论有"以脏养脏"之学说，即常吃动物的什么脏器就可以滋补人的同种脏器，这医学说已经被现代医学证实。

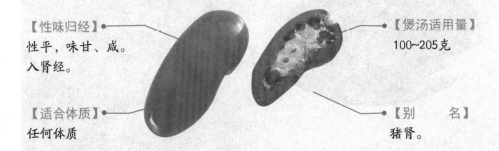

【性味归经】
性平，味甘、咸。
入肾经。

【适合体质】
任何体质

【煲汤适用量】
100~205克

【别　　名】
猪肾。

【功效主治】

猪腰子具有补肾气、通膀胱、消积滞、止消渴之功效。可用于治疗肾虚腰痛、水肿、耳聋等症。

【应用指南】

·脘闷纳呆、恶心呕吐、小便短少· 猪腰子1个，甘遂9克，黄酒适量。将甘遂填入猪肾中，置瓦上焙干，研为细末。1次4克，1日1~2次，黄酒送下。最少6日分服。

·治肝硬化· 猪肚100克，大米100克，葱花、姜丝、盐适量。猪肚洗净，加水适量，煮七成熟，捞出，改刀切成细丝备用。将大米、猪肚丝、适量猪肚汤（去油）同煮成粥，加入调料后食用。

·治肾不足，腰痛· 茴香15克，猪腰1个，将猪腰对边切开，剔去筋膜，然后与茴香共置于锅内加水煨熟。趁热吃猪腰，用黄酒送服。

·治肾亏虚损，肝虚血少而致的阳痿、遗精、腰痛及头晕眼花、面色苍白· 猪肝50克，猪腰50克，腰剔去筋膜，切片，大米100克，用豉油、熟食油、姜汁、白酒、白糖浸泡，抓匀。大米焖饭，当水将尽时，将猪肝、腰片平摆在饭上，小火焖至熟，拌匀，食用。

【选购保存】

挑选猪腰首先看表面有无出血点，有则不正常。其次看形体是否比一般猪腰大和厚，如果是又大又厚，应仔细检查是否有肾红肿。购买猪腰后要趁鲜制作菜肴，短时间内可放保险室内保鲜，如果必须放冰箱内冷冻，解冻后的腰花不宜制作腰花菜肴，可把猪腰切成丝或片，再用来制作菜肴。

核桃仁杜仲猪腰汤

养生
药膳

配方 核桃仁50克、猪腰100克、杜仲10克，盐3克

制作

①核桃去壳，留下核桃仁；猪腰洗净，切成小块；杜仲洗净。②将核桃、杜仲放入炖盅中，再放入猪腰，加入清水。③将炖盅放置炖锅中，炖90分钟，调入盐即可食用。

养生功效 本品补肾强腰、强筋壮骨，对肾虚所致的腰椎间盘突出、腰膝酸痛有食疗作用。

适合人群 腰椎间盘突出患者、腰酸背痛者、遗精者、盗汗者、健忘怠倦者、神经衰弱者、食欲不振者、肾虚、耳聋、耳鸣的老年人。

不宜人群 高血压患者、高血脂患者、慢性肠炎患者。

韭菜子猪腰汤

养生
药膳

配方 猪腰250克，韭菜子100克，田七50克，盐、味精、葱段、姜片、米醋各适量

制作

①将猪腰洗净，切片，余水；韭菜子洗净；田七择洗干净，备用。②净锅上火倒入油，将葱段、姜片爆香，倒入水，调入盐、味精、米醋，放入猪腰、韭菜子、田七，小火煲至熟即可食用。

养生功效 此汤具有补肾强腰、活血化瘀的功效。

适合人群 腰膝酸软、月经色暗、有血块者，阳痿者、遗精者、盗汗者、遗尿者适宜食用。

不宜人群 高血压患者、高血脂患者、阴虚火旺者。

马蹄
补肾利尿，有"地下板栗"之称

马蹄为莎草科植物，因它形如马蹄而得名。马蹄含有蛋白质、糖类、脂肪，以及多种维生素和钙、磷、铁等矿物质。其外表像栗子，不仅是形状，连性味、成分、功用都与栗子相似，又因它是在泥土中结果，所以又有"地下板栗"之称。马蹄既可作水果生吃，又可作蔬菜食用，是大众喜爱的时令之品。

【性味归经】
性微凉，味甘。归肺、胃、大肠经。

【适合体质】
痰湿体质

【煲汤适用量】
100~250克

【别　　名】
荸荠、乌芋、地栗、地梨。

【功效主治】

马蹄具有清热解毒、凉血生津、利尿通便、化湿祛痰、消食除胀的功效，对黄疸、痢疾小儿麻痹、便秘等疾病有食疗作用。另外，其含有一种抗菌成分，对降低血压有一定的效果，这种物质还对癌症有预防作用。

【应用指南】

• 防治鼻出血 • 马蹄250克，生藕150克，白萝卜100克，洗净切片，煎水代茶饮服。

• 治疗痔疮出血 • 马蹄500克，洗净打碎，地榆30克，加红糖150克，水煎约1小时，每日分两次服。

• 胃火上炎所致的口臭、口舌生疮、尿赤、便秘 • 马蹄7~10只、鲜竹叶30克、鲜白茅根30克煎服。

• 治疗咽喉肿痛 • 马蹄洗净去皮，绞汁冷服，每次150克。

• 治阴虚肺燥、痰热咳嗽 • 鲜马蹄150克，打碎绞汁，加入藕汁100毫升，梨汁60毫升，芦根汁60毫升同服。每日1~2次。

• 黄疸、小便不利 • 用马蹄250克，打碎煎汤代茶饮，连食数日。

• 消化不良、肥胖 • 山楂10个，白糖适量，鲜马蹄10个。山楂去核洗净，鲜马蹄去皮洗净，一起榨成汁，加入白糖调味，即可饮用。

【选购保存】

马蹄的生产季节在冬春两季，选购时，应选择个体大的，外皮呈深紫色而且芽短粗的。不宜置于塑料袋内，应置于通风的竹箩筐最佳。

养生药膳 胡萝卜马蹄煲龙骨

配方 马蹄100克，胡萝卜80克，龙骨300克，姜10克，盐6克，味精3克，胡椒粉2克，料酒5毫升，高汤适量

制作

①胡萝卜洗净；切滚刀块；姜去皮，切片；龙骨斩件，马蹄洗净。②锅中注水烧开，放入龙骨汆烫去血水，捞出沥水。③将高汤倒入煲中，加入以上所有材料煲1小时，调入盐、味精、胡椒粉和料酒即可。

养生功效 清热解毒、凉血生津。

适合人群 发热病人、营养不良者、食欲不振者、皮肤粗糙者、肺癌及食道癌患者、夜盲症患者、干眼症患者、癌症、高血压患者。

不宜人群 脾胃虚寒者、血虚血瘀者、经期女性。

养生药膳 银耳马蹄糖水

配方 银耳150克，马蹄12粒，冰糖200克，枸杞少许

制作

①将银耳放入冷水中泡发后，洗净，撕成小朵。②锅中加水烧开，下入银耳、马蹄煲30分钟。③待熟后，再加入枸杞，下入冰糖烧至溶化即可。

养生功效 此品具有滋阴润燥、清热利湿的功效。

适合人群 发热病人、肺燥咳嗽者、干咳无痰者、食欲不振者、皮肤粗糙者、肺癌及食道癌患者。

不宜人群 便稀腹泻者、脾胃虚寒者、血虚血瘀者、经期女性、糖尿病患者不宜食用。

核桃

益智补脑、养足肾气

核桃的故乡是亚洲西部的伊朗，汉代张骞出使西域后带回中国。它富含蛋白质、脂肪、膳食纤维、钾、钠、钙、铁、磷等人体必需的营养元素。

【性味归经】
性温，味甘。归肺、肾经。

【适合体质】
任何体质

【煲汤适用量】
50~100克

【别　　名】
胡桃、英国胡桃、波斯胡桃。

【功效主治】

核桃仁具有滋补肝肾、强健筋骨之功效。核桃油中油酸、亚油酸等不饱和脂肪酸高于橄榄油，饱和脂肪酸含量极微，是预防动脉硬化、冠心病的优质食用油。核桃能润肌肤、乌须发，并有润肺强肾、降低血脂的功效，长期食用还对癌症具有一定的预防效果。

【应用指南】

·肺肾亏虚、久咳不止、腰膝酸软、头晕目眩· 松子仁200克，黑芝麻100克，核桃仁100克，蜂蜜200克，黄酒500毫升。将松子仁、黑芝麻、核桃仁同捣成膏状，入砂锅中，加入黄酒，文火煮沸约10分钟，倒入蜂蜜，搅拌均匀，继续熬煮收膏，冷却装瓶备用。每日2次，每次服食1汤匙，温开水送服。

·肾虚腰痛· 胡桃仁60克，大黑豆60克，杜仲9克。水煎服。

·治肾阴虚型老年骨质疏松症· 黑芝麻250克，核桃仁250克，白砂糖50克。将黑芝麻拣去杂质，晒干、炒熟，与核桃仁同研为细末，加入白糖，拌匀后瓶装备用。每日2次，每次25克，温开水调服。

·治阳痿、滑精、小儿疳积、胃下垂· 核桃肉100~150克，蚕蛹（略炒过）50克。将核桃肉与蚕蛹同放盅中，隔水炖熟。隔日1次。

【选购保存】

应选个大、外形圆整、干燥、壳薄、色泽白净、表面光洁、壳纹浅而少者。带壳核桃风干后较易保存，核桃仁要用有盖的容器密封装好，放在阴凉、干燥处存放，避免潮湿。

腰果核桃牛肉汤

养生药膳

配方 ▷核桃100克，牛肉210克，腰果50克，盐6克，鸡精2克，葱花8克

制作 ▷

①将牛肉洗净，切块，氽水。核桃、腰果洗净备用。②汤锅上火倒入水，下入牛肉、核桃、腰果，调入盐、鸡精，煲至熟，撒入葱花即可。

养生功效 此汤具有补润五脏、养心安神的功效。经常食用腰果可以提高机体抗病能力，增进食欲，使体重增加。

适合人群 身体虚弱者、肾亏腰痛者、便秘者、风湿性关节炎患者、高血压患者、尿结石患者、糖尿病患者适宜食用。

不宜人群 内热者、慢性肠炎患者、肝病患者。

核桃乌鸡粥

养生药膳

配方 ▷乌鸡肉200克，核桃100克，大米80克，枸杞30克，姜末5克，鲜汤150毫升，盐3克，葱花4克

制作 ▷

①核桃去壳，取肉；大米淘净；枸杞洗净；乌鸡肉洗净，切块。②油锅烧热，爆香姜末，下入乌鸡肉过油，倒入鲜汤，放入大米烧沸，下核桃肉和枸杞，熬煮。

③文火将粥焖煮好，调入盐调味，撒上葱花即可。

养生功效 健脾益肾、强身健体。

适合人群 体虚血亏者、肝肾不足者、脾胃不健者、肺虚久咳、健忘怠倦、便秘者、心脑血管疾病患者。

不宜人群 感冒发热者、湿热内蕴者、腹胀者、慢性肠炎患。

对症药膳，调理肾脏疾病

※肾脏疾病多种多样，但并不是每种疾病都按照同样的方法去治疗。常见的肾脏疾病有慢性肾小球肾炎、肾结核、尿路感染、阳痿、早泄、遗精、前列腺炎等。要根据不同的病症，采用不同的药膳，才能真正做到"对症下药，药到病除"的目的。

▶ 肾脏疾病知多少

肾脏疾病主要分为泌尿科疾病和男性生殖系统疾病。泌尿系统包括肾脏、输尿管、膀胱和尿道等器官，其主要功能是将人体在代谢过程中产生的废物和毒素通过尿液排出体外，保持机体内环境的相对稳定，使新陈代谢正常地进行。泌尿系统疾病的男性发病率比女性较高些，目前已经成为威胁男性健康的主要病种之一。其主

要表现在泌尿系统本身，如排尿改变、尿色改变、肿块、疼痛等，但亦可表现在其他方面，如高血压、水肿、贫血等。常见的泌尿系统不适症状有：少尿、无尿、尿痛、尿血、蛋白尿、腰骶部或小腹部疼痛、水肿等等。常见的泌尿系统疾病包括：慢性肾小球肾炎、尿石症、尿路感染、膀胱癌等。

男性生殖系统包括：阴茎、睾丸、附睾、阴囊、前列腺、精液、尿道球腺等，其主要功能是产生生殖细胞，繁殖新个体，分泌性激素和维持副性征。由于种种原因，男性往往对自身生殖系统疾病缺乏认识，对自我保健知识知之甚少，男性看医生的频度要比女性低28%。针对男性朋友所关心的困惑：性欲减退、少精无精、腰骶部或小腹部疼痛、前列腺炎、阳痿、早泄、遗精、不育症等男科常见的症状疾病，都可通过药膳调理来改善。

▶ 肾脏疾病，亦要对症调理

并不是所有的肾脏疾病都适用于同一个药膳处方，不同的病症，要采用不同的药材、食材，这样才能发挥药膳的最大疗效。胡乱搭配，只会适得其反。因此，人们在利用药膳补肾的同时，还要了解药膳的一些常识和配伍知识，这样才能吃得安心、吃出健康。

慢性肾小球肾炎

慢性肾小球肾炎是指蛋白尿、血尿、高血压、水肿为基本临床表现，病情迁延，病变缓慢进展，最终将发展为慢性肾衰竭的一种肾小球病。患者可出现以下症状：①水肿，程度可轻可重，轻者仅早晨起床后发现眼眶周围、面部肿胀或午后双下肢踝部出现水肿。严重者可出现全身水肿。②高血压，有些患者是以高血压症状来医院求治的，化验小便后，才知道是慢性肾炎引起的血压升高。③尿异常改变，尿异常几乎是慢性肾炎患者必有的现象。肾炎的病因多种多样，临床所见的肾小球疾病大部分属于原发性，小部分为继发性，如糖尿病、过敏性紫癜、系统性红斑狼疮等引起的肾损害。慢性肾炎患者宜选用具有消除肾炎水肿功能的中药材和食材，如赤小豆、海金沙、茯苓、猪苓、木通、泽泻、石韦、翠衣、黄花菜、竹笋、冬瓜皮、冬瓜、玉米须、车前子、黄瓜、玉米、薏米、紫菜、海带、海藻等。

对症药膳 【西瓜翠衣煲】

配方 肉鸡400克，西瓜皮200克，鲜蘑菇40克，花生油适量，精盐6克，味精3克，葱、姜各4克，胡椒粉3克

制作
①将肉鸡洗净剁成块汆水，西瓜皮洗净去除硬皮切块，鲜蘑菇洗净撕成条。
②净锅上火倒入花生油，将葱、姜爆香，下入鸡块煸炒，再下入西瓜皮、鲜蘑菇，同炒2分钟，调入精盐、味精、胡椒粉至熟即可。

养生功效 清热利尿、益气补虚。

对症药膳 【车前子荷叶茶】

配方 荷叶干品5克、车前子5克、枸杞5克，水300毫升

制作
①将干荷叶、车前子、枸杞洗净，备用。②将干荷叶、车前子、枸杞放入锅中，加水煮沸后熄火，加盖焖泡10～15分钟。③滤出茶渣后即可饮用。

养生功效 本品可清热解暑、利尿消肿。对小便不通、咳嗽多痰、目赤障翳有食疗作用。

肾结核

　　肾结核是泌尿系统结核症最主要的一种，是继发于其他部位的结核病灶，其中最常见的是肺结核。甚至可蔓延至整个泌尿系统。肾结核的临床表现与病变侵犯的部位以及组织损害的程度有关，主要表现为尿频、尿急、尿痛、排尿不能等待等膀胱刺激征，轻度的肉眼血尿或显微镜血尿、脓尿、腰痛，也可以出现食欲减退、消瘦、乏力、盗汗、低热等全身症状。肾结核是由结核杆菌感染引发的，其病原菌可来自于肺结核，也可来自骨关节结核、肠结核等，通过血行播散、尿路感染、淋巴感染、直接蔓延等传播至肾脏。肾结核患者宜选用具有抑制病原体作用的中药材和食材，如冬虫夏草、积雪草、白及、鸡骨草、远志、白果、夏枯草、苍术等；宜选择具有抗肺炎病菌的中药材和食材，如天冬、葱白、紫苏、蒲公英、山药、茯苓、海金沙、梨、荠菜等。

对症药膳 【党参麦冬瘦肉汤】

| 配　方 | 瘦肉300克，党参15克，麦冬10克，山药适量，盐4克，鸡精3克，生姜适量

| 制　作 |

①瘦肉洗净切块；党参、麦冬分别洗净；山药、生姜洗净去皮，切片。②瘦肉氽去血污，洗净后沥干。③锅中注水，烧沸，放入瘦肉、党参、麦冬、山药、生姜，用大火炖，待山药变软后改小火炖至熟烂，加入盐和鸡精调味即可。

养生功效 益肺补肾、滋阴补气。

对症药膳 【荠菜四鲜宝】

| 配　方 | 荠菜、鸡蛋、虾仁、鸡丁、草菇各适量，盐10克，鸡精、淀粉各5克，黄酒3毫升

| 制　作 |

①鸡蛋蒸成水蛋；荠菜、草菇洗净切丁；虾仁洗净；虾仁、鸡丁用盐、鸡精、黄酒、淀粉上浆后，入四成热油中滑油备用。②锅中加入清水、虾仁、鸡丁、草菇丁、荠菜烧沸后，用剩余调料调味，勾芡浇在蛋上。

养生功效 增强体质、杀菌抗炎。

尿路感染

尿路感染是指尿道黏膜或组织受到病原体的侵犯从而引发的炎症，根据感染部位可分为肾盂肾炎、膀胱炎等。尿路感染主要是由单一细菌引起的，其病原菌为大肠埃希杆菌。肾盂肾炎的临床表现主要为寒战、发热、头痛、恶心、呕吐、食欲不振等全身症状，尿频、尿急、尿痛等膀胱刺激征，腰痛或下腹部痛。膀胱炎主要表现为尿频、尿急、尿痛、白细胞尿、血尿等尿路刺激症状，少数患者也可出现腰痛、低热等。本病好发于育龄女性，男女比例约为1：8。尿路感染患者宜选用具有抑制大肠杆菌功能的中药材和食材，如乌梅、石榴皮、黄连、菊花、厚朴、白芍、艾叶、黄柏、荠菜、丝瓜等；宜选用具有加速消炎排尿功能的中药材和食材，如车前子、金钱草、马齿苋、柳叶、石韦、苦瓜、青螺、西瓜、梨等。

对症药膳 【通草车前子茶】

| 配 方 | 通草、车前子、玉米须各5克，砂糖15克

| 制 作 |

①将通草、车前子、玉米须分别用清水洗净，一起放入洗净的锅中，加350毫升水煮茶。②大火煮开后，转小火续煮15分钟。③最后加入砂糖，搅拌均匀即成。

养生功效 本品清泄湿热、通利小便，对治尿道炎，小便涩痛、困难、短赤有食疗作用。

对症药膳 【乌梅甘草汁】

| 配 方 | 乌梅、甘草、山楂各适量，冰糖适量

| 制 作 |

①乌梅、甘草、山楂洗净，备用。②将乌梅、甘草、山楂放入锅中，加适量水，煮至沸腾。③加入冰糖，煮至溶化即可。

养生功效 本品可杀菌抑菌、生津止咳。对感染大肠杆菌引起的尿路感染（尿频、尿急、尿痛）、久泻、便血、尿血有食疗作用。

阳痿

　　阳痿是指男性阴茎勃起功能障碍，表现为男性在有性欲的情况下，阴茎不能勃起或能勃起但不坚硬，不能进行性交活动。阳痿的发病原因包括：精神方面的因素，因某些原因产生紧张心情；手淫成习或性交次数过多，使勃起中枢经常处于紧张状态；阴茎勃起中枢发生异常；一些重要器官患严重疾病时以及患脑垂体疾病、睾丸因损伤或疾病被切除以后；患肾上腺功能不全或糖尿病等等。主要症状表现为阴茎不能完全勃起或勃起不坚，不能顺利完成正常的性生活，阳痿虽然频繁发生，但于清晨或自慰时阴茎可以勃起并可维持一段时间。部分患者常有神疲乏力、腰膝酸软、自汗盗汗、性欲低下、畏寒肢冷等身体虚弱等伴随症状。阳痿患者宜选择具有提高性欲功能的中药材和食材，如淫羊藿、牛鞭、羊鞭、肉苁蓉、肉桂、人参、鹿茸、冬虫夏草、杜仲、枸杞、韭菜、泥鳅、海藻、洋葱等。

对症药膳 【 当归牛尾虫草汤 】

|配　方| 当归30克，虫草3克，牛尾1条，生姜片、盐、食用油适量

|制　作|

①将牛尾洗净、切块。②当归、虫草洗净备用。③净锅上火倒入适量水，调入油、生姜片、精盐，下入牛尾、当归、虫草，煲至熟透即可。

养生功效 此汤可补血和血、益气补肾。对月经不调、肺肾两虚、精气不足、阳痿遗精有食疗作用。

对症药膳 【 红枣鹿茸羊肉汤 】

|配　方| 鹿茸5克，红枣5枚，羊肉300克，精盐、生姜片、食用油各适量

|制　作|

①将羊肉洗净、切片。②鹿茸、红枣洗净备用。③净锅上火倒入适量水，调入油、生姜片、精盐，下入羊肉、鹿茸、红枣，煲至熟透即可。

养生功效 补肾壮阳、益气补虚。对对肾阳不足、精血亏虚所致的畏寒肢冷、阳痿早泄、宫冷不孕、尿频遗尿有食疗作用。

早泄

　　早泄是指男子在阴茎勃起之后，未进入阴道之前或正当纳入以及刚刚进入而尚未抽动时便已射精，阴茎也随之疲软并进入不应期。性交时未接触或刚接触到女方外阴，抑或插入阴道时间短暂，尚未达到性高潮便射精，随后阴茎疲软，双方达不到性满足即泄精而萎软。同时伴随精神抑郁、焦虑或头晕、神疲乏力、记忆力减退等全身症状。早泄多半是由于大脑皮层抑制过程的减弱、高级性中枢兴奋性过高、对脊髓初级射精中枢的抑制过程减弱以及骶髓射精中枢兴奋性过高所引起。早泄患者宜选用有助于增强肾功能、壮阳益的中药材和食材，如枸杞、巴戟天、淫羊藿、菟丝子、杜仲、韭菜、龙骨、牡蛎、海龙、海马、西瓜、狗肉、羊肉、羊肾、狗肾、猪腰、羊腰、牡蛎、鹿肉、鹿鞭、牛鞭等；宜选用具有抑制精液过早排出的中药材和食材，如桑螵蛸等。

对症药膳 【北芪枸杞炖乳鸽】

| 配　方 | 北芪30克，枸杞30克，乳鸽200克，盐适量

| 制　作 |

①先将乳鸽去毛及内脏，洗净，斩件；北芪、枸杞洗净，备用。②将乳鸽与北芪、枸杞同放炖盅内，加适量水，隔水炖熟。③加盐调味即可。

养生功效 本品可补心益脾、固摄精气，对遗精、早泄、滑精、腰膝酸软有食疗作用。

对症药膳 【芡实莲须鸭汤】

| 配　方 | 鸭肉1000克，芡实50克，蒺藜子、龙骨、牡蛎各10克，莲须、鲜莲子各100克，盐8克

| 制　作 |

①将蒺藜子、莲须、龙骨、牡蛎洗净，放入棉布袋后，扎紧袋口；鸭肉放入沸水中汆烫，捞出洗净；莲子、芡实洗净，沥干。②将莲子、芡实、鸭肉及入中药材的棉布袋放入锅中，加7碗水以大火煮开，转小火续炖40分钟，加盐调味即成。

养生功效 补肾固精、止遗止泻，对改善阳痿、早泄、精滑不禁的症状有食疗作用。

遗精

遗精是指男性在没有性交的情况下精液自行泻出的现象。有以下几种症状：①梦遗：是指睡眠过程中，在睡梦中遗精。②滑精：又称"滑泄"，指夜间无梦而遗或清醒时精液自动滑出的病症。③生理性遗精：是指未婚青年或婚后分居，无性交的射精，一般2周或更长时间遗精1次，阴茎勃起功能正常，可以无梦而遗，也可有梦而遗。遗精多由肾虚精关不固，或心肾不交，或湿热下注所致。常见病机有肾气不固、肾精不足而致肾虚不藏。可由劳心过度、妄想不遂造成。遗精患者宜选用具有抑制精液排出功能的中药材和食材，如芡实、龙骨、山茱萸、莲子、牡蛎、紫菜、羊肉、猪腰、山药、枸杞、核桃等；宜选用具有抑制中枢神经功能的中药材和食材，如甲鱼、柏子仁、酸枣仁、朱砂、远志、合欢皮等。慎食过于辛辣之物以及含有咖啡因和茶碱的饮品。

对症药膳 【三味鸡蛋汤】

| 配 方 | 鸡蛋1个，莲子（去心）、芡实、山药各9克，冰糖适量

| 制 作 |

①芡实、山药、莲子分别用清水洗净，备用。②将莲子、芡实、山药放入锅中，加入适量清水熬成药汤。③加入鸡蛋煮熟，汤内再加入冰糖即可。

养生功效 本品可补脾益肾、固精安神，对遗精、早泄、心悸失眠、烦躁、盗汗有食疗作用。

对症药膳 【五子下水汤】

| 配 方 | 鸡内脏1份，芜蔚子、蒺藜子、覆盆子、车前子、菟丝子各10克，姜2片，葱1棵，盐5克

| 制 作 |

①将鸡内脏洗净，切片；姜洗净，切丝；葱洗净，切丝；药材洗净；将药材放入棉布袋内，放入锅中，加水煎汁。②捞起棉布袋丢弃，转中火，放入鸡内脏、姜丝、葱丝煮至熟，加盐调味即可。

养生功效 益肾固精、补虚健体，适合肾虚阳痿、早泄滑精等病症者食用。

前列腺炎

　　前列腺炎是指前列腺特异性和非特异性感染所致的急慢性炎症，从而引起全身或局部的某些症状。其症状多样，轻重也千差万别。常见的症状包括：排尿不适，后尿道、会阴、肛门处坠胀不适，下腰痛，性欲减退，射精痛，射精过早，甚至可合并神经衰弱症等。引起前列腺炎的原因包括：前列腺结石或前列腺增生、淋菌性尿道炎等疾病，经常性酗酒，不注意时受凉，邻近器官炎性病变，支原体、衣原体、脲原体、滴虫等非细菌性感染。经常大量饮酒、吃刺激性食物者，长时间固定坐姿者很容易导致前列腺炎。前列腺炎患者宜选用具有增加锌含量功能的中药材和食材，如桑葚、枸杞、熟地黄、杜仲、人参、牡蛎、腰果、冬瓜皮、金针菇、苹果、鱼类、贝类、莴笋、西红柿等；宜选用具有消炎杀菌功能的中药材和食材，如白茅根、冬瓜皮、南瓜子、洋葱、葱、蒜、花菜等。

【茯苓西瓜汤】

|配　方| 茯苓30克，薏米20克，西瓜500克，冬瓜500克，蜜枣5枚，盐适量

|制　作|

①将冬瓜、西瓜洗净，切成块；蜜枣、茯苓、薏米洗净。②将清水2000毫升放入瓦煲内，煮沸后加入茯苓、薏米、西瓜、冬瓜、蜜枣，武火煲开后，改用文火煲3小时，加盐调味即可。

养生功效 渗湿利水、益脾和胃，对小便不利、泄泻、遗精、健忘有食疗作用。

【马齿苋荠菜汁】

|配　方| 萆薢10克，鲜马齿苋、鲜荠菜各50克

|制　作|

①把马齿苋、荠菜洗净，在温开水中浸泡30分钟，取出后连根切碎，放到榨汁机中，榨成汁。②把榨后的马齿苋、荠菜渣及萆薢用温开水浸泡10分钟，重复绞榨取汁，合并两次的汁，过滤，放在锅里，用小火煮沸即可。

养生功效 健脾利水、消肿止痛。